电子信息前沿技术丛书

人工智能基础
问题解决和自动推理

[美] 米罗斯拉夫·库巴特（Miroslav Kubat） 著 / 罗俊海 译

清華大學出版社
北 京

北京市版权局著作权合同登记号　图字：01-2023-5387

Miroslav Kubat

Fundamentals of Artificial Intelligence：Problem Solving and Automated Reasoning

978-1-260-46778-9

图书在版编目(CIP)数据

人工智能基础：问题解决和自动推理/(美)米罗斯拉夫·库巴特(Miroslav Kubat)著；罗俊海译.—北京：清华大学出版社，2024.5
(电子信息前沿技术丛书)
书名原文：Fundamentals of Artificial Intelligence：Problem Solving and Automated Reasoning
ISBN 978-7-302-66264-8

Ⅰ．①人…　Ⅱ．①米…②罗…　Ⅲ．①人工智能　Ⅳ．①TP18

中国国家版本馆 CIP 数据核字(2024)第 096489 号

责任编辑：文　怡　李　晔
封面设计：王昭红
责任校对：李建庄
责任印制：丛怀宇

出版发行：清华大学出版社
　　　　　网　　　址：https://www.tup.com.cn，https://www.wqxuetang.com
　　　　　地　　　址：北京清华大学学研大厦 A 座　　邮　　　编：100084
　　　　　社 总 机：010-83470000　　邮　　　购：010-62786544
　　　　　投稿与读者服务：010-62776969，c-service@tup.tsinghua.edu.cn
　　　　　质量反馈：010-62772015，zhiliang@tup.tsinghua.edu.cn
　　　　　课件下载：https://www.tup.com.cn，010-83470236
印 装 者：三河市天利华印刷装订有限公司
经　　销：全国新华书店
开　　本：185mm×260mm　　印　张：14.5　　　　字　　数：354 千字
版　　次：2024 年 5 月第 1 版　　　　　　　　　印　　次：2024 年 5 月第 1 次印刷
印　　数：1～3000
定　　价：59.00 元

产品编号：101986-01

前言

PREFACE

　　心理学家和哲学家总是难以确定智能的本质——无论是自然智能，还是人工智能（AI）。这也难怪。这种现象难以捉摸，也不愿意被固化为定义、特征和描述。现代技术学家对抽象的论证持怀疑态度，他们赞同实用主义的观点：AI是一门研究算法、数据结构，甚至数学定理的学科，它能让计算机在传统编程难以胜任的领域发挥应有的作用。

　　AI并非刚刚才诞生。当人们还对第二次世界大战记忆犹新的时候，就已经萌生了最初的想法。随后是漫长的紧张发展期，充满了大胆的承诺、痛苦的失望、惊人的发现、意想不到的障碍、真正的革命和无数的曲折。每隔一段时间，就会有一种令人着迷的新奇事物进入人们的视线，自我标榜为解决所有挑战和难题的终极答案——但几年后就会被另一种更巧妙的事物取代。不过，几代学者的共同努力逐渐结出了硕果。AI对我们生活的影响已不容忽视。高薪行业对AI的兴趣与日俱增，使其在高等院校本科生中大受欢迎，AI相关入门级课程现在也十分抢手。

　　如何满足这一需求？入门课程应该是什么样的？它应该涵盖哪些主题？什么才是AI的精髓？这些都是有良知的教育工作者必须面对的问题。关于这些问题的回答经历了各个不同阶段的演变。

　　早期的AI先驱有着远大的抱负。除了推理和解决问题，AI还涉及计算机视觉、自然语言处理、机器学习，甚至机器人技术。然而，随着时间的推移，其中一些领域已经偏离了方向。他们在自己的专业课程中授课，依赖自己的教科书，采用的技术与他们的母学科已无太多联系。当然，视觉、语言理解和学习能力是任何智能行为都包含的，但是，它们早已走出了AI的摇篮，在很大程度上变得独立了。以前的教科书也会涉及专门的编程语言，习惯性地用几章来介绍Prolog和Lisp。如今，将这些语言纳入入门教科书已不再必要。它们有用，但并不重要。

　　那么，入门教科书应该包括哪些内容呢？笔者认为，AI的基础是由两个问题来界定的。第一，如何编写能够解决棘手问题的程序？第二，如何赋予计算机推理能力，甚至是论证能力？在解决问题方面，经典AI依赖于在潜在解决方案空间中进行搜索的技术。此外，现代AI还加入了受生物启发的替代技术，如遗传算法和时下流行的群体智能。

　　在自动推理方面，它依赖于知识表示和推理技术。其中大多数都利用了一阶逻辑，但仅靠逻辑是不够的。人类的思维很容易处理不可靠的、不确定的、不完整的，有时甚至是完全误导的信息。AI科学家问自己如何实现类似的目标，他们的答案依赖于概率论、模糊集理论和其他一些范例。所有这些努力最终导致专家系统的出现，即旨在模仿人类专家思维过程的软件包。

关于 AI 的教材从来都不缺，每一代都有很多。最著名的著作无论是在其范围还是在作者的博学程度上都令人印象深刻。然而，其中一些看起来更像手册或百科全书。虽然学术性、知识性强，但并不针对初学者，而只是为对高级领域感兴趣的专家提供了宝贵的材料，因此它们并不能被推荐给想看到易于理解的介绍的读者。此外，它们往往太厚重，难以在校园里携带。

正是基于这些想法，笔者开始了撰写工作。笔者的初衷是写一本有内涵的书，以通俗易懂、大小适中的篇幅介绍 AI 的基础。想让前面的章节为后面的章节做好铺垫，为每一个新的主题提供动力。力求提供实用的建议，甚至特意降低了理论深度。没有人仅能通过掌握算法就成为 AI 专家。相反，我们必须知道在什么情况下使用哪种算法，如何将它们结合起来，以及如何调整它们以适应现实应用的具体需求。所有这些，笔者都希望能够做到。

最后重要的一点是，AI 不只是表面上的东西。每种算法都有自己的故事、历史背景，以及促使其诞生的特定需求。这一切也需要我们去了解。对全局的把控有助于培养对这门学科的热爱，从而使研究更有乐趣。这也是我在可能的情况下加入背景信息的原因，因为我认为这个领域值得我这样做。毕竟，我们面对的是人类最伟大的技术成就之一的诞生、成长和成熟。

米罗斯拉夫·库巴特

目录

CONTENTS

第1章

核心人工智能：问题解决和自动推理

人工智能(AI)的核心包括两个主要领域。第一个领域侧重于问题解决：帮助计算机求解困难任务的研究。对于其中的一些任务，可用的算法要么过于复杂，要么代价过高；而对于另外的一些任务，则完全不知道该如何求解。第二个领域是自动推理，希望把人类从专家知识中获得的能力赋予计算机，使其能应答复杂的询问，并且能借助这些专家知识推断出之前尚未得到的结论。

作为本书其余部分的基础，本章简要概述了人工智能的历史，并提供了更多关于这两个主要领域的信息。

1.1 早期的里程碑

了解一门学科的历史有助于理解它的基本原理、近期目标和长期愿景。让我们粗略地看看人工智能的产生过程及原因，看看早期开拓者所抱有的期望。

1.1.1 数字运算的极限

第二次世界大战的最后一声炮响刚刚消失，第一台数字计算机就正式推出了。这种体验是压倒性的；人类在敬畏中喘息着。"想想一台每秒能进行数百次算术运算的机器能为我们做些什么吧！"工程师、科学家、数学家、统计学家及其他几乎所有人都意识到，这项新发明将开启一个全新的世界，一个充满闻所未闻的壮举和惊人成就的未来。

想象力开始天马行空。很快，一群有远见的人开始超越单纯的数字运算。他们想要更多。他们预言有一天计算机会下国际象棋；计算机将被赋予看、听、读的能力，甚至会和用户交谈。机器将处理那些迄今为止一直专属于专家和专业人士的领域的任务。简言之，计算机将展现出智能。

所有这些都不是夸夸其谈，也不是空中楼阁。这些人是认真的。早在 1949 年，香农就探索了国际象棋编程的可能性[①]。其他的想法很快也跟着出现了。

---

① 更著名的是这篇论文的期刊版本：Shannon(香农，1950 年)。

1.1.2　AI 的诞生

1956 年,达特茅斯学院聚集了一群令人印象深刻的聪明人。这些学者有着不同的背景,但他们都有一个共同的目标:为智能机器的诞生铺平道路。怎样才能让梦想成真呢?需要什么样的算法,什么样的数据结构,什么样的编程语言,什么样的硬件? 这些机器将被应用于哪些具体任务? 这些问题激励了一代又一代的学者。

人工智能的概念在此时出现。这个雏形几乎不配被称为科学,但正如谚语所说,即使是最漫长的行军也是从第一步开始的。这特殊一步的重要性怎么强调都不为过。达特茅斯学院的这次会议开创了人工智能时代。

1.1.3　早期策略:搜索算法

就目标达成一致是一回事;知道如何实现这些目标是另一回事。我们需要的是一个战略,一个可以遵循的统一的原则。然后找到这个原则并不是一件容易的事。能够带来成果的范式只有在经过相当多的努力之后才会被发现,而且只有在所有的拼图碎片都在手边的时候才会被发现——而当时并没有! 当时可用的硬件速度慢得可怜,编程技术还在襁褓之中,实践经验几乎不存在。

AI 解决问题的部分比自动推理更早得到关注。解决这个问题的一种方法是对潜在解空间进行搜索。早期的胜利出现在 20 世纪 60 年代中期,当时引入了一个名为通用问题解决器(General Problem Solver)[①]的计算机程序。这款产品被誉为,解决似乎需要智能才能解决的问题的第一次成功尝试。按照今天的标准,这些问题还是很简单的。重要的是,它们的解是通过搜索算法获得的。

1.1.4　早期的智慧:计算机需要知识

科学界没过多久就发现仅靠搜索是不够的。还需要另一个关键因素。也就是说,我们必须找到向机器传达人类可用的某种背景知识的方法。此外,还需要算法来利用这些知识进行自动推理。

适当的方法被开发出来并进行了系统的探索——其重要性得到了应有的重视。在 20 世纪 90 年代,人工智能被知识表示和推理的研究所主导。大多数努力试图从一阶逻辑的各种变化中获益,但也探索了其他方法,其中包括框架和语义网络。

1.1.5　编程语言

认识到需要更好的工具,科学家开始研究有助于实施新开发技术的编程语言。他们提出了相当多的语言,其中有两个很有传奇色彩:Prolog,它擅长以逻辑语句的形式传达知识;Lisp,它是后来被称为面向函数编程的早期例子。有了这些工具,编写人工智能程序比用 FORTRAN 编写程序要容易得多。

这两种语言愉快地共存,人们并没有认为其中一种语言更优越。偏好在很大程度上是按地域划分的。Prolog 在欧洲占据主导地位,因为它主要是在法国和英国开发的。相比之

---

① 这个项目的首字母缩写是 GPS,与今天使用的全球定位系统的首字母缩写是一样的。

下，美国人更喜欢 Lisp，因为它与麻省理工学院（MIT）有关。20 世纪 80 年代和 90 年代，人工智能研究充满了友好竞争和对抗的色彩。

1.1.6　教科书：许多不同的主题

除了在解决问题和推理方面取得进展外，在计算机视觉、自然语言处理和机器学习方面也取得了突破。早期的人工智能教科书几乎总是用至少一章来介绍这些学科。这是很自然的，因为在那个年代，在那些日子里，所有这些领域在很大程度上都依赖于早期人工智能研究的典型技术：搜索和使用知识。

此外，因为 Prolog 和 Lisp 的相对新颖性，以及它们给人工智能带来的实际好处，我们有必要对这些语言进行一些详细的介绍。

1.1.7　21 世纪的展望

然而，几十年来，视觉、语言和机器学习开始从其他地方汲取它们的想法和灵感。这些借鉴是如此富有成效，以至于这 3 个学科逐渐放弃了它们的人工智能摇篮，获得了独立发展。而且它们的发展有相似之处。古代哲学试图涵盖所有可能拥有的知识。然而，一些领域一步一步地走上了自己的道路，进而形成了物理、化学和其他一些独立学科。AI 衍生出来的分支也是如此。一开始，它们被认为是智能的真正组成部分，无论人工的还是其他的。后来，它们都开始培养自己的技术和算法，离主流越来越远。

目前，它们在很大程度上依赖于深度学习，这是一种突破性的机器学习方法。深度学习的主导地位是压倒性的，以至于它经常被视为（或混淆）人工智能本身。在笔者看来，这是一种误解。虽然没有学习能力的智能是不可想象的，但人工智能不仅仅是学习。

至于 Prolog 和 Lisp，现代人仍然将它们视为迷人的工具——尽管它们不再不可或缺。21 世纪的通用语言，拥有丰富的内置函数库，看起来已经足够好了。这就是为什么这本书只提供了解释自动推理原理所必需的有关 Prolog 的信息。想要了解更多信息的读者可以参考专门的教科书[①]。

控制问题

如果你在回答下列任何问题时遇到困难，那么请返回阅读前文的相应部分。

- 哪一年发表了第一篇涉及国际象棋编程的论文？你对第一次讨论人工智能的机会的科学会议了解多少？它是在哪里和什么时候组织的？
- 哪些科学学科在历史上属于人工智能，并因此被纳入经典的人工智能教科书？哪些编程语言针对的是人工智能的需求？

1.2　问题解决

如果去掉计算机视觉、机器学习、自然语言处理和人工智能编程语言，剩下的就是核心人工智能。对于本书的需要，核心人工智能包括两个主要主题：第一，解决问题的算法和技

---

① 在市面上的众多书籍中，笔者最喜欢的是 Ivan Bratko 的 *Prolog Programming for Artificial Intelligence* (2001)。

术；第二，自动推理算法和技术。让我们从前者开始，把后者放到 1.3 节。

1.2.1 典型问题

图 1.1 显示了早期 AI 教科书中流行的几个玩具场景：滑动拼图、汉诺塔、各种迷宫、谜题和简单的智力游戏，如井字游戏。一个典型的目标是，确定一个可实现预定义状态的理想操作序列。这些谜题的共同之处在于其答案是通过反复试验，即通过称为"搜索"的实验过程发现的。

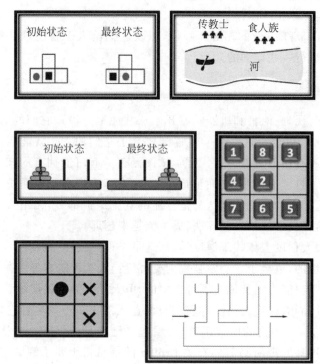

图 1.1　人工智能科学家喜欢用简单的谜题来演示解决问题技术的行为。现代科学可能认为其中一些过于简单而不予理会，但它们对于教学目的仍然是有用的

开发问题解决算法的尝试符合人工智能创始人的初衷。在传统计算方案中，程序功能的每一个细节都必须由程序员编码。相比之下，人工智能研究的技术允许计算机算法处理未知的问题；或者，即使已知某种传统算法，其复杂性和计算成本也会使它们几乎毫无用处。

1.2.2 经典搜索方法

在每个时刻，待解谜题都处于一个特定的状态。可以通过执行动作将一种状态转换为另一种状态。因此，在滑动砖块谜题中，一个动作可以将砖块滑动到邻近的空方块。对于汉诺塔，一个动作可以将最上面的圆盘从一个垂直杆转移到另一个垂直杆上。每个状态可能允许两个或多个（有时是许多）不同的操作。所有可能状态的集合构成了谜题的搜索空间。

第 2 章解释了所谓的盲搜索的基准算法。它的目标是系统地探索搜索空间，以便"没有遗漏"。我们将这些算法标记为盲目的，因为它们不寻求优化搜索：它们不关注其效率或计算成本——这些更像是第3章所讨论的启发式搜索的重点。最典型的是，通过这样一种机制来提高算法的效率：评估每个状态的质量，然后优先考虑导致更高质量状态的操作。在博弈编程的情况下，由于对手的干扰，智能体对系统状态的控制是有限的。这就需要特定的搜索算法，该算法属于对抗搜索的范畴，这是第4章的主题。

在20世纪80年代，人们发展了一些替代搜索的方法。其中，也许最著名的是模拟退火。这种方法比较高级，但读者需要知道它的存在。3.4节提供了一些相关的基本信息。

1.2.3 规划

比起解决简单的谜题，人工智能先驱者有更远大的抱负。从一开始，他们就明白人工智能应该瞄准广泛的实际应用。这些应用中的一类——规划——试图找到一个最优的行动序列，以满足某个非平凡目标。

早期规划程序的行为通常在玩具场景（如图1.2中的积木世界）中进行说明。与此同时，科学家也很清楚，实际应用要比这复杂得多。逐渐地，它们集中在一组模型任务上，每个任务代表一组典型的应用程序。

图1.2 在一个简单的玩具场景中进行规划：找到一系列动作，通过每次移动一个积木将左边的初始状态转换为右边的最终状态

一个这样的模型——生产调度模型——试图以一种让人联想到装配线需求的方式，在一组机器上优化工作分配。另一个模型——推销员模型——想要最小化推销员经过一组城市的距离。几十年来，数学家和计算机科学家都对生产调度模型和推销员模型这两个任务进行了分析，并且都知道它们非常具有挑战性。第5章讨论了人工智能规划的典型目标、应用和解决方案。

1.2.4 遗传算法

搜索算法统治了这个领域超过一代人的时间。然而，许多工程师逐渐意识到这种模式的局限性。面对真正困难的任务，搜索往往代价高昂，有时甚至完全无法找到解。这就是为什么20世纪80年代末，人们对寻求做得可能更好的替代方案产生了浓厚的兴趣。其中之一就是本节前面提到的模拟退火。然而，更有影响力的是遗传算法。

受到达尔文进化论的基础过程的启发，该技术在数学函数极值的辨识、问题解决和工程设计优化等多个领域被证明是成功的。这项技术的拥趸很快证明，许多过去由搜索技术解决的问题同样可以用遗传算法来解决，而且效率更高。此外，在搜索技术难以生效的领域，遗传算法常常取得成功。这一消息传播开来，推动了这项新技术的普及。第6章对此进行了探讨。

1.2.5 群体智能算法

然而，这并不是故事的结尾。在搜索和遗传算法时代之后，又迎来了另一个时代：寻求实现后来被称为群体智能的多智能体系统时代。

就像遗传算法一样，灵感来自生物学。昆虫的神经系统太原始了，不允许有任何类似决策的行为——然而这些生物却有令人难以置信的组织、收集食物和建筑的壮举。生物学家知道这个秘密：每个个体都在执行一项非常简单的工作，满足整个群体的需求。例如，由于蚂蚁在发现食物储藏点后会留下信息素痕迹（并沿着这些痕迹寻找食物），它们被誉为觅食和收集食物的勇士。

科学家也利用类似的观察结果，开发了一整套群体智能算法，不仅试图模仿蚂蚁的行为，还试图模仿鸟类、蜜蜂和许多其他动物的行为。这些新的解决问题的技术很快就引起了注重实际的工程师的注意，甚至引起了记者和一般公众的注意。第8章将介绍群体智能。

1.2.6　涌现特性和人工生命

群体智能的成功可以用涌现特性的哲学概念来解释。同样的思想在第7章主要讨论的人工生命领域也起着关键作用。诚然，它的实际优点不如规划等方式明显。尽管如此，了解它还是有好处的，因为这个范式将帮助读者理解群体智能力量背后的秘密。

控制问题

如果你在回答下列任何问题时遇到困难，那么请返回阅读前文的相应部分。

- 提出一些人工智能解决问题的例子。它们有什么共同点？科学家通常使用什么更高级的应用模型？
- 经典搜索技术的目的是什么？人们发明了哪些替代方案？

1.3　自动推理

仅仅解决问题是不够的。一个智能计算机程序应该能够回答复杂的问题，并通过令人信服的解释来支持它的答案。它甚至应该能够参与争论和讨论。

这不应该是小事。当被问及林肯总统的出生日期时，这台机器可以简单地在数据库中找到信息，不需要人工智能。相反，当我们想问的是与先进技术问题有关的问题，或者说，与医学诊断有关的问题时，答案就不能只在字典里查了；它必须从某种背景知识中推断出来。完成这一壮举是自动推理的任务，这是人工智能的第二个主要目标。

下面的例子将给我们一个应用的范围的概念。

1.3.1　斑马问题

在20世纪60年代，许多报纸用一种称为斑马的新型拼图来娱乐读者。1962年发表在《国际生活》(*Life International*)杂志上的第一个范式提供了一系列事实，如"有五栋房子""英国人住在红房子里""咖啡在绿房子里喝""抽切斯特菲尔德烟的人住在养狐狸的人隔壁"。基于这类提示，读者需要回答两个问题：谁喝水？斑马是谁的？

后者给出了这个谜题的名字。

1.3.2　计算机能解决斑马问题吗

从表面上看，这个问题看起来就像图1.1中谜题的另一个版本。然而，在现实中，事情并没有那么简单。想要解开谜题的人会下意识地用自己的背景知识进行许多"操作"。例如，我们知道狐狸是一种动物，绿色是一种颜色，咖啡是一种饮料，切斯特菲尔德是一种香烟。我们都知道烟会被人抽，酒会被人喝。从事实的表述方式来看，很明显，这些房子是排成一排的，这就给了"下一所房子"这个词一个具体的含义。

这是我们所知道的，但计算机完全不知道这一切。如果我们想写一个程序来解决斑马问题，就必须首先找到一种方法，将所有必要的背景知识传递给机器，并告诉 AI 程序如何使用它。

1.3.3 家庭关系

人工智能教科书喜欢用家庭关系领域的简单问题来说明自动推理的原理。主要优点是这些问题很简单，其解决方案也很明确。此外，基本概念是众所周知的。背景知识通常由事实和高级概念的定义组成。事实可能陈述"比尔是约翰的父亲"和"简是夏娃的母亲"。有些概念可以通过规则来定义，例如，"如果 x 是 y 的父亲，z 是 x 的妻子，那么 z 就是 y 的母亲。"利用类似的规则可以定义一个叔叔、一个姐妹、一个祖母等。

从这些事实和规则中，计算机应该能够推断出新的信息。例如，用户可能希望程序验证 Jane 是 Bob 父亲那边的祖母，或者 Bill 阿姨的数量超过了他叔叔的数量。为了回答这类问题，人工智能程序将使用逻辑解决问题的技术（如搜索）和从现有知识中得出结论的能力相结合。

1.3.4 知识表示

为了让计算机做出像前面几段那样的推论，程序员首先必须决定如何表示知识。最流行的方法依赖于 if-then 规则：如果满足了一组情况，那么就会出现其他情况（"如果 x 是质数并且大于 2，那么 x 是奇数"）。这种表示知识的方式将在第 9 章中描述。

除了 if-then 规则之外，其他的表示范式也被发展出来，其中最著名的是框架和语义网络。在整个 20 世纪 80 年代和 90 年代，这两个规则几乎和假设规则一样普遍。后来，它们的知名度逐渐下降，这就是为什么本书只在第 12 章简要介绍了它们的特点。但这些规则适用的范围扩大了。

1.3.5 自动推理

规则形式的知识的主要优点是逻辑学家已经为它们开发了一些易于实现的推理机制。两种这样的机制主导着这个领域：久经考验的 modus ponens 规则和相对较新的归结原理（resolution principle）。后者构成了编程语言 Prolog 的基础。用 Prolog 编写的典型程序由事实和规则组成。在此基础上，系统通过系统的应用归结原理和搜索来回答用户的查询。Prolog 会自动地这样做，就像在后台一样。因此，程序员可以专注于事实、规则和查询的表述。

第 10 章和第 11 章提供的信息将帮助读者编写能够进行类似 Prolog 推理的程序。第 12 章将简要介绍如何在框架和语义网络的背景下处理自动推理。

1.3.6 不那么明确的概念

在家庭关系的世界里，像叔叔或祖先这样的基本术语很容易定义，也很容易使用。在简单概念领域之外，事情变得复杂起来。

假设用户提出以下询问："比尔的父亲比比尔的叔叔富有吗?"在缺乏关于每个人财富价值的明确信息的情况下,答案可以从间接的信息来源推断出来。例如,如果父亲是公交车司机,而叔叔是心脏病专家,那么我们预计后者会赚更多的钱。从他们的地址也可以推断出同样的结论,特别是如果叔叔住在一个高档的社区。甚至他们的年龄也可以提供指导:一个壮年的男人通常比一个刚毕业的大学毕业生更富有;他很可能已经多次加薪,也可能已经还清了抵押贷款。

1.3.7 不完美的知识

然而,这并不能保证正确性。一位心脏病专家可能在股票交易所的疯狂投机中损失了一大笔钱,而公交车司机却没有。一个壮年的男人可能会把他的财富挥霍在女人和酒精上,而他的年轻亲戚却一直很节俭。一个刚刚申请破产的人可能仍然住着他昂贵的豪宅,在这种情况下,他令人羡慕的地址将会产生误导。毫无疑问,我们潜意识中使用的许多规则并不完美。这是否意味着它们是无用的?

当然并非如此。我们人类非常擅长根据不完美的规则得出结论。我们没有太多的选择,因为我们知道完美是很难实现的。在数学之外,一成不变的规则是罕见的,我们必须用掌握的理论来尝试解决问题:粗略的惯例和暂定的经验法则。没错,这些可能会时不时地把我们引入歧途。然而,它们大部分时候是在很好地为我们服务。

1.3.8 不确定性处理

在人工智能领域,完美也几乎是不可能的,原因在第 13 章中有概述。面对现实,许多科学家开始探索从不确定、不完整、有时甚至是完全错误的知识中得出结论的可能性。经过几十年的努力,取得了重大突破。

最早的技术虽然在实验上取得了成功,但被批评为显得过于"强行拼凑",缺乏坚实的数学基础。这就是 13.3 节中描述的确定性因素的情况。后来的尝试集中建立在坚实数学基础上的方法上,主要是经过时间考验的概率论。第 14 章讨论了这个理论为自动推理提供的可能性,介绍了 Dempster-Shafer 证据组合理论的最新观点。然而,最重要的是,人们的想象力被模糊集理论原理所吸引,这是第 15 章的主题。

1.3.9 专家系统

搜索技术领域的发展,以及逻辑和不确定性处理的进步,很快就产生了成果。市场上出现了新技术。专家系统的出现震惊了世界,专家系统即试图模仿人类专家的软件系统。

原理很简单。首先,创建一个通常由数千条规则和事实组成的知识库,其中包括一些规则和一成不变的事实,有些则不那么可靠。然后,针对用户的询问,将自动推理原理与不确定性处理相结合,从知识库中推断出一个适当的答案。在其中添加一些功能,能够引导用户通过一个准智能对话,并解释机器响应背后的原因,你就会得到一个展示全新行为的程序。

这类项目中最古老的是于 1969 年推出的 Mycin。虽然很吸引人,但在功能方面还有很多需要改进的地方。然而,其缺点在之后被迅速消除,从 20 世纪 70 年代开始的改进版本足以令人信服,从而带来了新的拥趸者,并使旧的怀疑论者转变。其他研究小组也加入了这一潮流,努力寻找更友好、更可靠、更灵活、能够解决更广泛问题的替代方案。这些努力得到了回报。

一些被广泛宣传的演示让许多人相信，实现人工智能的关键已经被发现。

然而在 21 世纪，这个社会已经不那么容易被打动。因为早期的期望太高，未能兑现夸大的承诺导致了失望。如今，独立的专家系统很少见，但这并不意味着工作被浪费了！在某种程度上，以前的一些想法注入了现代软件之中，这表明曾经被抛弃的技术现在已经被证明是正确的。然而，这款软件不再以曾经时髦的名字包装命名，因为以前的名字早已失去了吸引人购买的诱惑力。

其中一些问题将在第 16 章讨论。

控制问题

如果你在回答下列任何问题时遇到困难，那么请返回阅读前文的相应部分。

- 举出一些不能单独用搜索技术解决的任务的例子，这些任务没有背景知识是无法解决的。
- 在现代人工智能中，表示知识的主要方法是什么？在使用这些知识的自动推理中使用什么原则？
- 我们为什么需要机制来处理不确定性呢？
- 什么是专家系统？

1.4　本书结构与方法

本书大致可以分为 4 部分。

第一部分侧重于解决问题。第 2～5 章讨论了基于搜索技术的经典方法，解释了盲搜索和启发式搜索、模拟退火、对抗搜索和一些典型模型应用的原理。

第二部分用现代的（受生物学启发的）替代方法补充了这些主题：第 6 章的遗传算法，第 7 章的人工生命，第 8 章的群体智能。这些新颖的技术不仅仅是潮流，它们已经被证明明显优于经典搜索。

第三部分由讨论知识表示和自动推理的章节组成，包括对纯逻辑局限性的讨论。对这些限制的正确理解激发了不确定性处理技术的引入：第 14 章的概率推理和第 15 章的模糊集理论。第 16 章总结了曾经著名的知识表示和推理的应用——专家系统的一些主要经验。

第四部分涉及不属于核心 AI 的问题，但向我们展示了其更广泛的背景。具体来说，第 17 章简要讨论了计算机智能的某些方面，这些方面早就走出了自己的路：计算机视觉、自然语言处理、机器学习，以及非常简短地提到智能体技术。在此之后，第 18 章提供了一些著名哲学家关于人工智能的观察。诚然，这些不太可能影响工程师的工作，但看到更大的图景总是好的。

每章都分成几节，篇幅很短，可以一次读完。每节之后是 3 或 4 个控制问题（Control Questions），以帮助读者判定是否掌握了章节内容。每章最后都有一个"熟能生巧"（Practice Makes Perfect）部分，旨在通过练习和独立思考来加强主要思想。结语部分的任务是将各章置于更广泛的背景中。

书末的参考文献列出了各章结语中提到的标题。本书作者并没有声称他是原创的，他没有发明任何技术（尽管他在三十年的研究和教学中确实获得了大多数技术的经验）。然而，每个 AI 范式都有自己的历史。这就是为什么有必要至少提到这个学科的一些最伟大的贡献者的名字。

第2章

盲　搜

早期解决问题依赖于探索所有可能的解决方案空间的机制。其中最简单的技术,即盲搜,以一种系统的方式调查这个空间,确保没有任何遗漏。在这样做的同时,这些技术并不试图去优化程序,也不试图模仿人类解决问题的方法。本章从介绍盲搜的原理开始,为此介绍了一个简单的谜题。一旦明确了这些原理,就可以描述 3 种算法:深度优先搜索(DFS)、广度优先搜索(BFS)和迭代深入搜索。我们将特别关注影响算法效率和计算代价的那些因素。

2.1　动机和术语

在人工智能(AI)的实际应用中遇到的许多问题都可以看作对潜在解决方案空间的搜索。一个简单的谜题将帮助我们建立相关的术语。

2.1.1　简单谜题

考虑如图 2.1 所示的问题。棋盘由 4 个空格组成。在这些空格中放置了两个棋子:一个正方形和一个圆形。在每一时刻,一个棋子可以移动到左边、右边、上面或下面的空格,但棋子不能离开 4 个空格的棋盘。在 AI 的术语中,我们说只有在这种情况下移动才是合法的(或被允许的)。

图 2.1 的左侧显示了正方形棋子位于圆形棋子右侧的初始状态。我们的目标是找到将初始状态转换为最终状态(有时称为终端状态)的一系列移动,这里定义为可使两个棋子左右交换的任何配置,以便正方形现在位于圆形的左侧。

初始状态　　　最终状态

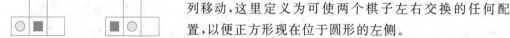

图 2.1　谜题由 4 个空格和两个棋子组成:一个正方形和一个圆形。目标是交换这两个棋子。允许的操作:将棋子向左、向右、向上或向下移动一格到空白区域,但不能离开棋盘

有两种不同的状态能满足最终状态的定义,其中一种状态如图 2.1 的右侧所示。有些谜题只有一种最终状态,也许是由一个具体的图片指定的,比如现在这个。另一些则允许两种或更多的最终状态,其中任何一种状态都满足一个条件或一系列条件(在我们的例子中,条件是"正方形在圆形的左边")。

2.1.2 搜索树

图 2.1 的初始状态只允许两种合法操作："向上移动正方形棋子"和"向右移动正方形棋子"。这些操作中的每一个都会导致一个新的状态,而这个状态又允许其他操作,以此类推。图 2.2 中的搜索树展示了一步一步的变化。

顶部是初始状态。下面的两个箭头指向初始状态下允许的两个合法操作的结果。在每一种新状态中,都可能有两种不同的操作。然而,仔细观察就会发现,在左分支顶部的状态下执行"移动正方形棋子"只会将我们带回到初始状态。在右分支中也有类似的情况,即两种合法操作中只有一种会导致新状态,而另一种只会将我们带回初始状态。

可以看到,并不是每个操作都会产生一个新的状态。这导致之前已经看到(或访问过)的状态的操作是无用的,这就是它们没有显示在图中的原因。注意,图 2.2 中的树是不完整的,因为没有一个分支达到满足最终状态定义的状态。

2.1.3 搜索操作符

在人工智能环境中,操作由搜索操作符执行。在给定状态下合法的搜索操作符中,有些可以忽略,因为它们的使用结果指向以前访问过的状态。在下面的内容中,我们将交替使用两个术语:操作和搜索操作符。

在图 2.2 中的大多数状态中,只有一个合法的搜索操作符是有用的(不会导致之前已经访问的状态)。这是由于这个玩具场景极其简单。在更贴近现实的场景中,每个状态中有用的操作的数量更高(有时高得多),但重点仍然是一样的:搜索不应该重新访问以前访问过的状态。

2.1.4 人工智能中的盲搜

让我们总结一下迄今为止所学到的知识。搜索过程始于某个初始状态,目标是达到预定的最终状态(又称终点状态)。

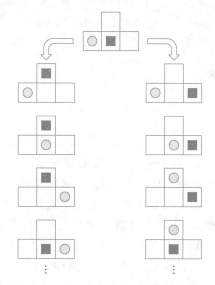

图 2.2 在初始状态下,可能有两种不同的操作。如果禁止重新访问已经访问过的状态的操作,那么每个次态只允许一个合法操作

态(又称终点状态)。既不是初始状态也不是最终状态的状态称为中间状态。搜索过程由一系列搜索操作符表示,每个操作符都会将当前状态转换为另一种状态。为方便读者,表 2.1 列出了这些基本术语。

表 2.1　搜索技术的正式定义

传统 AI 技术包括以下 5 方面:

1. 初始状态(s)
2. 最终状态(s)
3. 中间状态
4. 将一种状态转换为另一种状态的搜索操作符
5. 在给定状态下选择具体搜索操作符的规则

2.1.5　滑方块

图 2.3 展示了在 3×3 的棋盘上玩的简单版本滑方块游戏。[①] 在 9 个方块中，8 个被整数 1～8 覆盖，1 个方块是空的。该图显示了随机生成的初始状态和预定义的最终状态。一般来说，我们还必须考虑游戏不存在解决方案的可能性，在这种情况下，永远无法从给定的初始状态到达最终状态。

初始状态　　　　最终状态

图 2.3　任务是通过一系列操作将初始状态转换为最终状态，每个动作将一个带有数字的方块滑动到相邻的空方块

这个谜题中的任何操作都会将一个覆盖在方块上的数字从当前位置移动到相邻的方块上——如果这个方块是空的。图 2.3 左边所示的初始状态允许 3 种合法操作：向下移动 3，向右移动 2，向上移动 5。合法操作符的数量取决于具体的状态。如果空方块在棋盘中央，则存在 4 个合法的操作。

一个角落里有空方块的状态只允许两个合法的搜索操作符；所有其他情况允许 3 个合法的操作符。当然，搜索应该只考虑不会导致先前访问状态的搜索操作符。

2.1.6　传教士和食人族

图 2.4 描绘了一个在前互联网时代，父母喜欢用来逗孩子玩的拼图。3 个传教士和 3 个食人族到达了一条需要渡过的河。他们使用的那条船只能载两个人。此外，必须记住一个重要的限制：传教士只有在人数不超过食人族的情况下才是安全的。例如，当两个传教士离开北岸时，剩下的最后一个可能会被 3 个食人族征服。这适用于任何一岸。

传教士　　　食人族

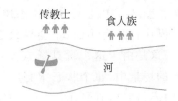

图 2.4　比赛的目标是让这 6 个人坐一艘只能载两个人的船过河。两岸的食人族绝对不能超过传教士

目标是找到一系列操作，根据上述规则将所有 6 人安全运送到南岸。这个问题并不难，但它需要一个小窍门——孩子可能不会马上就能想到——那就是必须弄清楚南岸的哪个人将把船划回北岸。

2.1.7　程序员的视角

首先要决定的是哪种数据结构最能表示状态。这种表示应该足够灵活，便于修改。

对于程序来说，工程师需要一个布尔函数，该函数接受状态描述，如果状态为最终状态则返回 true，如果不是则返回 false。另一个函数将接受状态的描述，并通过在该状态中合法地搜索操作符的应用创建该状态的子状态。还需要一个消除以前已经达到的子状态的函数。最后，必须有一种机制来控制处理那些尚未消除的子状态的顺序。

控制问题

如果你在回答下列任何问题时遇到困难，那么请返回阅读前文的相应部分。

---

① 更常见的是 4×4 棋盘。然而，对于教科书的需要，更大的棋盘会带来许多不切实际的中间状态。

- 解释此范式中的基本术语的含义：初始状态、中间状态和最终状态、搜索操作符、搜索树、先前访问过的状态。
- 总结想要实现搜索技术的程序员必须编写的基本函数。

2.2 深度优先搜索和广度优先搜索

现在让我们把注意力转向两种基本的盲搜算法。它们非常简单，几乎是不切实际的，但它们依赖于一种有用的思维模式。一旦理解了它，我们就会发现在接下来的章节中很容易掌握更高级的技术。

2.2.1 搜索树举例

考虑图 2.5 中的搜索树所表示的问题。假设树是完整的，即任何搜索操作符应用于任何叶状态 E、I、J、C、G 和 H，只会得到以前访问过的状态。这棵树故意设计得很小，以便于说明基本的搜索算法。在现实情况中，搜索树当然要大得多，很容易包含数百万或数十亿个中间状态。

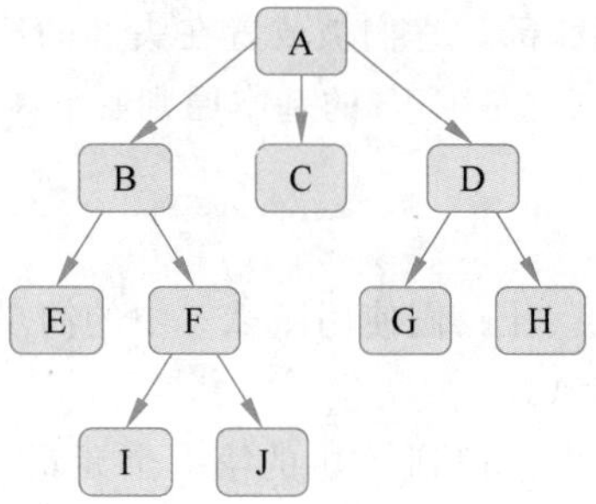

图 2.5 一个非常简单的搜索问题的搜索树例子

2.2.2 深度优先搜索：原理

让我们从图 2.5 中的初始状态开始。假设应用了一个随机选择的搜索操作符，并将初始状态转换为状态 B。下一步是什么？如果 B 不是最终的，那么深度优先搜索只是对这个新状态应用一个合法的搜索操作符，然后对下一个状态应用一个合法的搜索操作符，越来越深入，忽略搜索树的其他分支中的状态。在某一时刻，程序会达到两种关键情况之一：第一，达到最终状态；第二，无论对当前状态应用任何合法的搜索操作符只会得到以前访问过的状态。无论哪种方式，都不可能进一步扩展树。

图 2.5 中搜索树中子节点的顺序（从左到右）是随机的。在任何可以使用两个或两个以上合法搜索操作符的情况下，某些状态下的具体选择是由随机数生成器做出的，这就是我们得到的树。在这种情况下，DFS 将按照以下顺序调查状态：A、B、E、F、I、J、C、D、G、H。可以看到，搜索总是从父节点移动到子节点，只有在到达分支的末端（叶子）时才会返回。

2.2.3 深度优先搜索算法

表 2.2 中的伪代码总结了刚才描述的算法。这里使用两个列表：L 和 L_{seen}。[①]

表 2.2 深度优先搜索的伪代码

输入：包含初始状态的列表 L，之前访问过的状态的空列表 L_{seen}。

1. 设 s 是 L 中的第一个状态。如果 s 是一个最终状态，则成功终止。
2. 应用状态 s 所有合法的搜索操作符，从而获得其子状态。
3. 忽略那些已经在 L_{seen} 中的子状态。
4. 将剩下的子状态随机排列在 L 的头部。
5. 把 s 从 L 中去掉，放在 L_{seen} 的末尾。
6. 若 $L = \varnothing$，以失败终止，否则返回步骤 1。

---

① 回想一下，集合和列表的区别在于列表中的元素是有序的。

第一个列表 L，包含那些期望被我们检查为最终状态的状态。第二个列表 L_{seen} 包含了已经被检查过，且显示不是最终状态的状态。开始时，L 只包含初始状态，而 L_{seen} 是空的。

在每一轮中，DFS 选择 L 中的第一个元素，用 s 表示它，并将其作为输入提交给决定 s 是否为最终状态的函数。注意不定冠词：伪代码中的步骤 1 说的是"一个"（a）最终状态，而不是"那个"（the）最终状态。这是因为有些问题可能不止一种最终状态；最简单的 DFS 版本在找到它们中的至少一个时停止。当然，有些应用程序可能要求找到所有最终状态。

如果 s 不是最终状态，则程序将其放入先前已访问状态的列表 L_{seen} 中，然后对 s 应用所有合法搜索操作符，从而创建它的所有子状态。有些子状态已经在 L_{seen} 被发现了，这意味着它们以前被访问过，因此不需要再次调查。这些子状态被忽略，而其余的被放置在 L 的头部。它们被放置在头部的原因是要确保这些子状态在放置在 L 中的状态之前就被调查（这是 DFS 的基本原则）。

2.2.4　数值举例

让我们使用图 2.5 中的简单搜索树来说明 DFS 的行为。开始时，L 只包含单个初始状态 A，L_{seen} 为空。

意识到 L 中的第一个元素不是最终状态后，DFS 将其从 L 转移到 L_{seen}，并用其随机排序的子状态替换 L 中的元素。假设这导致 L 包含以下序列：$L=\{B,C,D\}$。由于第一个元素 B 不是最终状态，DFS 将它从 L 转移到 L_{seen}，并在 L 的开头用它的子状态 E 和 F 替换它，再次随机排序。这个过程如表 2.3 所示（这里假设 H 是最终状态）。

可以看到，这导出了与之前 DFS 流程所指定的状态序列相同的结果：A、B、E、F、I、J、C、D、G、H。读者会注意到，除了最终状态 H 在 L 中，整个结果就是 L_{seen} 在搜索过程结束时所存放的内容。

表 2.3　深度优先搜索的图解

考虑图 2.5 中的搜索树，假设 H 是最终状态。

最开始，令 $L=\{A\}$，且 $L_{seen}=\varnothing$

在 L 中第一个元素是 A，因为其不是最终状态，将它转移到 L_{seen} 中，用它的 3 个子状态替换它在 L 中的位置，3 个子状态之间进行随机排序：

$L=\{B,C,D\}$ 且 $L_{seen}=\{A\}$

L 中的第一个元素现在是 B，因为这不是最终状态，所以它被转移到 L_{seen}，并在 L 的开头用它的两个子状态替换，子状态间随机排序：

$L=\{E,F,C,D\}$ 且 $L_{seen}=\{A,B\}$

L 中的第一个元素现在是 E，因为这不是最终状态，所以它被转移到 L_{seen}。没有新的状态被添加到 L 中，因为 E 没有任何合法的且以前未曾访问过的子状态：

$L=\{F,C,D\}$ 且 $L_{seen}=\{A,B,E\}$

在接下来的步骤中，这两个列表演变如下：

$L=\{F,C,D\}$	$L_{seen}=\{A,B,E\}$
$L=\{I,J,C,D\}$	$L_{seen}=\{A,B,E,F\}$
$L=\{J,C,D\}$	$L_{seen}=\{A,B,E,F,I\}$

续表

$L=\{C,D\}$	$L_{seen}=\{A,B,E,F,I,J\}$
$L=\{D\}$	$L_{seen}=\{A,B,E,F,I,J,C\}$
$L=\{G,H\}$	$L_{seen}=\{A,B,E,F,I,J,C,D\}$
$L=\{H\}$	$L_{seen}=\{A,B,E,F,I,J,C,D,G\}$

因为 H 为最终状态,所以搜索在这里终止。

注意,L_{seen} 中的内容指示了检查各个状态的顺序。它还告诉我们在整个过程中考察了多少种状态。

2.2.5 广度优先搜索:原理

第二种盲搜算法的原理可以总结如下:在考察给定级别上的所有状态之前,永远不要在搜索树中进行更深入的搜索。例如,只有在前一层(B、C 和 D)的所有状态全部被测试完是否为最终状态并且结果是否定的,才会对状态 E 进行考察。

假设在如图 2.2 所示的搜索树中,每个状态子节点的随机生成是以从左到右的顺序表示的。在这种情况下,BFS 按以下顺序考察状态:A、B、C、D、E、F、G、H、I、J。

2.2.6 广度优先搜索算法

表 2.4 总结了实现上述原理的算法。注意,与之前的算法 DFS 的唯一不同之处在于第 4 步,它将给定状态的子状态放在 L 的末尾而不是头部(DFS 就是这样做的)。两种算法的相似性带来了方便,一旦为 DFS 编写了程序,代码就很容易修改,从而变成 BFS。

表 2.4 广度优先搜索的伪代码

输入:包含初始状态的列表 L、之前访问过的状态的空列表 L_{seen}。

1. 设 s 是 L 中的第一个状态。如果 s 是一个最终状态,则成功终止。
2. 应用状态 s 所有合法的搜索操作符,从而获得其子状态。
3. 忽略那些已经在 L_{seen} 中的子状态。
4. 将剩下的子状态随机排列在 L 的尾部。
5. 把 s 从 L 中去掉,放在 L_{seen} 的末尾。
6. 若 $L=\varnothing$,以失败终止,否则返回步骤 1。

在表 2.4 的简单版本中,过程一旦达到最终状态之一就会停止。在请求两个或多个(或全部)最终状态的应用程序中,必须相对应地修改程序。

2.2.7 数值举例

同样,我们将使用图 2.5 中的简单搜索树来说明算法的行为。开始时,L 只包含单个初始状态 A,L_{seen} 为空。

由于 A 不是最终状态,因此它从 L 移到 L_{seen},并在 L 中把它替换为它的 3 个子状态:$L=\{B,C,D\}$。因为 B 不是最终状态,所以把它从 L 转到 L_{seen},它的两个子状态 E 和 F 被放在 L 的末尾,这样 $L=\{C,D,E,F\}$。然后以同样的方式继续这个流程。表 2.5 详细说明了这两个列表的演变过程。

表 2.5　广度优先搜索的图解

考虑图 2.5 中的搜索树，假设 H 是最终状态。

最开始，令 $L=\{A\}$，且 $L_{seen}=\varnothing$。

在 L 中第一个元素是 A，因为其不是最终状态，所以将它转移到 L_{seen} 中，用它的 3 个子状态替换它，子状态在 L 的尾部且 3 个子状态间进行随机排序：

$L=\{B,C,D\}$ 且 $L_{seen}=\{A\}$

L 中的第一个元素现在是 B，因为这不是最终状态，所以它被转移到 L_{seen}，并在 L 的尾部用它的两个子状态替换，子状态间随机排序。在接下来的步骤中，这两个列表演变如下：

$L=\{C,D,E,F\}$	$L_{seen}=\{A,B\}$
$L=\{D,E,F\}$	$L_{seen}=\{A,B,C\}$
$L=\{E,F,G,H\}$	$L_{seen}=\{A,B,C,D\}$
$L=\{F,G,H\}$	$L_{seen}=\{A,B,C,D,E\}$
$L=\{G,H,I,J\}$	$L_{seen}=\{A,B,C,D,E,F\}$
$L=\{H,I,J\}$	$L_{seen}=\{A,B,C,D,E,F,J\}$

因为 H 为最终状态，所以搜索在这里终止。

控制问题

如果你在回答下列任何问题时遇到困难，那么请返回阅读前文的相应部分。

- 本节介绍的两种算法都依赖于一对列表。这两个列表背后的动机是什么？它们包含什么？
- 总结 DFS 的基本步骤。DFS 和 BFS 之间唯一的区别是什么（从程序员的角度来看）？

2.3　实际考虑

玩具场景方便地说明了基本原理，但它们的简单性是危险的。在处理实际问题时，工程师可能会遇到一系列的障碍和复杂情况。最好做好准备。

2.3.1　通用搜索模型

学习搜索算法的原理是一回事；在思想上将它们转换为适用于广泛问题的通用模型是另一回事。当把一个具体的工程任务转换成可以通过盲搜解决的形式时，需要一些创造力。幸运的是，所需的技能可以通过练习提高。在反复尝试用状态和搜索操作符来表述不同的工程任务后，读者将会变得熟练。注意，一些被简单的课堂练习所忽略的情况也是有用的。让我们看一看。

2.3.2　最终状态的确切形式可能是未知的

在 2.2 节的例子中，可以通过比较当前状态和精确定义过的最终状态来确定搜索过程是否终止。现实情况很少如此简单。为了理解其中的困难，考虑一下幻方的问题。幻方是一个由 9 个正方形组成的 3×3 矩阵的网格。目标是用 1～9 的不同整数填充每个正方形，使所有行、所有列和主对角线的数字和相同。

看到了吗？我们不知道解是什么样的；我们只被告知如果要确定一个最终状态，必须满足什么。据我们所知，解决方案可能根本不存在。可以有几个解决方案，甚至很多解决方案,或者根本没有解决方案。检查状态是否为最终状态不是通过简单的比较完成的,而是通过系统地验证它是否满足一组预定义的条件来完成的。在幻方的情况下,这仍然相当简单;在其他应用程序中,这样的验证可能代价高昂。这一点值得记住。

2.3.3 最终状态的未知形式:举例

最终状态不必由图 2.3 所示的具体模式来定义。相反,可以口头指定解决方案。例如,在前述的幻方谜题中,这可以是"找到一个至少有一列只包含偶数或至少有一行只包含奇数的状态"。

同样,我们不知道能找到多少这样的解决方案,也不知道解决方案是否存在。再举一个例子,假设想要确定生产线上操作的最佳安排,也许是保证其最快生产的顺序。我们必须考虑各种各样的实际限制,但并非所有限制都是显而易见的。我们所发现的顺序能否在给定的工厂中实际实现?会影响最终产品的质量吗?这对劳动力有什么影响?整个过程会很便宜吗?读者现在应当明白,对于盲搜的通用模式,必须创造性地加以使用。

2.3.4 验证状态是否为最终状态可能代价高昂

在前几个例子中,不能仅通过比较两种状态来决定当前状态是否为最终状态,还需要进行更多的测试和评估。

在实际应用中,这些测试和评估可能会被证明是计算代价高昂的。有时,只有经过耗时的验证,状态才能被标记为最终状态。在这种情况下,列表 L_{seen} 不仅有助于防止无限循环,还可以防止浪费资源去计算重复状态。

2.3.5 目标 1——问题的解看上去怎样

到目前为止,我们已经简化了需要考虑的问题。假设我们唯一的目标就是达到一个最终状态,有时候这就足够了。当一个 10 岁的孩子向我们展示他解决的滑方块谜题时,我们不太可能想要验证得出此结果的具体移动顺序。在幻方中,首要的要求是确定解存在。如果事实如此,那么我们需要知道解是什么样的。

在许多技术应用中,我们并不追求更多。有时,我们可能想找到所有的解决方案,而不仅仅是一个;但是,找到它们的过程也许并不重要。

2.3.6 目标 2——什么途径可以得到问题的解

其他应用则更进一步。例如,某些谜题要求我们在迷宫中找到一条路径。这意味着仅仅宣布路径已经被找到是不够的;相反,我们应该展示它到底是什么样子的。我们甚至可能被要求找出最短的操作序列。再举一个例子,回想一下传教士和食人族谜题:为了尽量减少时间和体力消耗,我们需要一个解决方案使得渡河次数最少。

在工业应用中,工程师可能希望将组装某种产品所需的操作次数降到最低,或者将其对应的经济成本降到最低。

2.3.7 停止条件

我们做了另一个简化的假设;也就是说,我们假装搜索迟早会达到一个最终状态。然而，在许多现实场景中，情况并非如此。有时候，我们甚至不知道解决方案是否存在。

而且，当它确实存在时，盲搜程序的计算代价可能会非常昂贵，没有计算机能在一个现实的时间内完成它。因此，程序员有必要在他们的程序中设定一些条件来指示机器何时停止。

以下是一些需要考虑的终止条件。首先，当到达最终状态时，搜索停止。其次，若 L_{seen} 列表的长度超过了用户指定的最大值（如 10^6 个状态），则搜索停止。最后，若程序未能在指定的求解时间（如 10 小时）内达到最终状态，则搜索停止。

2.3.8　检查 L_{seen} 可能代价高昂

每次创建给定状态的子状态时，指示盲搜程序会忽略先前访问过，且被拒绝为非最终状态的那些状态。这些先前访问过的非最终状态可在列表 L_{seen} 中找到，因此每次创建新子节点时都会扫描列表 L_{seen}。如果 L_{seen} 的大小是可管理的，那么扫描的计算代价是可负担的。然而，在实际应用中，其规模增长到数百万个状态，甚至更多。如果按顺序扫描列表，每次一个状态，从列表的开头开始，那么扫描列表的计算代价将非常高。

2.3.9　搜索有序列表

如果 L_{seen} 中的内容是有序的，那么检查它是否包含特定的状态将更高效。高效的扫描可以通过区间折半等技术来完成。

1　4　6　10 12 14 16 17 21 23 29

图 2.6　有序列表比无序列表更容易搜索。一种可选择的方法是使用区间折半技术

假设我们想知道图 2.6 中的列表是否包含数字 16。机械式的"从左到右"搜索必须检查 7 个数字才能到达 16。区间折半更快。我们的想法是找出范围的中间点，然后问这个中间点的数是多少。在图 2.6 的具体情况中，中点是 14。因为 14 小于 16，所以要向右看。序列右半部分的中点位于 17 和 21 之间。较小的 17 大于 16，这意味着我们的对象应该在左边的子区间内——事实确实如此。

可以确定，区间折半可以减少在有序列表中找到给定状态之前执行的验证次数。当然，这要求列表是有序的。

2.3.10　哈希函数

为了给 L_{seen} 中的元素排序，我们需要一种将状态描述转换为整数的机制。这是通过通用编程语言中常用的哈希函数来实现的。哈希函数将文本或更高级的数据结构转换为（几乎）保证每个文本不同的整数。

在这里的情况下，这意味着给搜索算法的伪代码增加额外一行：将刚才未被采用的非最终状态通过哈希函数转换为整数，然后确定应该插入 L_{seen} 中的状态的位置。

控制问题

如果你在回答下列任何问题时遇到困难，那么请返回阅读前文的相应部分。

- 最终状态是否总是被明确定义？本章中的每个谜题是否都有且只有一个最终状态？最终状态如何表征？详细阐述这些问题。
- 除了达到最终状态，搜索算法还能满足哪些要求？

• 哈希函数是什么？为什么以及如何在搜索中使用哈希函数？

2.4 搜索性能方面

为了能够在具体的应用程序中选择两种基本算法中的哪一种,工程师需要了解是什么决定了搜索算法的性能。

2.4.1 代价计量

计算代价有两方面:内存需求和完成计算所需的时间。两者不仅受到算法本身的影响,还受到程序员能力的影响。例如,在 L_{seen} 中查找特定搜索状态所需的时间可以通过哈希函数和区间折半来减少,但是这些技术是搜索算法的外部技术。单纯测量计算时间可能会产生误导,工程师会要求一些与程序实现和代码细节无关的标准。

在搜索算法的背景下,内存需求由两个列表中的最大状态数来反映。至于计算时间,这取决于在到达最终状态之前访问过的状态总数。由于所有被拒绝的状态都已转移到 L_{seen},这个列表的长度为我们提供了一个相当客观的刻画指标。

2.4.2 分支因子

在如图 2.1 所示的普通谜题中,操作的选择很少:初始状态中有两种可能性,每个后续状态中只有一种可能性。在滑方块谜题中,可选状态数会更大;而在另外一些场景,每个状态可能允许很丰富的搜索操作符选择。

这种选择的广度是由谜题的分支因子决定的。这一因子是由各状态子状态的平均数量决定的。通常,分支数倾向于在搜索过程中减少,因为许多新创建的子状态之前已经被访问过,因此被忽略掉了。

2.4.3 搜索深度

与性能分析相关的另一个定量方面是搜索树中状态的深度。这个深度是由从初始状态到达所考察状态的过程中所采取的操作数量来定义的。有时,用整个搜索树的深度来表示是有意义的。

2.4.4 BFS 的内存开销

在 BFS 算法中,深度为 d 的任何状态只有在考察了所有深度为 $(d-1)$ 的状态后才会到达[①]。对深度 $(d-1)$ 上的状态的任何拒绝都会在列表 L 的末尾添加它的所有子状态,这意味着所有深度为 d 的状态在该级别的第一个状态被研究之前就已经存在于 L 中。

为简单起见,假设每个状态都有相同数量的子状态 b。粗略地看一下图 2.7,可以发现在深度 d 上有 b^d 个状态。假设初始状态的深度为 $d=0$,这意味着 BFS 的内存开销随着深度增加呈指数增长。

---

① 考察意味着将状态描述提交给一个函数,如果状态是最终状态则返回 true,如果不是则返回 false。

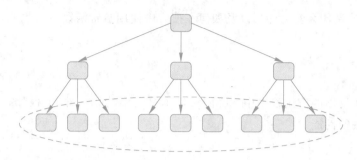

图 2.7　在 BFS 中，列表 L 的最大长度为 b^d，其中 b 为分支因子，d 为深度。这意味着内存成本随着搜索深度增加呈指数增长

2.4.5　DFS 的内存开销

同样，让我们假设每个状态都有相同数量的分支 b。在 DFS 中，每个被拒绝为非最终状态的状态都被它的 b 个子状态替换为插入 L 开头的子状态。如果想确保这些子状态在更深级别的状态之前被考察，那么这是必要的。

如图 2.8 所示，每次搜索再深入一层，就会向列表 L 中添加 b 个新状态。在被拒绝后，它的 b 个子状态会被添加到列表 L 中它的 $(b-1)$ 个兄弟状态前面。由于每级深度添加 $(b-1)$ 个新状态，在级别 d 的状态数可以近似为 $d(b-1)$。可以看到，DFS 的内存开销随着搜索深度的增加呈线性增长。

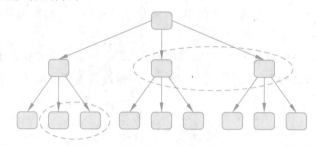

图 2.8　在 DFS 中，列表 L 的最大长度上界为 $d(b-1)$，其中 b 为分支因子，d 为深度。这意味着内存成本随着搜索深度的增加呈线性增长

2.4.6　两种算法的计算代价

假设我们决定根据到达最终状态前所考察过的节点数量来量化这些代价，并且最终状态的深度为 d。通过简单的分析可知，在 BFS 和 DFS 中，到达最终状态所需的时间随 d 的增加呈指数增长，但 BFS 的代价是 DFS 代价的 $(b+1)/b$ 倍（b 是分支因子）。在 b 较大的情况下，这种差异可以忽略不计。在极端情况下，当 $b=1$ 时，BFS 的代价是 DFS 的 2 倍。然而，这样的情况是很少见的。所以我们得出结论，这些代价差异并不大。

2.4.7　两者哪个成本更低

这两种基本技术各有优缺点，工程师在做出选择之前需要了解它们的特性。前面的讨论使我们确信，这两种算法的计算时间是相当的，但是 BFS 的内存成本比 DFS 高得多。

话虽如此，必须记得这仅限于假设搜索深度在两种情况下是相同的，或者至少是可比的情况。只有这样,内存成本在 DFS 中才是线性增长的,而在 BFS 中则是指数增长的,这似乎是一个主要的区别。然而,这种可比的深度假设很少被满足,而且在数学上可能只是误导。

2.4.8 寻找比尔的家

图 2.9 显示了 BFS 的指数内存成本远低于 DFS 的线性成本的情况。初始状态是皮特的家,最终状态是比尔的家。只允许两个搜索操作符:向东移动和向西移动。

图 2.9 皮特决定用深度优先搜索法找到比尔的家。如果第一个随机行动是向东而不是向西,那么他将在到达比尔的家之前绕地球一圈

假设第一个随机选择的操作是向东移动。皮特家东边的房子不是最终状态;因此,搜索必须继续。在这个新地点,同样有两个搜索操作符存在——但其中一个会把我们带回到皮特的家,那已经在拉斯维加斯了。这迫使我们一直向东走,因为没有别的可能了。每个后续状态的情况都是一样的。

如果搜索操作符的第一个随机选择运气很差,那么 DFS 在环游世界后才会到达比尔的家。这就是教训。尽管内存成本只是线性增长,但搜索的深度最终是如此之大,以至于产生的成本超过了 BFS 的指数增长成本,BFS 在 $d=1$ 时到达比尔的家。

诚然,这是一个极端的例子,甚至可能是一个夸张的例子。然而,它提醒我们,即使某一点似乎得到了可靠的数学分析的支持,也必须谨慎行事。具体的情况可能会产生意想不到的后果。

2.4.9 具有多个最终状态的场景

在具有多个最终状态的场景中,BFS 保证找到最小深度——从初始状态到达最终状态的路径最短。相比之下,DFS 只会达到某种最终状态。是哪一种最终状态在很大程度上取决于随机数生成器的突发奇想,它决定了子状态在 L 中的放置顺序。

如果我们的任务是找到至少一个最终状态,那么 DFS 可能更廉价。然而,如果任务是找到成本最低的解决方案,那么 BFS 通常会做得更好(除非分支因子非常高,导致内存成本超出合理范围)。

控制问题

如果你在回答下列任何问题时遇到困难,那么请返回阅读前文的相应部分。

- 为什么我们需要谨慎对待衡量搜索算法性能的标准?本节提出了哪些标准?
- 从内存成本和计算代价的角度比较 BFS 和 DFS。理论结果在什么意义上会产生误导?
- 在什么情况下,工程师会优先考虑 BFS?而在什么情况下 DFS 是更合适的选择?

2.5 迭代深化(和扩展)

掌握了基本搜索算法的性能后,科学家试图开发一种技术来消除 DFS 和 BFS 的缺点,同时保持它们的优点。在这些尝试中,最成功的也许是迭代深化(Iterative Deepening,ID)。

2.5.1   ID 算法

表 2.6 中的伪代码是迭代深化基本原理的形式化表达。具体想法是运行不允许超过某个最大深度的 DFS。然后一次又一次地重新运行这个有限深度的 DFS；每次最大深度增加 1。

表 2.6   迭代深化搜索的伪代码

输入：包含初始状态的列表 L、之前访问过的状态的空列表 L_{seen}。
用户指定的最大搜索深度 MAX。

1. 令 $c=1$。
2. 运行深度优先搜索,其最大深度不得超过 c。
3. 如果搜索已达到最终状态,则成功终止。
4. 令 $c=c+1$。如果 $c>$ MAX,以失败终止。
5. 返回步骤 2。

在最初阶段,将 DFS 限制为 $d=1$,基本上与运行在该层的 BFS 相同。然后,下一步重新运行 DFS,使其达到 $d=2$。然后是另一次重新运行,这一次最大深度为 $d=3$,然后是 $d=4$,以此类推,直到达到最终状态,或者直到满足其他终止条件。

2.5.2   为什么该技术有效

该技术保留了 DFS 的主要优势,即内存成本的线性增长。与此同时,有限的最大深度消除了 DFS 的主要缺点：在早期错过解决方案时达到荒谬的深度的危险。回想一下皮特在环游地球后才找到比尔的家的例子。这种荒诞性是在迭代深化中被阻止的。读者可能会想通过手动模拟 ID 算法在这个特定场景的流程来验证这一说法。

要记住,最大深度(在伪代码中即 MAX)可以防止搜索过深。

2.5.3   数值举例

为了说明 ID 算法的行为,图 2.10 显示了我们之前看到的搜索树。各个状态上标注的整数表示迭代深化算法访问这些状态的顺序(注意,大多数状态都是重复访问的)。

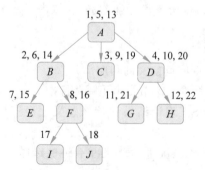

图 2.10   迭代深化所访问的状态的顺序

在第一阶段,ID 将 DFS 运行到截止点 $c=1$,即深度 1。[①] 有了这个限制,DFS 只访问状态 1 到状态 4,因为它不允许更深入。

在此之后,将截止点增加到 $c=2$,并以到达深度 2 的权限重新运行 DFS,这意味着它将经过图片中标记为整数 5 到 12 的状态。接下来,将截止点增加到 $c=3$,DFS 将经过图中标记为整数 13 到 22 的状态。

总之,访问和重新访问状态的顺序为 A、B、C、D、A、B、E、F、C、D、G、H、A、B、E、F、I、……

---

① 回想一下,初始状态 A 的深度是 $d=0$。

2.5.4 哪些因素决定了搜索成本

在对竞争性搜索算法进行比较时,我们提出了一个客观的标准,即计算所访问的状态的数量。然而,这只是为了进行比较。在评估实际应用中的成本时,我们还需要考虑到评估一个平均情况下所产生的成本。

这些成本在很大程度上取决于程序员的技能,但它们本质上包括 3 个组成部分。第一是评估状态是否为最终状态所需的时间。第二是创建这个状态的子状态所需的时间。第三是检查哪些子状态已经存在于 L_{seen} 中,因此应该被舍去的时间。这 3 个部分中的任何一个都有可能是廉价或昂贵的。

2.5.5 迭代深化是否浪费

需要反复遍历搜索树可能显得不经济。然而,这些额外的成本并不像表面看上去的那么奢侈。假设分支因子为 $b=10$。深度为 0、1 和 2 的层次包含 $1+10+100=111$ 个状态,而下一个层次,即第三层次,包含 1000 个状态。这意味着在一个具有高分支因子的场景中,下一个深度层次的状态数量要比之前所有状态的总和高很多。重新考察那些靠前的 111 个状态只增加了略高于 10% 的总成本,对于迭代深化带来的优势来说,这是一个可以容忍的代价。

此外,重新考察,比如说状态 A,可能比第一次处理它所需要的开销更小。在 ID 流程回到 A 的那一刻,这个状态已经在 L_{seen} 中了,这意味着它已经被证明是非最终状态(因此不需要新的计算验证)。另外,创建状态的子状态的成本也许可被忽略,因为一个写得很好的程序可能在第一次访问后就已经存储了相关信息。然而,很多时候成本在于需要扫描一个很长的 L_{seen} 的情况,即使采用了哈希函数。

由此得出结论,迭代深化的开销确实增加了某些计算成本。然而,大多数时候,这些成本是可以接受的,并且可以被下面讨论的优势所抵消。

2.5.6 ID 与基本算法的比较

数学家已经确定,在给定的深度下,迭代深化比 DFS 多访问 $\frac{b+1}{b-1}$ 倍状态(对于 $b \neq 1$)。对于小的数值,例如,$b=2$,这个分数是 $\frac{b+1}{b-1}=\frac{3}{1}=3$,这意味着 ID 访问的状态数是 DFS 的 3 倍。这看上去很重要,但对于更高的分支因子来说,访问状态数的增加可以忽略不计。例如,如果 $b=10$,那么得到 $\frac{b+1}{b-1}=\frac{11}{9}\approx1.2$。大体上,我们可以认为这两种算法的内存要求是相当的。

与 BFS 相比,迭代深化算法保留了其主要优势,即找到从初始状态到最终状态的最短路径的能力。

这在最短路径被认为很重要的场景中很重要(在这些场景中,DFS 将不那么有优势)。

综上所述,我们观察到迭代深化算法找到了能解决问题的最短路径,并且它的计算时间与 BFS 相当,内存成本与 DFS 相当。在这个意义上,迭代深化有时被认为是一种最优的盲搜算法。

2.5.7 注意事项

在现实中，迭代深化算法并不能保证总是优于其他两种算法；它只是在大部分时间是这样的。根据具体应用中遇到的情况，实验评估显示 DFS 或 BFS 有时比 ID 效率更高。

在选择适合手头任务的技术时，一定不要忘记，这在很大程度上取决于具体的目标和意图（参见 2.3 节）。例如，如果想要最短的路径，那么 BFS 将是最好的，ID 稍微慢一点，而 DFS 风险很大。同样，如果想找到所有的最终状态和所有通向它们的路径，那么 DFS 也很难成为我们的选择。

2.5.8 备选方案：迭代扩展

值得一提的是，还有另一种尝试将 DFS 和 BFS 的优点结合起来：迭代扩展，即 IB。IB 并没有重复地将 DFS 运行到逐渐增加的深度，而是以一种限制（并逐渐增加）BFS 最大宽度的方式来使用 DFS。首先，它运行最大宽度设置为 $c=2$ 的 BFS，然后重新运行最大宽度增加到 $c=3$ 的搜索，然后是 $c=4$，以此类推（当然，要特别注意终止标准）。

控制问题

如果你在回答下列任何问题时遇到困难，那么请返回阅读前文的相应部分。

- 总结一下迭代深化的一般算法。讨论它在何种意义上结合了 DFS 和 BFS 的优点，同时改进它们各自的不足。
- 讨论计算成本的问题。为什么迭代深化算法比分析人员可能怀疑的浪费要少，即使该技术必须重新访问许多搜索状态？
- 总结迭代扩展的一般原则。

2.6 熟能生巧

为了加深理解，不妨尝试以下练习、思考题和计算机作业。

- 考虑图 2.11 中的汉诺塔谜题。任务是使用如下定义的搜索操作符将初始状态转换为最终状态："在不可能将更大的磁盘放在更小的磁盘之上这个约束下，将单个磁盘从一个圆柱转移到另一个圆柱。"建议找到一个合适的数据结构来表示搜索状态，然后手工模拟 DFS 和 BFS。
- 想象这样一个搜索问题，其搜索树的分支因子 $b=3$。当 BFS 和 DFS 达到深度 $d=10$ 时，它们必须在内存中保留多少不同的状态？
- 假设一个程序一直在运行 DFS 或 BFS，现在已经达到了一个最终状态。在整个搜索过程中，L_{seen} 的长度是否总是大于 L 的长度？用令人信服的论据支持你的答案。如果需要，用例子来说明这些论点。
- 编写一个实现盲搜的计算机程序，该程序允许用户在 DFS、BFS 和迭代深化算法之间进行选择。
- 在本节谜题中选定一个运行实现盲搜的计算机程序。按照两个标准比较 3 种算法的计算成本：在达到最终状态之前所访问的状态数量和最大的内存需求。前者等

于程序终止时 L_{seen} 的长度；后者等于整个搜索过程中 L 的最大长度。根据你对这3种搜索技术的理解，解释观察到的性能。

- 找出一个可以化为搜索问题的现实中的工程任务。你将如何表示各个状态？最终状态将如何定义？初始状态将是什么？在这个场景中是否需要搜索找到最短路径？是否需要找到所有的最终状态？3种盲搜技术中的哪种最适合？
- 在什么领域，迭代深化的效率会比 DFS 和 BFS 低？最终状态将如何定义？

图 2.11　任务是通过每次移动一个磁盘将初始状态转换为最终状态。限制条件：较大的磁盘绝不能放在较小的磁盘上

2.7　结语

盲搜算法是针对计算智能难题的最古老的工具之一。它们是基础的、简单的，几乎显得微不足道。更糟糕的是，由于知道它们早已被第3章中更有效的启发式搜索技术所取代，读者可能会把它们当作不太有用的过时内容，与现代需求无关。然而，这种否定是轻率的，不成熟的。

诚然，盲搜技术是机械的，看上去并不智能。不过，这里至少有两个理由支持将它们纳入本书。第一，理解它们的原理将帮助读者发展思维模式，当我们开始讨论更复杂的方法时，这些思维模式会很方便。第二，盲搜技术是任何有理想的程序员的武器库。它们可以用来解决一些简单的问题，而在这些问题上，过度的复杂化会带来更多的损害而不是好处。哈雷·戴维森的速度比自行车快，可能是长途旅行的首选工具。但自行车更便宜，没有那么多噪声，对我们的健康更好，而且更容易携带。这是我们在为手头的问题选择最合适的技术时必须学会培养的思维方式。

此外，DFS 和 BFS 这两种基本技术在本科编程课程中也经常被讨论。例如，它们被用来说明某些基本数据结构（如堆栈、队列或链表）的优点。

第3章

启发式搜索和退火

对盲搜的讨论使我们了解了人工智能搜索的基本原理。尽管如此,我们必须承认,基本技术只在简单的领域有用。当涉及更贴近现实的问题时,它们就会因为其盲目性而受挫。在创建了子状态之后,不考虑它们各自的特性优势,而只是将它们随机地放在列表 L 中。对于实际工程而言,这是不够的。

人类在寻求解决问题的方案时,不会那么机械。我们倾向于通过启发式、经验法则或指导方针对"子状态"进行排序,这有助于将解决方案的过程引向更具可行性的途径。在上下文搜索中,启发式采用评价函数的形式,为每个状态返回其值。例如,该状态与最终状态的接近度。优先选择能产生更高值的子状态的操作可以提高搜索过程的效率。

这就是构成下面所讨论的整个启发式搜索算法系列的主干思想。此外,本章还简要地提到了一种主要的技术选择,即模拟退火。

3.1 爬山算法和最佳优先搜索

下面从两个基本算法开始。两者都依赖于估计搜索的状态的评价价值的能力。

3.1.1 评价函数

工程师向机器传达状态质量的概念的方式是评价函数。输入是对状态的描述,输出是一个有助于估计该状态与给定问题解决方案的接近程度的值。

3.1.2 数值举例:滑方块

衡量与最终状态相似度的最简单方法是计算错误方块的数量——这些方块与最终状态规定的方块不同。因此,在如图 2.3 所示的情况下,初始状态的一些数字(1、3、5、6 和 7)位于"正确的"方块上;剩下的 3 个数字(2、4 和 8)都在"错误的"方格上。因此,初始状态与最终状态的距离为 $d=3$。

诚然,这是一个简单的标准。更好的方法还会考虑错位方块与正确位置的距离。换句话说,该标准将询问在不受其他方块阻碍的情况下,每个方块需要走多少步才能到达正确的位置。对于数字 2、4 和 8,其各自的距离分别为 1、2 和 2。因此,该状态与最终状态的距离为 $d=1+2+2=5$。

即使这样也不够完美。一个方块离正确位置的距离并不等同于把它送到那里的难度。一个更好的标准应该试图量化这个方面。当然,设计这样的函数不是一件容易的事;程序员如果没有一定的知识、经验和创造力,是不可能成功的。从这个意义上来说,评价函数向程序传达了人类专家的某些洞察力。

3.1.3　复杂的评价函数

2.3 节解释了最终状态可能不仅仅是由一个精确的模式定义的,而是由最终状态所要满足的条件来定义的。因此,在幻方的情况下,我们可能被要求找到一个"至少一列只包含偶数或至少一行只包含奇数的状态"。在这种情况下,开发有用的评价函数可能需要合适的创造力。

3.1.4　最大化或最小化

评价函数有两种基本方法。在刚才介绍的那个问题中,评价函数依赖于当前状态和最终状态之间的距离。该值要最小化:距离越小,状态越接近最终解。另一种可能性是量化两种状态之间的相似性。这是要最大化的:相似性越大越好。

无论工程师选择哪种方法,都必须前后保持一致。忘记在开发的软件中使用的评价函数是最大化还是最小化是愚蠢的。

3.1.5　爬山算法

深度优先搜索的一个缺点是,它以随机顺序将生成的子状态放在列表 L 中。评价函数可以让我们做得更好。一种被称为爬山的改进,将子状态按照评价函数确定的顺序放在 L 的开头,这样最可行的状态就会出现在列表前面。原理由表 3.1 的伪代码给出。

表 3.1　爬山算法的伪代码

输入:包含初始状态的列表 L,之前访问过的状态的空列表 L_{seen}、程序员定义的评价函数。

1. 设 s 是 L 中的第一个状态,如果 s 是一个最终状态,则成功终止。
2. 应用状态 s 所有合法的搜索操作符,从而获得其子状态。
3. 忽略那些已经在 L_{seen} 中的子状态。
4. 根据评价函数返回的值对剩余的子状态进行排序,并将其插入 L 的开头。
5. 把 s 从 L 中去掉,放在 L_{seen} 的末尾。
6. 若 $L=\varnothing$,以失败终止,否则返回步骤 1。

同样,我们不能忘记,如果评价函数度量的是输入状态与最终状态的相似性,那么第一个子状态应该是值最高的那一个。如果函数度量距离,那么第一个子状态应该是具有最小值的那一个。

3.1.6　最佳优先搜索

爬山法使搜索总是由父状态到子状态;只有在每个子状态都考察完毕之后,搜索才被允许返回到之前的状态。然而,在某些应用程序中,工程师会意识到被拒绝状态的所有子状态的值都低于先前状态的值。

在这种情况下，放弃当前的路径（它没有提供任何直接的改善），并回到先前那个值更高的状态是有意义的。

这就是表 3.2 中伪代码所总结的最佳优先搜索算法的原理。读者会注意到其中的区别：每次要检查一个新的状态是否为最终状态时，最佳优先搜索都会从整个列表 L 中选择具有最佳值的状态，而不管这个状态在搜索树中位于什么位置。相比之下，爬山法只选择刚被拒绝的状态的最佳子状态。

3.1.7 实现最佳优先搜索的两种方法

一种简单的实现总是将新创建的子状态附加在 L 中的某个预定义位置（开头或结尾），并将从评价函数收到的值联系到每个子状态上。原则上，列表不必是有序的。当需要验证下一个状态是否为最终状态时，程序根据最优的函数值选择该状态。这是表 3.2 中的伪代码给出的方法。

表 3.2 最佳优先搜索算法的伪代码

输入：包含初始状态的列表 L，之前访问过的状态的空列表 L_{seen}，程序员定义的评价函数。
1. 设 s 是 L 中具有最高评价函数返回值的状态。如果 s 是一个最终状态，则成功终止。
2. 应用状态 s 所有合法的搜索操作符，从而获得其子状态。
3. 忽略那些已经在 L_{seen} 中的子状态，把剩下的放到 L 中。
4. 把 s 从 L 中去掉，放在 L_{seen} 的末尾。
5. 若 $L = \varnothing$，以失败终止，否则返回步骤 1。

另一种实现采取了不同的方法。每次创建并评价新的子状态时，程序都会将它们插入 L 的适当位置，以便列表始终按照从最佳状态到最劣状态排序。[①] 当要选择下一个状态时，程序选择 L 的第一个元素。

具体的解决方案将取决于具体情况，以及工程师的个人偏好和常识。

3.1.8 两种方法的比较

图 3.1 和图 3.2 说明了爬山算法和最佳优先搜索算法的主要区别。在爬山算法中，下一个要考察的状态总是从当前状态的子状态中选择的。最佳优先搜索则更加灵活：它继续搜索整个列表 L 中的最佳状态。这个最佳状态不必是当前状态的子状态。

更高的灵活性能够保证更快的搜索吗？大多数情况下确实如此。然而，并不是总是这样。在某些领域，子状态总是比父状态更好，在这种情况下，爬山算法是正确的，而最佳优先搜索的灵活性，只会因为必须始终识别最佳的下一个状态而产生额外的开销，进而减慢进程。

3.1.9 人类的搜索方式

一个小学生在面对滑方块谜题时，会每次移动一个方块，将当前的状态转换成另一个状态，然后再转换成另一个状态——这意味着一个总是从父状态到子状态的过程。

---

① 为此，通常使用链表数据结构。

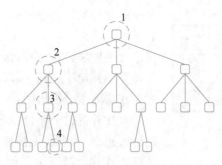

图 3.1 圈出的状态已被验证是否为最终状态。整数表示爬山的顺序。注意,这个算法总是从父状态到子状态进行

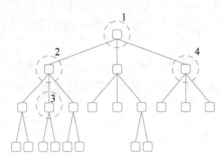

图 3.2 圈出的状态已被验证是最终状态。整数表示最佳优先搜索顺序。注意,这个算法并不总是从父状态到子状态进行

换句话说,他遵守爬山算法的原则。同时,小学生会经常重访同一状态,甚至也许都没注意到这一事实,因为他缺乏列出列 L_{seen} 清单的能力。我们可能会说,人类解决问题遵循某种不完美的爬山原则。

控制问题

如果你在回答下列任何问题时遇到困难,那么请返回阅读前文的相应部分。

- 启发式这个词是什么意思?评价函数在哪些方面起到启发式的作用?
- 解释爬山算法和最佳优先搜索算法的原理。并就与具体实现有关的问题发表评论。
- 比较爬山算法和最佳优先搜索算法的行为。在什么情况下,其中一种会优于另一种?

3.2 评价函数的实践方面

每个程序员都知道,仅掌握算法的原理是不够的。要想成功,就必须准备好处理许多情况,而这些情况是课堂上的例子所避免的,因为出于教育目的,例子必须是简单的。然而,忽视这些复杂的情况可能会导致一个看似深思熟虑的项目惨遭失败。因此,让我们看看工程师可能遇到的情况。

3.2.1 状态值的时间恶化

让我们回到滑方块谜题。先假设初始状态和最终状态如图 3.3 所示,然后进一步假设评价函数定义如下:创建一个计数器,初始化为 0。对于每个偏离最终状态位置的方块,将

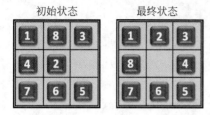

初始状态　　　最终状态

图 3.3　在初始状态下移动任何一个方块都会使其状态与最终状态的距离增加 1

其所需移动的步数添加到计数器中，以使其到达空棋盘上的正确位置。在如图 3.3 所示的例子中，因为放错位置的方块，所以距离是 $d = 1 + 2 + 2 = 5$，2、4 和 8 需要分别移动 1、2 和 2 步。读者应该还记得，这个公式是在前面章节提出的。

现在看看这个评价函数是如何影响求解过程的。在初始状态下，有 3 个操作是可能的。其中一个操作是将 3 号方块滑下去。由于这个方块已经在正确的位置上，所以这个操作只会使它与正确位置的距离增加 1，而评价函数对新状态返回的值也相应增加。如果把 5 号移上去，也会发生同样的情况。最后一个选择是将 2 号向右移动。这一个棋子并不在正确的位置上；然而，滑动它将使其与最终状态的距离从 1 变到 2。

我们已经得出了一个重要的观察结果：在寻找问题的解的过程中，程序可能被迫接受一个中间状态，其值似乎更加偏离我们想要的结果，就像游客在攀登山峰之前可能不得不穿越中间的山谷一样。

3.2.2　多个状态可以有相同的值

同一个示例说明了另一种经常遇到的情况：3 个搜索操作符中的每一个都增加了与最终状态相同的距离。

在这种情况下，爬坡算法无法决定（除了随机选择）应用 3 个搜索操作符中的哪一个。

不可否认，我们所使用的评价函数是相当粗糙的。如果搜索程序依靠的是一个更精妙的公式，可能会给每个状态的子状态一个不同的值，那么它就不太可能面临刚刚的困难。另一方面，我们不能忘记评价函数只不过是工程师直觉上的近似值，因此可能是不可靠的；它们甚至可能把搜索带向错误的方向。

3.2.3　前瞻性评价策略

前面看到，智能体有时必须在有同等价值的状态中做出选择。我们现在还了解到，搜索过程可能要克服局部的高峰（或低谷），而不知道后面会出现什么。这些观察启发了所谓的前瞻性评价策略。

这个想法是，智能体不应该基于对状态的直接子状态的评价来做出选择，而应该基于对更远的后代的子状态："孙子"状态、"曾孙"状态等来进行选择。因此，在如图 3.4 所示的搜索树中，状态 b 的值为 2.5，但深度为 2 的前瞻性评价策略将使用值 3.5 进行操作，这是有最大值的"孙子"状态 m 的值。

智能体应该前瞻多深是一个用户设置的参数。当然，更大的深度往往会缓解之前提到的复杂问题的严重性（如评价函数的局部极值）。但是，评价大量"后代"状态的成本可能很高。

3.2.4　集束搜索

处理上述困难的另一种方法是并行运行两个或多个搜索。这一原则被称为集束搜索，

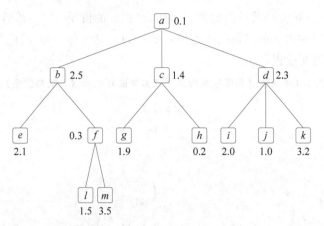

图 3.4　一个搜索树的例子。每个节点代表一种状态。对于每个状态，都提供了评价函数返回的值

参见表 3.3 中的伪代码。我们的想法是，不仅要挑选一个单一的最佳状态（例如，在爬山算法中那个最佳的子状态），还要挑选 N 个最佳状态。如果这些状态中没有一个是最终状态的，那么这 N 个状态就会被立即从 L 转移到 L_{seen}，并在 L 中被其所有的子状态取代，然后适当地排序。当然，同样的原则也可以在最佳优先搜索的背景下使用。

表 3.3　集束搜索的伪代码，最佳优先搜索的"并行版本"

输入：包含初始状态的列表 L，之前访问过的状态的空列表 L_{seen}，由程序员定义的评价函数、用户指定的 N 值。

1. 依据评价函数对列表 L 进行排序。若 $L=\varnothing$，以失败终止。
2. 设 $N'=\min\{N,\text{length}(L)\}$。如果 L 中的前 N' 个元素中至少有一个是最终状态，则成功终止。
3. 找出这 N 个状态的所有子状态。忽略那些已经在 L_{seen} 中的，将剩下的插入 L 中。
4. 将前 N 个状态从 L 移到 L_{seen} 中。
5. 返回步骤 1。

读者可能会觉得伪代码的第 2 步不太直观。下面是"奇怪"术语 $N'=\min\{N,\text{length}(L)\}$ 背后的动机。有时，用户指定的 N 值超过列表 L 当时的长度。例如，如果用户指定 $N=3$，但 L 只包含两种状态，则会发生这种情况，因此 $\text{length}(L)=2$。在这种情况下，智能体只能评价 $\min\{3,2\}=2$ 个状态。

3.2.5　N 在集束搜索中的作用

我们建议 N 取什么值？答案一如既往地取决于某些权衡。较高的 N 值有助于智能体越过评价函数的局部极值，也有助于减少忽略浅解（从初始状态出发路径较短的解）的危险。然而，这些好处可能会被高内存成本抵消。

通过对该算法的研究，读者会意识到，N 值非常大的集束搜索算法可能会退化为广度优先搜索算法，不再是启发式的搜索，而成为盲搜。

3.2.6　数值举例

考虑如图 3.4 所示的搜索树所代表的简单问题。树中的每个节点代表一个状态。每个状态旁边都有一个由评价函数返回的值。例如，状态 b 的值是 2.5。然后，表 3.4 详细列出了目前为止，我们看到的 3 种启发式搜索技术的行为。对于每一种，我们都提供了两个列表 L 和 L_{seen} 的逐步演变过程。

表 3.4　图 3.4 中启发式搜索技术应用于搜索树的几个步骤。状态值是要最大化的

BFS 算法

L	L_{seen}
$\binom{a}{0.1}$	$\varnothing$
$\binom{b}{2.5}\binom{d}{2.3}\binom{c}{1.4}$	$\binom{a}{0.1}$
$\binom{d}{2.3}\binom{e}{2.1}\binom{c}{1.4}\binom{f}{0.3}$	$\binom{a}{0.1}\binom{b}{2.5}$
$\binom{k}{3.2}\binom{e}{2.1}\binom{i}{2.0}\binom{c}{1.4}\binom{j}{1.0}\binom{f}{0.3}$	$\binom{a}{0.1}\binom{b}{2.5}\binom{d}{2.3}$
$\binom{e}{2.1}\binom{i}{2.0}\binom{e}{1.4}\binom{j}{1.0}\binom{f}{0.3}$	$\binom{a}{0.1}\binom{b}{2.5}\binom{d}{2.3}\binom{k}{3.2}$

爬山算法

L	L_{seen}
$\binom{a}{0.1}$	$\varnothing$
$\binom{b}{2.5}\binom{d}{2.3}\binom{c}{1.4}$	$\binom{a}{0.1}$
$\binom{e}{2.1}\binom{f}{0.3}\binom{d}{2.3}\binom{c}{1.4}$	$\binom{a}{0.1}\binom{b}{2.5}$
$\binom{f}{0.3}\binom{d}{2.3}\binom{c}{1.4}$	$\binom{a}{0.1}\binom{b}{2.5}\binom{e}{2.1}$
$\binom{m}{3.5}\binom{l}{1.5}\binom{d}{2.3}\binom{c}{1.4}$	$\binom{a}{0.1}\binom{b}{2.5}\binom{e}{2.1}\binom{f}{0.3}$
$\binom{l}{1.5}\binom{d}{2.3}\binom{c}{1.4}$	$\binom{a}{0.1}\binom{b}{2.5}\binom{e}{2.1}\binom{f}{0.3}\binom{m}{3.5}$

最佳优先搜索的集束版本，$N=2$

L	L_{seen}
$\binom{a}{0.1}$	$\varnothing$
$\binom{b}{2.5}\binom{d}{2.3}\binom{c}{1.4}$	$\binom{a}{0.1}$
$\binom{k}{3.2}\binom{e}{2.1}\binom{i}{2.0}\binom{g}{1.9}\binom{c}{1.4}\binom{j}{1.0}\binom{f}{0.3}$	$\binom{a}{0.1}\binom{b}{2.5}\binom{d}{2.3}$
$\binom{i}{2.0}\binom{g}{1.9}\binom{c}{1.4}\binom{j}{1.0}\binom{f}{0.3}$	$\binom{a}{0.1}\binom{b}{2.5}\binom{d}{2.3}\binom{k}{3.2}\binom{e}{2.1}$

　　按照表 3.4 给出的方式，用纸笔手动模拟算法的流程是一个很好的练习。我们还建议读者仔细研究一下，找出这些算法的行为有哪些不同，以及为什么不同。

3.2.7 昂贵的评价

在实际应用中,评价任何状态与最终状态的距离可能并不容易。很多时候,仅仅依靠一些数学公式是不可能做到的。即使可以设计出这样的公式,工程师也可能选择前瞻性策略;为了获得单个状态的值,程序可能需要对后代的数百个子状态进行重复计算。最后,在某些情况下,评价状态的唯一方法是通过系统实验,而这可能会更加昂贵。

这些状态评价的高昂成本可能会成为工程师考虑的另一个关键因素,他们希望为手头的任务确定最合适的搜索算法。

控制问题

如果你在回答下列任何问题时遇到困难,那么请返回阅读前文的相应部分。

- 讨论了评价函数的主要困难:局部峰值、多态等价、主观性、高成本。
- 前瞻性策略是什么意思?它的优点和缺点是什么?
- 解释集束搜索的原理,以及它的宽度(即参数 N)对其行为的实际影响。

3.3 A^* 和 IDA*

人们总是缺乏耐心的。每当解决问题的过程在经过一系列漫长的步骤后似乎毫无进展时,一般人就会对当前的方法失去兴趣并放弃它,转而采用其他方法。这种缺乏一致性的情况并不像道德家想象得那么糟糕。类似的行为已被证明在某最强大的搜索算法中是有用的。

3.3.1 动机

考虑如图 3.5 所示的迷宫。从左边进入入口后(见图 3.5 中的箭头),智能体将以最少的步骤到达右边的出口。

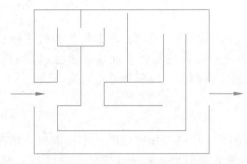

图 3.5 仅有到最终状态的距离还不够。同样重要的是,到达任一中间状态所积累的代价是多少

很容易看出,最短的路径是智能体在进入后马上转弯的那条。然而,这不是启发式搜索推荐的第一步,启发式搜索的评价函数(要最小化)会度量智能体到目标的距离。这样的搜索首先会向右,而不是向下,因为向右移动会缩短距离,而向下移动会增加距离。不幸的是,向右移动将使智能体走上一条不可避免的曲折而漫长道路,至少可以说是一种低效的尝试。我们意识到爬山算法和最佳优先搜索算法在这里不会有很好的效果。

人类解决问题的方式是不同的。在一条毫无希望的道路上走了一段时间后,我们失去了信心，迟早会回到某个更早的地方，因为在那里我们可以选择其他方向转弯。这可能会让人想起最佳优先搜索，但这种相似性只是表面上的。如果某个较早的状态比当前状态的任何子状态更接近出口，则最佳优先搜索将回溯。然而，人类的动机是首先考虑迄今为止搜索所产生的代价。

3.3.2　代价函数

本节中介绍的方法的主要创新之处在于，不仅要最小化状态 s 与目标的距离，而且要最小化从初始状态到 s 中所累积的代价。在一个简单的程序中，比如前文中提到的迷宫，这些代价可以用起点到 s 的过程中执行的操作（搜索操作符）的数量来确定。稍后将讨论评价确定这些代价的更复杂方法。

3.3.3　A^* 算法

被称为 A^*（读作"A星"）的技术依赖于评价函数和代价函数。如果评价函数返回 $g(s)$，而代价函数返回 $h(s)$；如果两者具有相同的权重，那么搜索智能体会希望最小化 $g(s)+h(s)$。注意，在 A^* 中，评价函数返回的值将被最小化（而在前面提到的搜索技术中，工程师可以在最小化和最大化之间进行选择）。表 3.5 中的伪代码总结了刚才描述的原理。

表 3.5　A^* 算法的伪代码：最佳优先搜索版本

输入：包含初始状态的列表 L，之前访问过的状态的空列表 L_{seen}。

评价函数 $g(s)$，衡量状态 s 到目标的距离。

代价函数 $h(s)$，衡量在达到状态 s 之前所产生的代价。

1. 设 s 是 L 中具有 $g(s)+h(s)$ 最低值的状态。
2. 如果 s 是一个最终状态，则成功终止。
3. 应用状态 s 所有合法的搜索操作符，从而获得其子状态。
4. 忽略那些已经在 L_{seen} 中的子状态，将剩余的放在 L 中。
5. 将 s 从 L 中去掉，并将其放在 L_{seen} 中。
6. 若 $L = \varnothing$，以失败终止，否则返回步骤 1。

在某些应用场景中，不能假设这两个因素（搜索代价和状态到最终状态的距离）是同等重要的。在这种情况下，程序员可能更喜欢下面这个更加通用的公式：$c_g g(s)+c_h h(s)$。这里系数 c_g 和 c_h 的值反映了这两个组成部分的相对重要性。

3.3.4　数值举例

图 3.6 显示了我们从图 3.4 中已经知道的同一个搜索树。然而，这次得到的各个状态的值为 $g(s)+h(s)$；这意味着我们把从初始状态到当前状态 s 所需的步数添加到评价函数中。

例如，在图 3.4 中，状态 g 的值是 $g(g)=0.9$。可以看到，从树的根节点经过两步到达 g，$h(g)=2$，我们确定这个状态的值为 $0.9+2=2.9$。这就是图 3.6 中所示的数值。所有其他状态的值都是这样得出的，这很容易验证。

3.3.5　A^* 的两个版本

注意，表 3.5 中的算法只是最佳优先搜索算法的一个小改进。这实际上是工程实践中

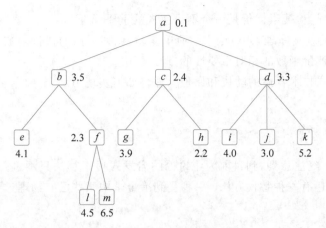

图 3.6 这与图 3.4 中的搜索树几乎相同。唯一的区别是状态值,由评价函数提供的状态值随着每个状态的深度增加而增加

最常见的 A* 的版本。

可以发现,很容易将同样的算法修改(在评价函数返回的值的基础上增加搜索代价)应用于爬山算法上,因此有时也会使用这个版本的算法。

3.3.6 更复杂的代价函数

为简单起见,本节到目前为止假设搜索代价可以通过从初始状态到当前状态的过程中所执行的操作数来很好地近似——换句话说,可以通过搜索树中遍历过的边的数量来估算。然而在现实世界中,事情可能没有这么简单。

在某些应用场景中,每个操作都带有不同代价。在这种情况下,给搜索树中的每条边标注一个数字是有意义的,因为这个数字可以量化这个边所代表的搜索操作的代价。然后,把从根节点到代表 s 的节点所经过的所有边的代价相加,就可以得到与状态 s 相关的总代价。

3.3.7 跳跃式技术

有时,工程师发现不可能设计评价函数,因为给定状态和最终状态之间的任何相似性都只是推测的,而量化它会产生误导。在这种情况下,更安全的做法可能是完全忽视评价函数 $g(s)=0$,而只寻求最小化代价 $h(s)$。由于历史原因,这种方法有时称为跳跃式技术(leaps and bounds)。

3.3.8 IDA*

最终的启发式搜索技术是 A* 的迭代深化版本。其动机与前面盲搜中的情况相同(参见第 2 章)。

我们的想法是将 A* 的爬山版本运行到一定深度上。如果没有找到解,则进行重复搜索且最大深度增加 1。虽然爬山版本的 A* 在这里似乎更自然,但我们也可以将迭代深化应用于最佳优先搜索版本的搜索。

控制问题

如果你在回答下列任何问题时遇到困难,那么请返回阅读前文的相应部分。

- 在什么情况下,搜索代价是一个不可忽视的重要标准?
- 解释 A^* 的基本原理,并讨论它的简单变动,比如灵活的代价函数,以及确定搜索代价相对于评价函数的相对重要性的方法。
- 讨论跳跃式技术背后的动机和原理。你将如何实现 IDA^*?

3.4 模拟退火

细心的读者已经注意到,到目前为止讨论的启发式搜索算法只不过是经典盲搜系列算法的变体。不过,还有一种替代方法:一种受到冶金学中某些已知物理过程启发的技术。

3.4.1 生长无缺陷晶体

假设你决定制造完美的,或者至少是近乎完美的硅晶体。为此,你需要硅原子处在它们的最低能量排列中——即众所周知的,以晶格为主体的方式排列硅晶体。这种排列可以通过所谓的退火来获得。

这个过程包括两个阶段。在第一个阶段,材料被加热到很高的初始温度。在第二个阶段,这种被加热的材料缓慢冷却。量子力学解释了在这个冷却阶段发生了什么。在每一个时刻,这组原子发现自己处于一种称为状态 s 的特定排列中。这个状态会受到随机影响的改变,每次重新排列原子,就会产生一个新的状态 s_n。有时,新的状态是稳定的;有时则不稳定,那么这种排列可能会恢复到之前的状态 s。

3.4.2 正式视图

新状态能否保持,或者系统是否能恢复到以前的状态,取决于总能量 e。我们知道,自然中更倾向于低能量状态。这意味着,如果 $E(s_n) < E(s)$,那么系统将保持新的状态 s_n,直到下一次随机变化产生影响。在相反的情况下,新状态的能量高于前一状态的能量,即 $E(s_n) > E(s)$,那么事情就更有趣了。在大多数情况下,s_n 是不稳定的,系统会恢复到之前较低的能量状态 s。但是,也有一定的概率,即系统会保持较高的能量状态,直到下一次随机变化的影响到来。

系统保持在高能态的概率取决于温度。温度越高,系统保持在高能态的概率就越大。在初始阶段,当温度很高时,系统是非常不稳定的。随着温度的下降,系统停留在高能态的概率降低,这意味着系统的大多数随机改变而导致低能态。物理学家已经阐明了以下原理:如果温度下降得很慢,那么原子几乎总是排列成完美的晶体。

总之,经过一段加热期之后,再经过一段精心控制的冷却期,就会产生大且几乎没有缺陷的晶体。

3.4.3 AI视角

刚刚描述的过程让我们想起了我们在讨论启发式搜索时的经验。在那里,任务是到达一个定义明确的最终状态(这里是完美晶体的最低能量状态),但是为了达到这个状态,问题解决者必须经过许多次优状态。

这一点在滑方块谜题的例子中得到了说明,这也是最佳优先搜索、集束搜索和前瞻性评价等策略被引人的原因。这些技术的威力在于它们能够在次优状态下进行问题解决。

制造完美硅晶体的雄伟目标似乎与人工智能搜索的目标没有多大关系。不过,其基本过程的高效相当耐人寻味。难怪计算机科学家试图将这些原理转化为一种算法——而且他们成功了!

3.4.4 简化视角下的模拟退火

这项技术的完整版可以在一些更高级的介绍性文章中找到。然而,即使是一个大大简化的模拟退火公式,也将有助于工程师处理具有挑战性的问题。

让我们按照以下方式修改爬山算法:在选择下一个状态时,智能体大部分时间会选择指向具有最佳值子状态的搜索操作符。然而,智能体有时会优先选择次优的子状态。假设评价函数度量给定状态与最终状态的距离,这意味着程序应该最小化它(就像大自然会寻求最小化实际物理状态的能量一样)。用 v 表示当前状态的值,用 v_n 表示所选子状态的值。设 k 为常数,T 为温度,这些参数的具体作用将在后面详细说明。采取选择该子状态的操作的概率由以下公式计算:

$$P = \begin{cases} \mathrm{e}^{-\frac{v_n - v}{kT}}, & v_n \geqslant v \\ 1, & \text{其他} \end{cases} \tag{3.1}$$

3.4.5 状态值的影响

式(3.1)规定,如果新状态的值小于当前状态的值($v_n < v$),则接受新状态的概率为100%。如果新状态的值大于当前状态的值($v_n > v$),则仍然可以接受新状态。该情况发生的概率取决于状态值之间的差 $v_n - v$:状态值的增加程度越大,接受新状态的概率越低。当然,工程师还必须指示计算机程序在 $v_n = v$ 的情况下该怎么做。然而,从本节的角度来看这无关紧要。

3.4.6 温度影响

较劣状态被接受的概率是由系统的温度 t 控制的。开始时温度很高,随着时间的推移逐渐降低。仔细看一下式(3.1)就会发现,温度越高,接受较劣状态的可能性越大。随着温度下降,甚至可能接近零度时,更劣的状态很少会被接受。还要注意指数分母中的常数 k。它的作用是控制公式对 T 变化的敏感性。[①]

模拟退火成功与否取决于温度降低的速度,冶金学家知道冷却过程应该是缓慢的。

但是,多慢才算慢呢?另外,这个过程开始的初始温度应该是多少呢?

3.4.7 冷却

理论家已经推导出了一个保证成功的公式,但温度的降低是如此缓慢,以至于这个过程似乎永远都不会结束,因此我们必须做出妥协。如果能在合理的时间范围内完成搜索,注重

---

① 在原物理公式中,k 是玻耳兹曼常数。

实际的工程师会接受次优操作（即，过程可能只找到"近乎最优"的解）。虽然有人已经提出了一些基于严格分析的非常复杂的公式，但经验表明，即使用以下简单公式（T_k 表示第 k 个时间步长的温度，另外 $\alpha \in [0.90, 0.99]$），通常也能获得良好的结果：

$$T_{k+1} = \alpha T_k \tag{3.2}$$

在基准程序中，每次状态变化后温度都会降低。在这种情况下，工程师更喜欢较高的 α 值（接近 1）。其他场景中可能要求温度只在预定的步骤数之后降低，例如，在每 10 个状态变化之后。在这种情况下使用较低的 α 值，可能接近 0.9。

3.4.8　初始温度

初始温度 T_0 必须足够高，以便系统在早期做出许多"错误的决定"。这基本上是作者在这里能提供的唯一建议。对于初始温度具体应该是多少，似乎并没有什么非常固定的普遍规定。在实际应用中，可以通过预实验来指导选择。

控制问题

如果你在回答下列任何问题时遇到困难，那么请返回阅读前文的相应部分。

- 解释冶金学中用来生长无缺陷硅晶体的退火过程的原理。
- 描述实现模拟退火的计算方法。如何生成随机的状态变化？一个新状态什么时候会被保持，什么时候不会被接受？
- 关于温度的初始化你能说些什么，以及该如何降低温度？

3.5　背景知识的作用

前面章节中描述的搜索技术解决了一些有趣的难题，并且在许多重要任务中被证明是有用的。但我们必须时刻保持警惕。

早期的成功往往会阻止批评，它在某种程度上影响了我们正确看待事物的能力。当启发式搜索的思想第一次被提出时，一些狂热者甚至声称这种方法掌握着所有计算智能的关键。

今天，我们有了更好的认识。人们对搜索技术无所不能的信心已经动摇，专家现在一致认为，还有很多工作要做。下面的例子旨在说明，当面对真正的智能时，搜索的思想在哪些方面受到了限制。

3.5.1　AI 搜索解决的幻方问题

图 3.7 是流行的幻方谜题。任务是用 1～9 的 9 个整数填充 9 个方格，使每个方格包含不同的数字，并且所有列、行和主对角线的数字和都相等。这就是最终状态的定义。初始状态是图片左边的 3×3 的空方块；搜索操作符将一个整数放在其中一个空方块中。在学习了前面的章节后，读者会发现很容易编写一个程序来处理这个任务。

这样的计划是否有效？让我们来看看。假设搜索从在左上角放置一个随机的整数开始。有 9 种可能性。对于其中的每一个，下一个方格（例如，上面第一行中间的那一个）将接受其余 8 个整数中的一个。这产生了 9×8＝72 种组合。这样继续下去，我们就会发现，盲搜可能要面对多达 9! 种填充幻方的不同方式！这显然太多了。诚然，如果找到处理各种对称性的方法(例如,将棋盘旋转 90°,或将其水平倒置),则可以大大减小这个数字。此外,一个精心设计的评价函数将帮助我们采用更有效的启发式搜索,这可能会进一步加快这一过程。尽管如此,成本仍然很高;在这种场景中,搜索算法的机械式表现似乎是几乎毫无希望的。

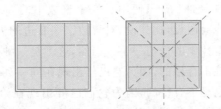

图 3.7　幻方:任务是用 1~9 的整数填充 9 个方格,使所有列、所有行和主对角线上的数字和都相同

3.5.2　数学家解决幻方问题

人类会用不同方法解决问题。数学家首先观察到 1~9 的整数的和是 $\sum_{i=1}^{9} i = 45$。如果 3 列中的每一列都有相等的和,那么这个和必为 $45/3 = 15$。这显然减少了填充幻方的方案数量。

数学家推理的下一步如图 3.7 的右侧所示。假设在中间行、中间列和两个主对角线中填充方格。这包含了所有的 9 个方格,但是正方形中心的方格(让我们用 x 表示它的值)被填充了 4 次。如果减去这个方格出现的 4 次中的 3 次($3x$),那么每个方格只被用到一次,从前面讨论我们知道,总和是 45。

如果不减去中心方格的 3 次多余填充,则有 4 个三元组(列、行和两条对角线)。因为每个的总和是 15,所以总数必须是 $4 \times 15 = 60$。再次用 x 表示中心方格的值。减去它的 3 次"多余"出现得到 $60 - 3x = 45$。这里可得到 $x = 5$。最后得出结论,5 就是要放在中心方格中的整数。

剩下的就很简单了。在左上角可以放置其余 8 个整数中的任何一个。它们中的每一个都决定了右下角的数值。例如,如果左上角填充 9,那么右下角就必须是 $15 - 9 - 5 = 1$。这样一来,如何填充上面第一行中间的方格就只有 6 种可能。假设选择 2。那么右上角得到 $15 - 9 - 2 = 4$;幻方的其余部分也将以类似方式填充,始终遵守行、列和主对角线之和为 15 的规则。

3.5.3　课程:背景知识的好处

上一段的分析将可能性的数量减少到 $8 \times 6 = 48$。这比原来的 9! 少多了! 以至于我们甚至不需要计算机;这个问题现在可以用纸和笔在几分钟内解决。根据这一经验,我们开始怀疑传统的搜索方法确实过于机械,效率低下。我们需要更好的东西。

由于背景知识的引入,使搜索空间在相当程度上变小了。从表面上看,幻方可能是一个典型的搜索问题。然而,我们注意到,一个更优雅的方法会考虑到幻方的几何形状,进而一个更有效的解决方案会依赖于数学家的想法。我们开始意识到,解决问题的计算机应该以某种方式被赋予知识,并且有能力以有意义的方式处理这些知识。粗暴的数字计算是相当浪费的。

3.5.4 数独中的分支因子

另一个值得我们注意的方面是分支因子。大致看一下图 3.8 中的数独问题，就会发现最上面一行只使用了 9 个整数中的 3 个。一个粗心的初学者可能会假设，比如说，对于数字 3 右边的方格，可以填充剩下的 6 个整数中的任何一个。当然，这不是一种合理的处理方式。首先，8 是不合格的，因为它已经出现在同一列（第三行）中。同样，6 和 9 也是不合格的，因为它们已经出现在给定的 3×3 正方形中。这样就只剩下 3 种可能了，而不是 6 种。

5	3			7				
6			1	9	5			
	9	8					6	
8				6				3
4			8		3			1
7				2				6
	6					2	8	
			4	1	9			5
				8			7	9

图 3.8 数独的分支因子比看起来要小

然而，这还没完。看到有 3 种可能性可供选择，却没有任何迹象表明应该选择哪一种，人类玩家会找一个选项数量较少的方格。通常，我们可以找到一个只允许一种可能性的方格，这相当于分支因子减少到 $b=1$，这确实是一个显著的减少！我们再一次观察到，这种令人印象深刻的冗余可能性减少是由于我们对数独本质的理解，而不是计算机的蛮力。

3.5.5 斑马谜题

在其他谜题中，对知识表示和知识利用的需求更加明显。以第 1 章中的斑马谜题为例。已知一系列关于房子、人、动物等的事实，并被要求回答一个只能从这些事实中推断出来的问题。试图通过传统的搜索来做到这一点是徒劳的，除非我们找到一种方法，它能将任何理性的人都可以获得的一些知识传递给机器。这可能要采取"如果-那么"规则的形式通过计算机程序成功地进行操作，这就可以被称为自动推理。

斑马谜题的存在为我们提供了另一个证据，使我们确信仅靠搜索是不够的。在许多有意义的领域，搜索必须得到某种知识的帮助。如何对这些知识进行编码，以及如何在解决问题的环境中利用这些知识，这些问题将在第 9 章开始讨论。然而在此之前，关于搜索本身还有许多问题值得讨论。

控制问题

如果你在回答下列任何问题时遇到困难，那么请返回阅读前文的相应部分。

- 讨论数学家解决幻方谜题的方法与搜索技术的区别。
- 熟练的程序员会如何减小数独游戏中的平均分支因子？你能编写一个程序来实现这种简化吗？
- 提出一个通过经典搜索方法解决斑马谜题的方法。该如何表示问题中的事实？什么将构成搜索状态？
- 什么是背景知识？它如何帮助解决问题？

3.6 连续域

早期的 AI 主要关注每个状态允许有限个操作的领域，并且状态由离散变量描述。然而，在许多实际应用中，描述和操作都只能用来自连续域的数字来表征。让我们来看看这对搜索意味着什么。

3.6.1 连续域举例

图 3.9 展示了一个名为 Mexican Hat 的函数。平面上的任一点$[x,y]$定义了一种状态,纵坐标给出了其对应的评价函数的值。我们可以看到状态分布于一个连续域。

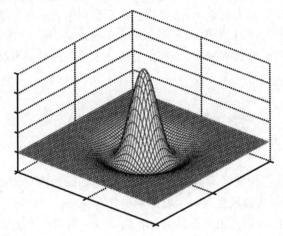

图 3.9　一个连续域。平面中的每一对$[x,y]$代表一种状态。评价函数映射在纵轴上

假设从平面上随机生成的初始状态开始。目标是找到使评价函数达到最大值的状态。[①] 假设采用爬山算法:在每个状态下,智能体希望沿着其最陡的梯度以一种保证函数增长最快的方式来修改 x 和 y 的值。因此,操作是连续的。状态的定义域不一定是二维的;状态可以用任意数量的变量来描述。它们中的一些可以是离散的,但如果至少有一个是连续的,则认为该域是连续的。

3.6.2 离散化

到目前为止,我们所看到的搜索技术都期望一个进行离散操作的智能体:在每个状态下,操作(搜索操作符)都是从有限的备选项集合中选择的。相比之下,连续域中的操作数量是无限的,因为描述状态的变量有无穷多的可能变化。

处理这种情况最简单的方法是离散化。其思想是将每个变量的定义域划分为有限的区间。因此,在如图 3.9 所示的例子中,可以用 10×10 的正方形网格覆盖平面。在每个时刻,智能体发现自己处于由这些方格之一定义的状态。然后可以通过命令定义操作,"沿着 x 轴移动 N 个方格,沿着 y 轴移动 M 个方格。"

离散化允许我们使用已经熟悉的启发式搜索。不可避免地,这种便利性是以准确性的损失为代价的:给定方格内的所有状态都被认为是相等的。通常,这种限制是可以接受的,因为工程师可能不会坚持寻找最优解,而满足于"做得相当好"。这就是追求完美的数学家和追求实际解决方案的工程师的世界观的区别。

3.6.3 梯度上升与神经网络

除了离散化之外,还可以使用数学上简洁且不会丢失信息的方法。如果定义评价函数

---

① 在本例中,函数最大值对应的状态为$[0,0]$,即坐标系的原点。

的公式是已知的,那么一种可选方法是通过微积分找到函数的最陡梯度。

通过将函数的一阶导数设为 0 来识别局部极值;剩下要做的就是决定极值点代表的是最大值还是最小值。这种方法被称为梯度上升,如果想要函数的最小值则为梯度下降。

在不深入讨论细节的情况下,让我们顺便提一下,梯度上升技术是神经网络的典型技术。由于该技术的深度学习大获成功,这项技术最近变得流行起来。然而,关于神经网络和深度学习的讨论属于机器学习领域,而不是核心 AI 的教科书应该过多讨论的。如果读者知道连续域可以通过爬山算法来解决,并且相关的技术涉及一些微积分,那就足够了。

3.6.4　群体智能算法

不过,这里还有另一种选择。第 8 章将介绍一系列强大的技术,统称为群体智能。它们功能强大,不需要微积分,而且与深度学习一样受欢迎和流行。

控制问题

如果你在回答下列任何问题时遇到困难,那么请返回阅读前文的相应部分。

- 操作的离散域和连续域之间的主要区别是什么?
- 离散化如何帮助我们使用经典的人工智能技术? 离散化的主要缺点是什么?
- 本节简要介绍了处理连续域而不需要离散化的两种方法。你还记得它们的名字吗?

3.7　熟能生巧

为了加深理解,不妨尝试以下练习、思考题和计算机作业。

- 对于该章中的每个谜题,至少设计两个不同的评价函数。例如,南岸传教士的数量会是一个好的指标吗? 如果不是,为什么? 关键是要习惯这样的想法:通常存在许多替代方案,有些很简单,有些很复杂;但很少有哪个方案在指导搜索过程的方式上是令人完全满意的。
- 假设一个谜题如图 3.10 中的搜索树所示。展示爬山算法、最佳优先搜索算法、A^*算法和集束搜索算法($N=2$)访问状态的顺序。
- 已经实现了一些盲搜算法的读者会发现很容易修改它,使其变成爬山算法和最佳优先搜索算法。其中最困难的部分是确定其评价函数。尝试通过一个简单的编程练习来做到这一点。
- 在已经实现爬山算法和最佳优先搜索算法的程序后,在各种测试平台上运行实验来比较它们的行为。写一篇两页的文章,总结你的观察。
- 另一个有用的研究将比较由不同评价函数所指导的启发式搜索的效率。重点是观察到设计良好的评价函数可以显著加快求解过程。
- 将之前练习中开发的最佳优先搜索程序转换为 A^* 技术。唯一需要增加的是一个代价函数,该函数把达到给定状态前累积的代价相加。在最简单的实现中,这意味着监控状态的深度——从初始状态到当前状态的路径上的操作数。在更复杂的实现中,程序员还将考虑路径上各个操作可能产生的不同代价。
- 如何将模拟退火应用到本章的玩具场景? 怎样确定初始温度?
- 编写一个计算机程序实现模拟退火。进行一项实验研究,将程序的行为与更传统的启发式搜索技术进行比较。探讨式(3.1)中常数 k 的实际影响。

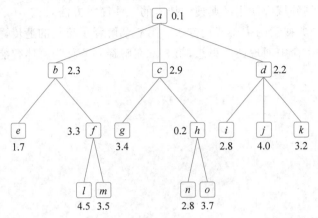

图 3.10 一个用于练习的搜索树示例。这些数字表示各个状态与最终状态的评价相似度(要最大化)

3.8 结语

启发式搜索的历史始于 Minsky(1961 年)提出的爬山算法。代价函数的加入(在 A* 中),传统上被认为是 Hart、Nilsson 和 Raphael(1968 年)提出的。模拟退火的基本思想是由多位作者提出的,但 Kirpatrick、Gelatt 和 Vechi(1983 年)通常被认为是通过成功地将该技术应用于推销员问题[①]而取得主要突破的人。他们似乎也是第一次使用模拟退火这个术语的人。

一段时间以来,盲搜和启发式搜索技术被认为是解决计算机智能之谜的可靠答案。其应用成功的范围远远超出了玩具场景和初级谜题,这些成果进一步增强了人们对其的乐观与信心。其中,令人印象最深刻的也许就是自动规划系统,这是第 5 章讨论的主题。另一个令人兴奋的成果是模拟退火技术的引入:如果一种原理足够好,可以用其生长出无缺陷的晶体,那么为什么不能将其应用于人工智能问题呢?

然而,科学家和工程师逐渐意识它们的某些局限性,如 3.5 节中提到的那些。首先,评价函数并不能真正传达给机器足够的相当于人类的理解;另外还需要其他方法来减小分支因子并指导求解过程。数独的例子说明了这一点,而幻方的例子更能说明这一点,我们看到一个数学家遵循着与搜索方法本质无关的推理线来很好地解决问题。最后一个例子——斑马谜题——进一步加深了我们的怀疑,即智能程序应该能够用明确编码的知识进行推理。

在本书的后面,有几章将专门讨论如何表示知识,以及如何将其应用于自动推理的问题。我们将特别关注处理不精确性、不确定性和未知性的方法,所有这些都与人类的思维方式密不可分。

然而,目前我们还没有解决问题的全部。首先,关于帮助计算机解决游戏问题的算法有很多值得讨论。正如我们将在第 4 章看到的,这些技术与迄今为止看到的技术有很大的不

---

① 有关推销员问题的更多信息,可参见 5.5 节。

同。然后，为了让我们相信经典搜索尽管有种种局限性，但可以成功地解决现实问题，第 5 章将讨论在自动规划领域中使用经典搜索技术的一些简单方法。

之后，介绍了经典搜索的主要替代方法。第 6 章解释了流行的遗传算法的特性与使用，第 7 章介绍了人工生命中涌现性的思想，第 8 章在解释一些称为群体智能的技术时，以这些问题为基础。

第4章

对 抗 搜 索

在某些应用中,智能体对问题的控制是有限的。在国际象棋中,当前棋盘上的位置不仅取决于智能体的最新动作,还取决于对手的反应;当然,对手不会想帮助智能体实现其目标。这是前面章节中的经典搜索技术没有考虑到的,还需要其他算法。

本章的重点是解决对抗搜索问题的技术。在介绍了极小-极大算法之后,本章会继续介绍其更高级的启发式版本,以及各种方法(如 Alpha-Beta 剪枝)以提高其效率。

4.1 典型问题

对抗搜索解决的基本任务以两人游戏为例,玩家轮流操作,每个人都追求相反的目标。使用人工智能术语,我们可以说一个玩家寻求评价函数的最大值,而另一个寻求最小值。为简单起见,假设两个玩家都有关于游戏状态的完整信息。①

4.1.1 简单游戏举例

满足这些要求的游戏的一个很好的例子是"三子棋",其简单的 3×3 版本如图 4.1 所示。一开始,棋盘是空的;这是游戏的初始状态。最终状态是在一行、一列或对角线中包含具有相同符号的 3 个棋子的序列。一个玩家想要用圆圈棋子创造序列,另一个玩家想要用十字棋子。从初始状态开始,玩家轮流进行操作,在干扰对手意图的同时寻求实现自己的目标。

图 4.1 三子棋游戏。两个人轮流玩,一个玩圆圈棋子,一个玩十字棋子。谁先连成 3 个符号的顺序,谁就获胜

在如图 4.1 所示的位置中,拥有十字棋子的玩家通过在右上角的方格上放置十字棋子而获胜。对手可以通过在那里放置一个圆圈棋子来阻止这种情况。

---

① 注意,这一要求排除了许多玩家仅有有限知识的卡牌游戏。对于这样的领域,以这里提供的形式进行对抗搜索是不合适的。

4.1.2 其他游戏

图 4.1 只是一个简单的示例，旨在帮助解释基本术语。实际上，三子棋游戏是在更大的棋盘上进行的，至少是 5×5 的棋盘。读者已经知道棋盘的大小如何影响游戏的分支因子了。

对抗搜索算法的性能通常在更有挑战性的游戏中进行测试，如国际象棋、跳棋、围棋、西洋双陆棋等。据说，《奥赛罗》(*Othello*)这款游戏就是以专门测试 AI 的理念而设计的。

4.1.3 更普遍的观点

游戏代表了广泛的应用，可以被描述为具有以下特征。智能体发现自己处于特定的环境中，并试图以一种方式修改环境，该方式会最大化评价函数取得的某种预定义优势。环境以超出智能体控制的方式做出反应。这些反应不一定是聪明的。然而，对抗搜索技术总是遵循最坏的情况分析，会假设对手总是选择尽可能最能损害智能体利益的行动。

4.1.4 与经典搜索的区别

在某些游戏中，如三子棋游戏，玩家不可能重新回到相同的状态。这从本质上消除了对先前访问过的状态的 L_{seen} 列表的需要，通常情况下也不能回溯。与前几章介绍的方法的另一个不同之处在于，智能体对游戏状态的控制是有限的，并且总是要考虑对手的干扰。

控制问题

如果你在回答下列任何问题时遇到困难，那么请返回阅读前文的相应部分。

- 对抗搜索的基本原则是什么？在何种意义上，它解决了前几章的搜索技术无法解决的某些问题？
- 提出对抗搜索解决的游戏例子，并提出对抗搜索可能不合适的游戏例子。

4.2 基准极小-极大算法

现在我们已经定义了目标，现在准备研究可以使用的基本技术：极小-极大算法。这里先介绍基本术语，然后继续考察算法的基准公式。更高级的版本将在 4.3 节讨论。

4.2.1 最大化者和最小化者

无论具体的应用是什么，我们都会把它设想成一个由智能体与对手(也称为敌人)进行的游戏。在每个时刻，游戏都会发现自己处于某种状态。从智能体的角度来看，该状态的值是由一个评价函数提供的。智能体想使这个值最大化，而对手想使其最小化——这就是为什么智能体称为最大化者，而对手称为最小化者。

4.2.2 游戏树

让我们暂且搁置三子棋游戏，转而考虑一个更简单的游戏，其中的状态数非常少，以至于所有可能的发展都被图 4.2 所示的游戏树所捕捉。

　　游戏树的概念类似于前面章节中的搜索树。每个节点代表一种游戏状态。如前所述，智能体是最大化者，对手是最小化者。图4.2中的方块代表轮到最大化者的状态；圆圈代表轮到最小化者的状态。游戏的初始状态位于树的根节点。对于每个状态，游戏树显示了所有可能导致新状态的操作(搜索操作符)。常用术语区分父状态和子状态。

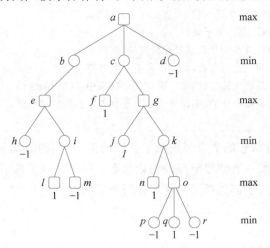

图4.2　一个游戏树的例子。根节点是初始状态。最大化者和最小化者轮流操作，直到达到最终状态。在最终状态下，最大化者赢(1)或输(−1)

　　树的底部是叶节点，即没有子节点的状态。这些是游戏结果是已被决定的最终状态。注意，叶节点被标记为1或−1。按照惯例，智能体最大化者获胜的状态值为1，智能体失败的状态值为−1。有些游戏，如在3×3棋盘上玩的三子棋游戏，允许第三种可能性：平局，定义为没有玩家能够获胜的状态。平局状态的值为0。目前，我们只考虑这3个值。

4.2.3　父母自孩子遗传

　　假设整个博弈树从根部的初始状态，一直到底部的叶节点已经建立完成。假设一个评价函数将所有叶节点标记为智能体赢、输或平局的状态。

　　其中一个游戏树如图4.2所示。看一下由 i 代表的节点。这个状态有两个子状态：l，取值为1；m，取值为−1。事实上，i 是用圆圈表示的，这表明轮到对手了。作为最小化者，对手必然会选择导致最小子状态值的操作。在这种特殊情况下，这个最小值是−1，因此将 i 的值也计为−1是合理的，因为这将是对手执行其选择的操作后的结果。

　　用 o 表示的状态有3个子状态，其中两个为−1，另一个为 q，取值为1。作为最大化者，智能体必然会选择导致最高值的子状态操作，即1，因此将 o 计为值1也是有意义的，因为这将是智能体执行其选择的操作后的结果。

4.2.4　极小-极大算法原理

　　前面概述的思想构成了称为极小-极大的对抗搜索算法的基础。

　　其伪代码总结如表4.1所示。第一步是展开整个游戏树并评价其所有叶节点状态。在此之后，极小-极大算法找到一个所有子状态都被标记的状态。如果状态是最大化者，那么它将接收其子状态中找到的最大值；如果状态是最小化者，那么它接收子状态中找到的最小值。对于子状态的值已知的所有其他状态重复相同的操作。

表 4.1　最简单的极小-极大算法伪代码

输入：初始位置

　　能够评价输、赢和平局的评价函数。

1. 从初始状态开始，创建整个游戏树，一直到叶节点状态。
2. 评价叶节点状态为输、赢还是平局。
3. 如果游戏树中的所有节点的状态都已评价完毕，则终止。
4. 选择一个尚未求值的状态的节点，而它的所有子状态都已求值。
5. 如果该状态的节点是最大化的，则赋予它在其子状态中找到的最大值。
6. 如果该状态的节点是最小化的，则赋予它在其子状态中找到的最小值。
7. 返回步骤3。

一旦较低层的所有状态的节点都获取了它们的值，同样的原则就将应用于这些状态的父状态，然后该过程继续一直到根节点的初始状态。一旦找到了根节点，我们就知道了整个游戏的值，即智能体和对手都选择了最优操作所产生的结果。

4.2.5　数值举例

在如图 4.3 所示的特定情况下，极小-极大算法已经评价了图 4.2 中的整个游戏树，从叶节点一直向后移动到根节点。我们可以看到初始状态有 3 个子状态：b、c 和 d，其中 c 的值是 1，而其他两个状态的值都是 -1。其解释是，在初始状态下，智能体是赢家，它的第一个操作将会转向 c。

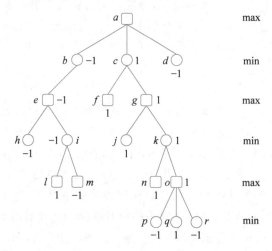

图 4.3　在同一游戏树中，最终状态的值被反向传播到根节点，因此根节点的值显示为 1

4.2.6　回传值

我们已经看到，极小-极大算法将获得的值作为其子状态的最大值或最小值给予每个状态。这样获得的值称为回传值，这个名称来源于一种机制，即从叶节点的值开始，然后在游戏树中反向传播这些值。

控制问题

如果你在回答下列任何问题时遇到困难，那么请返回阅读前文的相应部分。

- 为什么智能体被称为最小化者,而它的对手被称为最大化者?
- 什么是游戏树?它的根节点代表什么?叶节点如何求值?
- 总结极小-极大算法的原理。什么是回传值?

4.3　启发式极小-极大算法

4.2 节中的游戏树非常小,这对于能够简明地解释算法及其行为的数值说明是必要的。然而,在任何现实场景中,游戏树是如此之大,以至于使极小-极大算法的基准版本不切实际。这就是为什么启发式方法几乎总是首选的原因。

4.3.1　游戏树过于庞大

在一个典型的棋盘位置中,智能体可以在 30~40 步中选择。然后对手有相同数量的应答。因此,分支因子非常高,游戏规则允许的不同国际象棋棋局的数量估计在 10^{120} 左右。将这个数字称为天文数字是保守的说法。几十年前,卡尔·萨根估计可见的宇宙包含大约 10^{80} 个原子。这意味着宇宙中的每个原子可以被分配大约 10^{40} 种不同的棋局。[①]

国际象棋很复杂,而其他游戏则更简单。但是我们知道游戏树的大小会随着深度呈指数级增长,因此我们怀疑是否任何非平凡的场景都需要一个大到无法存储在计算机内存中的游戏树。事实上,如果要在实际大小的棋盘上玩三子棋游戏(比图 4.1 中的 3×3 大得多),那么游戏树就大得令人望而却步了。

4.3.2　深度必须受到限制

基准极小-极大算法的组合难解性迫使程序员限制游戏树的探索深度,因此实现时不是将树一直扩展到叶节点,而是停止在可以以合理代价达到的水平上。例如,国际象棋程序很少分析超过当前位置的几步棋。

4.3.3　对抗搜索中的评价函数

与第 3 章的启发式搜索类似,游戏程序依赖于接受状态描述作为输入的评价函数,并返回状态值的评价值。

这个想法最早是由香农(1950 年)提出的,这是一个真正开创性的尝试,提出了在计算机程序中实现国际象棋的方法。在他的论文中,在评价函数的设计上花了相当大的篇幅。香农说,首先要考虑的是在给定的棋盘上棋子的值。每个棋子都与一个特定的整数相关联:皇后,9;一个车,5;一个主教和一个骑士,3;一个兵,1。然后,棋盘上棋子的值的总和就会因一些位置因素而增加或减少,比如王座、对中心的控制、主教的自由对角线、车的自由秩、骑士的支撑点等。所有这些因素都会在一个评价公式中体现出来。在专业程序中,这个公式可能相当复杂。

[①]　不同棋盘位置的数量小于可能的棋局的数量。10^{64} 有时被认为是一个现实的上限。

4.3.4　评价函数从何而来

在学生的课程设计项目中,棋盘分布评价公式通常是根据学生对什么是真正重要的以及它有多重要的直觉人工设置的。为了应对试错测试,通过对公式中不同的系数和指数进行调整,可以提高程序的运行效果。

商业软件的作者过去常咨询大师和专家,同时也依赖于广泛的实验。在过去的几十年里,机器学习的使用取得了令人印象深刻的进步。然而,对这些技术的讨论不属于本书范畴。

4.3.5　启发式极小-极大算法原理

当评价由游戏树的根节点表示的状态时,启发式极小-极大算法只将树扩展到一定深度,评价该深度的所有状态的节点,并将获得的值一直回传到根。在获得了所有必要的信息后,智能体将始终获知该采取何种操作(在游戏树的已使用部分),即导致最高值状态的操作。一旦所有这些操作都完成,最终状态就会成为新游戏树的根节点,整个过程就会重复。

当然,这只是基本原理。实际实现通常比这灵活得多。让我们简要介绍一下商业软件中使用的一些思想。

4.3.6　影响游戏玩得好坏的因素

3.2节介绍了启发式搜索中状态评价的前瞻性策略。策略看得越长远,状态的评价就越可靠。同样的观点也适用于游戏树评价。更深入的分析将产生更可靠的结果——但要承担快速增长的代价。

另一个重要因素是评价函数本身的好坏。如果坏状态被错误地评价为好状态,那么游戏程序就会被误导。在这些尝试中,评价函数是人工设置的,仅受程序员易犯错误的直觉的启发,其函数品质本身通常有很多需要改进的地方。但是,该函数可以通过实验和参数调整来改进。

最终,程序的性能取决于这两个因素的组合:我们想要最大的评价深度,也想要最好的评价函数。

4.3.7　灵活的评价深度

待评价状态的深度不必是恒定的。现实中的应用通常会根据当前情况调整深度,让游戏树的一些分支达到比其他分支更深的层次。关于具体分析深度的决策依赖于各种通常非常有效的经验法则。4.5节将介绍一些典型的例子。

4.3.8　计算代价可能很昂贵

有两个原因可以解释为什么游戏状态的评价是昂贵的。其中之一已经被指出:现实中的游戏树往往很大,具有很高的分支因子。试图通过更深层的传回状态值来评价状态,通常意味着必须探索数百万(甚至更多)个状态。即使对单个状态的评价代价相对低廉,但评价如此多状态也可能会产生令人望而却步的必要代价。

其次,评价函数本身的代价可能就是昂贵的。在某些领域,评价状态的唯一方法是运行耗时的实验。例如,人们可以让计算机下一系列国际象棋(与自己或与其他程序),并根据最终分数调整评价。即使回传分析不是很深入,代价也会很高。

4.3.9 成功案例

对公众来说,1997 年击败国际象棋世界冠军是一个分水岭式的成就。在这一巨大的胜利之前,已经有其他程序取得了胜利,包括具有大师级棋力的国际象棋程序。科学家还高度评价了计算机在奥赛罗游戏中的表现,据说这个游戏是专门为测试对抗搜索技术而发明的。

另一方面,在西洋双陆棋或围棋中获得世界冠军的成就与此无关。在这些游戏中的成功在很大程度上要归功于机器学习,尤其是其子领域——强化学习和深度学习。虽然搜索技术在这里也被使用,但它们对最终成功的重要性只是次要的。

控制问题

如果你在回答下列任何问题时遇到困难,那么请返回阅读前文的相应部分。

- 为什么我们几乎从不建立完整的游戏树?解释启发式评价函数的动机。这些函数是如何创建的?
- 影响基于启发式极小-极大算法的程序的棋力的两个主要因素是什么?

4.4 Alpha-Beta 剪枝

到目前为止,我们假设要回传状态值就必须分析游戏树的整个可用部分,然而这并不是必要的。如果一个分支不会影响智能体的操作选择,那么就可以忽略掉它。这些"多余的分支"是通过一种被称为 Alpha-Beta 剪枝的机制来识别的。

4.4.1 常规情况

在图 4.3 中,我们观察到,在根节点状态 a 中,智能体获胜,因为它会选择导致状态 c 的操作,状态 c 被评价为 1。请注意,我们对 a 值的看法不受 d 值的影响。如果该状态比 c 差,则最大化者不会选择它。如果它和 c 一样好,那么根节点状态的值也不会改变。

我们看到,一个状态的值有时仅由它的一部分子状态决定。这表明了减少计算代价的一种方法:计算完 b 和 c 后,我们可以放弃(可能很昂贵的)d 的计算。然而,这里不止这一种方法。

4.4.2 多余的评价

看看图 4.4 中的较小的游戏树部分。我们已经对两个节点的状态 c 和 d 进行了评价,可能是通过回传每个节点下面的一些巨大的子树的状态值(这些子树在这里没有显示)实现的。如果知道这两个值,那么还需要对状态 e 进行代价高昂的评价过程吗?让我们看一看。

在状态 a 中,最大化者必须决定是选择导致 b 的操作还是导致 c 的操作。而 c 的值已经被评估为 1.2,b 的值还不知道。b 有两个子状态:d 和 e。d 的值被发现是 0.2,这已经比从 a 到 c 的操作的结果更糟糕了。在此意义上,另一个子状态 e 的值是无关紧要的,因为 0.2 已经足够糟糕了。如果 e 的值碰巧高于 d,那么对手(最小化者)将倾向于选择 d;如果

它碰巧低于 d，那么这只会让事情变得更糟。这证实了最大化者在状态 a 选择导致 c 的操作会更好。

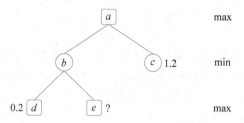

图 4.4　在初始状态 a 中，无论 e 的值如何，智能体都会选择导致 c 的操作

4.4.3　另一个例子

我们从图 4.5 开始讨论稍微复杂一点的情形。这里，我们想知道如果节点 c、f 和 g 状态的值已知，是否有必要对状态 d 求值。

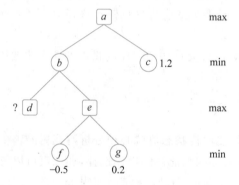

图 4.5　在初始状态 a 中，无论 d 的值是多少，智能体都会选择导致 c 的操作

首先，获取 e 的回传值。由于此状态为最大化者，因此其值为 0.2，因为 $0.2 > -0.5$。这已经比 c 的值 1.2 小了。所以得出结论：当最大化智能体发现自己处于状态 a 时，会更倾向于转向状态 c。这是因为 e 的值已经糟糕到足以阻止最大化智能体沿着以 b 开始的分支前进。对 d 的评价不能改变这个结论，因为 b 处的情况只会比 0.2 差，这是避免该状态的另一个很好的理由。由此得出结论，对状态 d 的可能昂贵的评价过程是不必要的。

4.4.4　关于剪枝算法

最后两个例子让我们确信，游戏程序并不需要探索整个游戏树。这个观察结果有助于节省大量的计算量。实践经验表明，在许多应用程序中，实际上只需要处理游戏树的一小部分，有时不到 10%。所以可以看到，如果有一种算法可以自动执行这种特殊的分析，然后告诉我们忽略哪些分支，那么我们将获益匪浅。

4.4.5　关于 Alpha-Beta 剪枝

我们的目标是找出哪些状态对于分析来说是不必要的，可以从游戏树中去掉它们；换句话说，就是如何对这棵树进行剪枝。术语剪枝通常指排除某些节点来做进一步研究的机制。

如何确定哪些节点可以被去掉？在之前的例子中，最小化者的操作所导致的状态，比最大化者之前如果选择其他操作所导致的状态的值要更低。因此，在图 4.4 中，状态 d 的值低到足以表明，在初始状态下，无论状态 e 的值如何，智能体都应该选择 c，从而可以忽略之后对状态 e 的考察。

这种思考启发了一种被称为 Alpha-Beta 剪枝的算法。为了判断是否要对节点 n 进行剪枝，智能体会检查从根节点到 n 的路径。该路径由最小化者和最大化者的一系列交替操作组成。

Alpha-Beta 剪枝考虑了这条路径上状态的兄弟状态。在最小化者这一层，同一层的兄弟节点状态的回传值可能大于回传上来的值 n。当这种情况发生时，可以对兄弟节点进行剪枝。这就是我们在图 4.4 和图 4.5 中观察到的情况。

表 4.2 中的伪代码总结了这种剪枝方法。为方便读者，图 4.6 中的树展示了各个步骤。

表 4.2　Alpha-Beta 剪枝伪代码

输入：初始位置
　　返回状态值的评价函数。
1. 建立一个到某个深度的游戏树，并在这个深度上评价节点的值。使用极小-极大算法将值反向传播回树中。
2. 设 n 为轮到最大化者的节点（如图 4.6 中的 i）。
3. 设 s 是 n 同一层的"兄弟"节点，其回传值为 v_s（在图 4.6 中，"兄弟"节点为 h，其值为 $v_h = -0.5$）。
4. 在路径 $[p_0, p_1, \cdots, p_k]$ 上，最大化者操作的是偶数下标节点，最小化者操作的是奇数下标节点。
5. 对于任何具有大于 v_s 的回传值的"兄弟"节点，其最小化节点都可以进行剪枝。

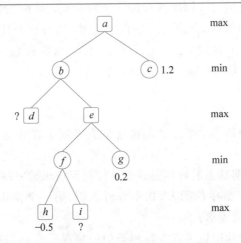

图 4.6　用游戏树来说明 Alpha-Beta 剪枝算法

4.4.6　反向方法

刚才描述的算法关注的是轮到最小化者状态时的情况。读者会发现，在轮到最大化者状态时很容易制定类似的准则。

控制问题

如果你在回答下列任何问题时遇到困难，那么请返回阅读前文的相应部分。

- 我们已经知道，没必要知道游戏树中所有状态的值。为什么可以这样呢？
- 解释 Alpha-Beta 剪枝的原理。

4.5　额外的游戏编程技巧

商业游戏程序并不仅仅依赖于极小-极大算法、评价函数和 Alpha-Beta 剪枝这些技术。它们的优势通常通过各种附加技术进一步增强。下面简要介绍。

4.5.1　启发式的算法控制搜索深度

在启发式极小-极大算法的简单实现中，探索的深度是固定的。然而，这并不是必需的。在更复杂的实现中可以突破这些约束，因为它们的作者知道某些分支比其他分支更具可行性，因此值得深入探索。这就引出了一个问题：如何识别哪些分支更值得深入，以及要深入到什么程度？

有这样一种想法。让我们用 $e(n)$ 表示节点 n 的评价函数返回的状态值，设从游戏树根节点出发的特定分支上的节点序列为 $n_1, n_2, \cdots$，让这些状态的值为 $e(n_1), e(n_2), \cdots$。如果我们观察到这些值从一种状态到另一种状态的变化很大，那么分支似乎遵循某种"战术上的变化"，其最终结果是不确定的，因此值得进行更深入的分析。相反，如果在此序列中观察到的变化几乎无法察觉，则该分支代表一种"战略上的变化"，对其分析不必太深入。

4.5.2　望向视野外

假设已经使用前一段的可变深度搜索探索了游戏树，程序已经确定了要采取的行动顺序。假设要对节点 n 进行操作，在执行这些操作之前，执行一个比 n 更深入一些的二次搜索通常是一个好主意，我们可以称之为"望向视野外"。这样做是为了防止有令我们不满的意外（表现不佳的子状态）隐藏在 n 更后面的位置。

4.5.3　开局库

在复杂的游戏的前期阶段，我们很难对这个或者那个操作是否够好形成一个客观的看法。

更正规的说法是，前期状态的好坏很难通过任何评价函数来确定，操作必须通过其他方式来选择。回想一下 3.5 节中的幻方，初步分析表明，第一个操作应该把 5 放在中心方格上，从而消除了昂贵的搜索需求。

在国际象棋和其他游戏中也可以观察到类似的情况。专家知道，某些开局有利于接下来的形势，而另一些则恰好相反。经验丰富的玩家利用了几智能体论家积累的知识，分析了成千上万的大师游的棋局（并且已知这些棋局的结果），并编写了记录开局方案的手册和教科书。大师们以其惊人的记忆力而闻名，这有助于他们记住数以千计的开局与变式。他们几乎是不假思索地自动跟棋，对棋谱的了解大大提高了他们的棋力。

但是任何一台计算机的记忆都能让最有才华的大师相形见绌。这台机器能够记住的不是成千上万，而是数以百万计的变化，将其存储在一本打开的棋谱中，这就是一个查找表，不仅有助于避免早期的失误，而且还能建议玩家选择有利的游戏中期位置，让玩家"知道该怎么做"。在 1997 年的一个著名场合中,这本棋谱的开篇针对的就是一位特别的棋手——世界冠军加里·卡斯帕罗夫。在一定程度上要感谢这本精心设计的棋谱,它让计算机首次在与地球上最强的人类玩家的比赛中获胜。

4.5.4　残局查找表

在棋局的最后阶段,即残局,棋盘上只剩下几颗棋子了。从这种简单位置开始的游戏树对于任何实时分析来说仍然是非常庞大的。然而,在 20 世纪 90 年代,计算机已经足够强大,允许国际象棋程序员进行(离线的)非常详尽的分析,达到了对每一个剩 5 个棋子的残局,都能建立一个完整的游戏树的地步。在这样一个完整的游戏树中,每个叶节点都可以被标记为 1、0 或 -1 来表示赢、平局或输(我们在图 4.2 中看到了一个例子)。

结果便是,他们拥有了一个非常大的查找表,对于任意剩 5 个棋子的棋局都能够指定最佳操作,即能够确保玩家以最短路径到达目标(获胜或至少平局,如果可能的话)。一旦找到了这些位置中的任何一个,计算机就不再需要进行对抗搜索;它只需要在数据库中找到棋局,并按照数据库推荐的走法下棋。21 世纪,速度更快的计算机使得将数据库扩展到所有六棋子棋局成为可能。

在其他应用程序中也可以遵循相同的原则。

4.5.5　人类模式识别技能

启发式极小-极大算法是一种简单的机制,它允许我们在计算机中实现游戏技能。一些理论家甚至认为,人类棋手也以大致相同的方式计算变化。然而,这只对了一部分;计算机和人类的主要区别在于,后者可以使用他们的模式识别技能。

因此,在如图 4.7 所示的棋局中,任何有经验的棋手都能立即看到在 h7 时主教牺牲的可能性。[①] 出于这个原因,国际象棋大师会根据这个想法开始他的分析,并检查这个牺牲之后的所有变化是否会导致将死对方,或者至少赢一个子。在这个过程中,他基本上会忽略所有其他的可能选择,只有在当前的推演搜索没有任何结果时,他才会重新考虑其他可能的走法。

相比之下,计算机程序只是计算接着计算,检查国际象棋规则允许的所有变化,没有任何特殊的偏好。这是一种浪费。在给定的棋局中,白棋可以选择 30～40 种不同的移动,每一种移动都允许黑棋做出 30～40 种反应,以此类推,这就形成了一个巨大的游戏树。这就是为什么直到 20 世纪 90 年代,计算机还无法达到顶级大师的水平。因为在这种特殊的情况下,至少需要 10 步才能将死对方,而较慢的计算机即使经过数小时或数天的计算分析,也无法算到这一步。

图 4.7　人类玩家依赖于模式识别技能。在这个对局中,经验丰富的棋手会立即看到在 h7 时主教牺牲的可能性

---

① 这个棋局来自 1889 年在德国莱比锡举行的 Paulsen-Schwarz 比赛。

4.5.6   人类的"剪枝"方式

在 19 世纪，当这一特殊棋局开始时，保尔森能够在棋盘上发现主教可能牺牲，这被誉为天才的标志。今天，你不必非得是大师，任何一个普通专家都能学会这一招。在研究象棋的过程中，他会遇到许多类似的牺牲，因此他很快就注意到了一些迹象：白方主教和皇后的位置，骑士准备跳到 g5，再加上 c5 车可以很容易地被转移，参与对对手国王的攻击。看到这一切，许多棋手都会通过探索这种牺牲的可能性来开始他们的分析。

传统的 AI 搜索建立游戏树，进行剪枝，评价一定深度上节点的状态，然后回传值。从人类的角度来看，这并不聪明。计算机研究的大多数走法都是不合理的。事实上，为什么要考虑将国王移到右边的变化，即从 e1 移到 f1？

出于这种考虑，许多学者怀疑，盲目数字运算的蛮力可能会产生强大的游戏程序，但这些程序几乎不能被称为智能。

4.5.7   游戏中的模式识别

对于职业棋手来说，棋子间的具体安排隐含着具体的计划（比如，一个小兵攻击国王）。大师们追求执行他们自己的计划，同时尽他们最大的努力去干扰对手可能的意图。此外，在许多局面中，都有战术上的变化——如图 4.7 中的对局。专业人士已经掌握了数以千计的这种模式，这些模式相应地指导他们的思考过程。

早在 20 世纪 70 年代，就有人试图在计算机程序中实现这种面向目标的方法。[①] 然而，随着计算机运算速度的数量级增长，数字运算似乎占了上风。直到 21 世纪，程序员才找到在围棋或国际象棋等游戏中实现模式学习和模式识别的方法，并为此使用了强化学习和深度学习的技术。如前所述，这些不属于 AI 的基础。

控制问题

如果你在回答下列任何问题时遇到困难，那么请返回阅读前文的相应部分。

- 解释可变深度搜索的技术。为什么它们很重要？视野外的二次搜索是什么意思？
- 打开书是什么意思？残局查找表的好处是什么？
- 讨论一下，与人类的模式识别技能相比，极小-极大算法的局限性。

4.6   熟能生巧

- 为了加深理解，不妨尝试以下练习、思考题和计算机作业。
- 考虑图 4.8 中的游戏树。将评价的状态值从叶节点一直回传到根节点。然后回答以下问题：

(1) 一旦确定了 b 和 f 的值，还有必要确定 g 的值吗？

(2) 一旦确定了 j 和 n 的值，还有必要确定 o 的值吗？

- 在分析了图 4.6 中的游戏树之后，我们意识到智能体不需要考察状态 d。节点状态的值满足什么样的条件才能让我们决定需要评价状态 d？

----

① 最著名的是前世界冠军博特维尼克率领的团队所做的努力。

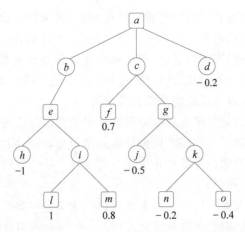

图 4.8 一个用于练习的游戏树示例

- 4.5 节提到,专业游戏程序通常依赖于棋谱和残局查找表。你将如何为 3×3 棋盘上的三子棋游戏创建这两种工具?
- 编写一个程序来玩三子棋游戏。找到合适的状态表示并实现一个游戏程序。如果只使用 3×3 的棋盘,则可以进行穷举搜索:可以展开整个游戏树,并将叶节点状态值一直回传到初始状态。考虑通过剪枝来加快这个过程。
- 继续在更大的棋盘上玩三子棋游戏,如 5×5 或 7×7 的棋盘。在这种情况下,穷举搜索不再可行。设计一个适当的评价函数,并编写一个程序实现启发式极小-极大算法。
- 通过利用游戏棋盘的各种对称性,可以显著减少三子棋游戏的不同状态数量。例如,如果旋转棋盘,那么棋局本质上相同。建议列出如此的减小搜索空间的机制。
- 提出一种实现游戏程序的方法,该程序的目标是更高级的游戏,如跳棋或奥赛罗游戏。
- 假定你是一名国际象棋玩家,写一篇两页长的文章,阐述一下人类玩家的思维方式与传统 AI 方法相比有何不同。

4.7 结语

克劳德·香农(1950 年)是第一个概述了对抗搜索的一般原理的人。他似乎并没有真正实现这个程序,至少在他发表论文的时候没有。但是请注意,他能够在计算机科学刚刚诞生的年代就提出这些想法。他预见到对评价函数的需求,甚至提出了一些关于在国际象棋中评价函数应该是什么样子的想法。

大约在同一时间,有人提出了一个标准来判断机器智能是否达到了与人类大脑相当的性能:一台计算机必须在国际象棋比赛中击败世界冠军。[①] 这看起来确实像是一个严峻的考验,不少思想家怀疑人工智能能否通过这个考验。

1997 年,IBM 的"深蓝"在与卡斯帕罗夫的比赛中取得了胜利(尽管只是微弱的优势),

---

① 这个建议似乎是香农自己提出的。

这让人大吃一惊。计算机通过了终极考验！话虽如此，该事件引出了严峻问题。尤其令人不安的是，人们意识到，在决定走一步棋之前，机器平均要计算评价数十亿个棋局分布。这位国际象棋大师的棋力并没有明显逊色，但他每一步评价的棋局数却低了几个数量级——几十个，也许几百个，但肯定不会超过这个数量级。鉴于这一发人深省的观察结果，关于这个国际象棋程序是智能的这一说法仍然没有说服力。

全世界已经知道，庞大的数字处理能力可能会产生类似智能的壮举，但人类的思维方式是完全不同的，它依赖于洞察力和模式识别技能。如何比较这些性质迥异的实体的智力水平？在 20 世纪 50 年代，击败世界冠军几乎是不可能的。可一旦达到了这个里程碑，人们就开始怀疑事情并没有那么简单。

从积极的角度来看，人类和技术这两个世界的巨大差异可能隐藏着巨大的希望。如果能找到一种方法，将机器的海量数据运算能力与人类的模式识别技能和洞察力结合起来，就可能会看到意想不到的前景。

第5章

规　　划

前几章介绍的搜索技术已被应用于比简单谜题更实用的领域。规划的应用范围非常广泛。这里的目标是优化工程流程中的行动序列：设计高效的装配线、优化机器人的行为或开发有用的人工智能软件。

这一领域的内容非常丰富，如果对其所有主要方面进行全面的阐述，需要一整本书的篇幅。由于篇幅有限，我们将把注意力缩小到确定性规划上，即每个行动的结果不受偶然性或对手干扰的影响。本章的核心内容是 STRIPS，这是一种自 20 世纪 70 年代以来就一直存在的传奇方法。它的精髓可以在简单的积木世界中解释，但这种方法很容易推广到更广泛的环境中。

为了让读者相信规划应用是非常有用的，本章接下来将介绍几个模型应用，从流行的旅行推销员问题到背包问题，再到工作车间调度问题，不一而足。

5.1　玩具积木

人工智能规划所面临的问题很容易通过一个领域来说明，这个领域的简单性和清晰性使其在本科生和研究生阶段的教师中都很受欢迎，它就是积木世界。一个典型的任务是找到一连串动作，将一组积木按照预定的方式排列起来。[①]

5.1.1　移动积木

考虑一个只有 3 个方块的场景，如图 5.1 所示。任务是将左边的初始状态转换为右边的最终状态。每次只能移动一个方块，而且不用关心各列之间的距离。

从表面上看，这似乎是微不足道的，读者无疑会立刻明白解题思路：把 B 放在桌子上，然后把 C 放在 A 上。例如，我们知道，在初始状态下，把 A 从桌子上移

图 5.1　找到一个动作序列，通过每次移动一个方块，将初始状态转换为最终状态

---

① 作者在阅读 Ginsberg（1993 年）的优秀教科书（即使现已过时）时首次熟悉了这个领域。

开,放在 B 的上面是愚蠢的。我们希望机器能够采取同样的观点。

这里要处理的是一个经典的搜索问题,其特征包括初始状态、最终状态、中间状态和搜索操作符。让我们来看看在计算机程序中实现这一问题的一种常用方法。

5.1.2 描述符

首先,我们需要一组描述符来描述每个给定状态。描述符应提供所有必要的信息,以决定在此状态下是否可以执行某个操作,以及该操作的后果是什么。回想一下这个程序的主要约束条件:每次只能移动一个方块。这意味着,只有当一个方块的顶部没有任何东西时,它才可以被移动。因此,我们的第一个描述符将告诉智能体区块 x 的顶部是否空闲:

$$\text{clear}(x) \tag{5.1}$$

对于每个方块,智能体还需要知道它当前的位置是在桌子上还是在另一个方块上。这就需要使用下面的描述符来说明 x 位于 y 上:

$$\text{loc}(x,y) \tag{5.2}$$

在这个描述符中,与前一个描述符一样,变量 x 可以被实例化[①]到任何一个方块;第二个变量 y 可以实例化到任何位置,可以是一个方块 A、B、C 或表。此外,我们要求 y 的实例化值与 x 的不同。

5.1.3 状态描述示例

观察图 5.1 中的初始状态,发现它可以用以下描述符来描述:

$$S_I = \{\text{loc}(A,\text{table}), \text{loc}(C,\text{table}), \text{loc}(B,C), \text{clear}(A), \text{clear}(B)\}$$

从初始状态开始,我们希望找到一连串操作,将 S_I 转换为最终状态 S_F 的操作序列:

$$S_F = \{\text{loc}(A,\text{table}), \text{loc}(B,\text{table}), \text{loc}(C,A), \text{clear}(B), \text{clear}(C)\}$$

5.1.4 注释

描述符的具体选择由程序员负责。在这里的具体案例中,创建描述符很容易。一般有两个描述符就足够了:$\text{clear}(x)$ 和 $\text{loc}(x,y)$。在更现实的环境中,可能存在多种选择,这在很大程度上取决于程序员的经验和技能。但有些限制必须遵守。描述符必须能够明确地描述任何可能的状态,并有助于确定具体操作的合法性。

注意,有些描述符可能是多余的。因此,在图 5.1 的简单场景中,我们可以假定任何未给出位置的方块位于桌子上(而不是另一个方块上)。此外,描述符 $\text{clear}(\text{table})$ 也是多余的,因为它告诉我们有东西可以放在桌子上。如果表格足够大,情况就总是如此。

控制问题

如果你在回答下列任何问题时遇到困难,那么请返回阅读前文的相应部分。

- 什么是描述符?请举例说明。
- 工程师在为特定应用领域设计描述符时应遵守哪些规则?

---

① 这里的实例化是指用常量替换变量。

5.2 可用操作

现在我们已经知道如何描述各个状态,下一个问题就是如何描述执行每个状态下可用的搜索操作符。

5.2.1 玩具场景的操作

在图 5.1 所示的场景中,搜索操作符将一个方块从当前位置移除并转移到另一个位置。可以用以下公式来表示这一操作。

$$a = \text{move}(x, y, z) \tag{5.3}$$

其解释是:"将方块 x 从其当前位于 y 上的位置移除,并将其置于 z 上"。在这里,变量 x 可以被实例化为 A、B 或 C,而 y 和 z 可以被实例化为表格或 A、B、C 中的一个。

注意,动作 a 是通用的,因为它必须首先实例化为一个具体的版本才能适用。通用操作所代表的版本数量等于其实例的数量。

5.2.2 前提条件列表

在执行一个动作之前,智能体必须确定该动作在给定状态下是否合法,是否可以执行。例如,如果 A 在桌子上,那么就不能从 B 的上面移走它;这就排除了 move(A, B, C) 这个动作,只有当状态描述包含 loc(A, B) 时,这个动作才是合法的。我们意识到,要使任何具体动作在特定状态下合法,该状态必须满足特定于该动作的某些前提条件。这些前提条件的形式是一组必须包含在状态描述中的描述符。

这意味着在定义一个动作时,工程师必须定义该动作的前提条件列表。因此,$\text{move}(x, y, z)$ 必须满足 3 个前提条件。第一,只有当 x 存在于 y 的顶端时,才能将其从 y 的顶端移除。第二,x 的顶部必须是空的,因为智能体一次只能移动一个方块。第三,目的地的顶部也必须是空的,因为如果已经有其他东西在那里,智能体就不能把 x 放在 z 的顶部。在 5.1 节介绍的描述符的帮助下,这 3 个前提条件可以用下面的公式表示:

$$P(a) = \{\text{loc}(x, y), \text{clear}(x), \text{clear}(z)\} \tag{5.4}$$

要使动作 a 在描述符集 S 所描述的状态中合法,必须满足以下条件:

$$P(a) \subseteq S \tag{5.5}$$

5.2.3 添加列表

执行操作后,系统的状态会发生变化。5.1 节建议用描述符列表来描述任何状态。执行操作的结果是修改该列表。有些项目被添加,有些项目被删除。

具体来说,操作 $a = \text{move}(x, y, z)$ 将 x 从 y 的顶部移除并放到 z 上,会在列表中添加两个描述符;其中一个指定 x 现在位于 z 上,另一个指定 y 的顶部现在是空的。这反映在下面的添加列表中:

$$A(a) = \{\text{loc}(x, z), \text{clear}(y)\} \tag{5.6}$$

5.2.4 删除列表

除了向状态描述中添加一些描述符外,该操作还导致从状态描述中删除一些描述符。

执行 $a = \text{move}(x,y,z)$ 操作后，方块 x 将不再位于 y 上，z 的顶部也不再是空的，因为 x 已被放置在那里。这反映在下面的删除列表中：

$$D(a) = \{\text{loc}(x,y), \text{clear}(z)\} \tag{5.7}$$

5.2.5 定义 $\text{move}(x,y,z)$

总体来说，任何操作都由上述 3 个列表明确定义：前提条件列表 $P(a)$、添加列表 $A(a)$ 和删除列表 $D(a)$。表 5.1 总结了 $\text{move}(x,y,z)$ 的这些列表。请注意，所有参数 x、y 和 z 都是变量。这使得定义具有通用性。在实际执行的动作中，变量必须替换为常量。

表 5.1 通用操作的定义 $\text{move}(x,y,z)$

$a = \text{move}(x,y,z)$
$P(a) = \{\text{loc}(x,y), \text{clear}(x), \text{clear}(z)\}$
$A(a) = \{\text{loc}(x,z), \text{clear}(y)\}$
$D(a) = \{\text{loc}(x,y), \text{clear}(z)\}$

5.2.6 通用操作的实例化

表 5.1 中的定义是通用的，因为它采用了包含变量的一般形式。为了能将 $\text{move}(x,y,z)$ 应用到具体的状态，程序必须将变量 x、y 和 z 实例化为可用的常量 A、B、C 或表。

变量与常量的替换必须在定义泛型动作的 3 个列表中的每一个列表中一致进行。为了便于说明，下面给出一个实例化的例子：

$$b = \text{move}(A,B,C)：$$
$$P(b) = \{\text{loc}(A,B), \text{clear}(A), \text{clear}(C)\}$$
$$A(b) = \{\text{loc}(A,C), \text{clear}(B)\}$$
$$D(b) = \{\text{loc}(A,B), \text{clear}(C)\}$$

注意，在计算机程序中实现实例化是很容易的。只需将每个变量替换为移动参数列表中相应位置的常量即可。在这个例子中，x 被替换为 A，y 被替换为 B，z 被替换为 C。

5.2.7 有多少个实例

从理论上讲，一个通用操作（如 $\text{move}(x,y,z)$）代表了一整套实例。因此，对于可以替代 x 的 3 个方块（即 A、B、C），就有 3 个 y 的实例（即剩下的两个方块加上表格），以及两个由 z 代表的目的地（即剩下的最后一个方块加上表格）。这意味着实例总数为 $3 \times 3 \times 2 = 18$。尽管如此，也不能忘记，并非所有这些操作都处于给定的合法状态。

5.2.8 执行操作

在求解过程中，智能体必须决定在给定状态下可以采取哪些可用的行动。我们的积木世界只有一个通用动作，即 $\text{move}(x,y,z)$，我们已经看到它有 18 个实例。智能体会剔除那些当前状态不满足其前提条件的实例。如果 S 是表征给定状态的指令集，那么只有当 $P(a) \subseteq S$ 时，实例化的动作 a 才能被执行。

执行该操作意味着从 S 中删除 $D(a)$ 中列出的所有描述符，并将 $A(a)$ 中列出的所有描述符添加到 S 中。

5.2.9 示例

让我们来看看操作 $a = \text{move}(x, y, z)$，表 5.1 列出了以下前提条件：

$$P(a) = \{\text{loc}(x, y), \text{clear}(x), \text{clear}(z)\}$$

假设智能体面对的状态描述如下：

$$S = \{\text{loc}(A, \text{table}), \text{loc}(B, \text{table}), \text{loc}(C, A), \text{clear}(B), \text{clear}(C)\}$$

考虑两个实例：$a_1 = \text{move}(A, B, C)$ 和 $a_2 = \text{move}(C, A, B)$。

下面是它们的前提条件：

$$P(a_1) = \{\text{loc}(A, B), \text{clear}(A), \text{clear}(C)\}$$

$$P(a_2) = \{\text{loc}(C, A), \text{clear}(C), \text{clear}(B)\}$$

根据 $P(a) \subseteq S$ 的要求检查这些前提条件，可以很容易完成验证。这意味着 a_2 在 S 中是合法的，而 a_1 不合法。

控制问题

如果你在回答下列任何问题时遇到困难，那么请返回阅读前文的相应部分。

- 请解释 $P(a)$、$A(a)$ 和 $D(a)$ 这 3 个列表在什么意义上定义了动作 a。
- 什么是动作的实例化？计算机程序如何根据动作的通用定义创建实例？
- 计算机程序如何确定具体实例在给定状态下是合法的？$A(a)$ 和 $D(a)$ 这两个列表是如何用来修改状态描述的？

5.3 使用 STRIPS 进行规划

让我们来看看以 STRIPS(斯坦福研究所问题解决程序的缩写)著称的传奇人工智能程序。在此介绍它的原因不仅仅在于它的历史价值。相反，该程序展示了一种有趣而有用的搜索替代方案。

5.3.1 目标集

STRIPS 通过一组需要满足的目标来描述最终状态。例如，在如图 5.1 所示的场景中，STRIPS 将通过以下目标来定义最终状态：

$$Z = \{\text{loc}(C, A), \text{loc}(A, \text{table}), \text{loc}(B, \text{table})\}$$

只有当所有目标都得到满足，即当前状态描述包含了所有这些描述符时，智能体才达到最终状态。如果用 S 表示描述一个状态的列表，那么如果 $Z \subseteq S$，智能体就会认为这个状态是最终状态。注意，目标列表不包含那些可以被认为是多余的描述符。

5.3.2 一般理念

STRIPS 是倒着进行的。它从最终状态(目标集)开始，然后试图回到初始状态，并记录在此过程中所采取的行动，原理如下：

首先，智能体必须考虑最终状态的要求在初始状态就已经满足的可能性。如果我们用 Z 表示目标列表，用 S_1 表示对初始状态的描述，那么 $Z \subseteq S_1$ 表示无须进一步分析。

在相反的情况下，即 $Z \not\subseteq S_1$，智能体试图找出可能导致最终状态的最后一个行动——一

个可能添加了 Z 中最后一个或多个缺失目标的行动。在上一段例子的特定情况下，最后一个行动可能添加了以下一个或多个目标：loc(A,C)、loc(A,table)或 loc(B,table)。

一旦找到了这样一个动作，STRIPS 就会问在什么状态下可能会执行最后一个动作，即搜索中的倒数第二个状态。倒数第二个状态的特征是目标集被修改了；这个目标集不包含最后一个行动所添加的目标。确定了这一点后，智能体(再次)询问这些目标是否已经存在于初始状态 S_I 中。如果是，则程序成功结束。如果没有，则递归重复同样的过程。

5.3.3   具体实例

让我们回到 5.1 节中的积木世界。对于这个特定配置，图 5.2 显示了达到最终状态前的情况。右边是最终状态。在最终状态的左边是 3 个可能的倒数第二个状态，它们允许执行 move(x,y,z)的实例，以添加最后一个缺失的目标。

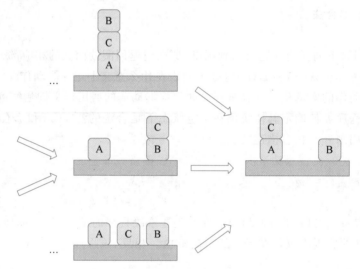

图 5.2   STRIPS 从目标开始向后退，总是试图找出可能在状态描述中增加某些目标的动作

下面是一种可能性。在最上面的配置(由 3 个立方体组成的立柱)中，move(B,C,table)将通过把方块 B 从立柱中移出并放到桌面上来达到最终状态，从而满足目标 loc(B,table)。图 5.2 中显示了另外两个倒数第二个状态，同样，它们也可以允许 move(x,y,z)的适当实例化，从而达到最终状态。

这些倒数第二个状态都与初始状态不同，因此智能体将继续倒推，试图找出哪些动作可能导致倒数第二个状态，以及它们之前的状态可能是什么样子。这个过程不断递归，当达到初始状态时就会停止。

5.3.4   如何确定行动

STRIPS 利用 5.2 节中介绍的列表 $A(a)$ 和 $D(a)$ 来识别可能完成最终状态的动作。具体来说，任何将最后一个缺失项添加到目标列表中的行动都必须满足以下两个条件：

$$A(a) \bigcap Z = \varnothing \qquad\qquad (5.8)$$

$$D(a) \bigcap Z = \varnothing \qquad\qquad (5.9)$$

第一个条件是确保所选的操作至少增加了一个 Z 中列出的目标。第二个条件是确保这个操作不会删除任何之前可能已经满足的目标。STRIPS 会查看所有可能的可用操作实例,然后选择满足这两个条件的操作。

5.3.5 倒数第二个状态是什么样的

假设智能体已经确定了一个满足 5.3.4 节所述两个条件的行动。那么,这可能就是最终状态序列中的最后一个行动。但是,最后一个动作所对应的状态是什么样子呢?

我们知道,这个动作只能在满足这个动作的前提条件 $P(a)$ 的状态下执行。例如,如果最后的操作是 move(B,C,table),那么前一个状态的描述必须包含 loc(B,C) 和 clear(B)(见图 5.2)。另外,描述不必包含操作 a 增加的描述符,即 $A(a)$ 指定的描述符。这些被添加的描述符中的一些可能也是定义最终状态的目标。

让我们用一组目标来描述倒数第二个状态,其方式与最终状态的定义类似。将前面的考虑形式化,我们会发现倒数第二个状态应该满足如下目标:

$$Z' = \{Z \backslash A(a)\} \bigcup P(a) \tag{5.10}$$

符号"\"代表"集合减去"。例如,$\{A,D,F\}\{A,E\} = \{D,F\}$:这个运算从第一个集合中删除了第二个集合中的所有元素;在这个特殊的例子中,被删除的元素是 A。

式(5.10)告诉我们,新的目标集 Z' 是通过从 Z 中删除所有将由操作 a 交付的描述符,然后添加那些作为 a 的先决条件的描述符而得到的。

5.3.6 STRIPS 的伪代码

表 5.2 提供了简化版 STRIPS 的伪代码。读者可以回顾前面段落中描述的步骤。开始时,算法确定的操作列表 L_A 是空的。每次递归都会在列表的开头添加一个行动,以实现最终状态的某些目标。一旦后向搜索到达初始状态,行动列表 L_A 中的行动就会正确排序。

表 5.2 简化版 STRIPS 的伪代码

输入:列表,Z,在最终状态下要满足的目标列表。

      初始状态的描述,S_I。

      可用的操作及其实例化。

      空的行动清单,L_A。

      strips(S_I, Z, L_A)。

1. 若 $Z \subseteq S_I$,输出成功,返回 L_A。

2. 找出满足下列条件的每个实例 a:

    $A(a) \bigcap Z \neq \varnothing$,$D(a) \bigcap Z = \varnothing$

    若没有 a 满足上述条件,则以失败告终。

3. 对于满足条件的每个实例:

    i. 用一个新目标列表来描述之前一个状态:

        $Z' = \{Z \backslash A(a)\} \bigcup P(a)$

    ii. 将 a 放在 L_A 的开头,递归调用 strips(S_I, Z', L_A)。

表 5.2 中伪代码的第 4 行针对的是找不到正确的行动序列,搜索不得不以失败告终的情况。

控制问题

如果你在回答下列任何问题时遇到困难,那么请返回阅读前文的相应部分。

- 解释 STRIPS 的一般程序。目标列表是什么？我们说 STRIPS 是逆向搜索是什么意思？
- 要实现某些最终状态目标的行动必须满足哪些条件？
- 关于倒数第二个状态，也就是执行最终操作前的状态，我们能说些什么呢？
- 这个状态必须包含哪些描述符？
- STRIPS 程序何时停止？

5.4 数值举例

初读 STRIPS 算法时，读者通常会感到困惑。让我们通过一个详细的数值举例来澄清一些不太明显的细节。

5.4.1 应该考虑哪些操作

让我们回到如图 5.2 所示的最终状态。这里要实现的目标归纳如下[①]：

$$Z = \{\text{loc}(C,A), \text{loc}(A,\text{table}), \text{loc}(B,\text{table})\} \tag{5.11}$$

假设唯一可用的操作是表 5.1 中定义的 move(x,y,z)。开始时，智能体创建该操作的所有实例，这也意味着要为每个实例指定集合 $P(a_i)$、$A(a_i)$ 和 $D(a_i)$。下一步将确定满足式(5.8)和式(5.9)的实例。

读者可以很容易地验证，对于式(5.11)中的目标，以下 3 个实例化都满足这些条件。看一下图 5.2 读者就会相信，这些确实是在达到最终状态之前可能执行的最后动作。

1. $a_1 = \text{move}(B,C,\text{table})$
2. $a_2 = \text{move}(C,B,A)$
3. $a_3 = \text{move}(C,\text{table},A)$

5.4.2 检查列表

下面是检查第一个操作 $a_1 = \text{move}(B,C,\text{table})$ 是否符合条件的细节，以作说明。表 5.1 列出了该操作的通用版本的添加列表和删除列表。要进行实例化，程序只需将变量 x、y 和 z 分别替换为动作 a_1 中的常量 B、C 和 table。需要注意的是，要确保按照正确的参数顺序进行替换。这就产生了下面一对列表：

$$A(a_1) = \{\text{loc}(B,\text{table}), \text{clear}(C)\}$$
$$D(a_1) = \{\text{loc}(B,C), \text{clear}(\text{table})\}$$

同样，如果表格足够大，那么可以在 $D(a_1)$ 中省略 clear(table)。此外，桌子永远不会被移动，这意味着在任何移动命令中都不会调查它的清除顶部信息。

我们可以很容易地验证，$A(a_1) \bigcap Z = \{\text{loc}(B,\text{桌子})\}$。这告诉我们，动作 a_1 应用于某个尚未知晓的倒数第二个状态时，能够交付 loc(B,table)，即 Z 中的一个项目、$D(a_i) \bigcap Z = \varnothing$，保证了 a_1 不会从 Z 中删除任何可能已经是倒数第二个状态的目标。

总之，a_1 已被证实是"未知"序列中能够将初始状态转换为最终状态的最后一个行动的

---

① 关于清除顶部的信息是多余的（它只在前置条件集中重要）。这也是 Z 忽略 clear(C)等描述符的原因。

理想候选项。

作为一个简单的练习,建议读者重复同样的步骤来验证 a_2 和 a_3 是否也满足最终动作的条件。

5.4.3　注意事项

人类很容易就能发现这些动作。由于我们的洞察力和对问题的理解,我们会立即"看到"图片中的正确操作,我们的分析是在潜意识中进行的。

计算机缺乏这种洞察力。它们只能运行指示它们执行必要算法的程序。在这里处理的具体案例中,STRIPS 会研究每个动作 a_i 是否满足 $A(a_i) \cap Z = \varnothing$ 和 $D(a_i) \cap Z = \varnothing$ 的要求。

如果符合要求,则可将该操作标记为候选操作;如果不符合要求,则忽略该操作。与人类不同的是,计算机是机械地完成这一切的,没有任何意识或意图。

5.4.4　描述前一个状态

动作 a_1 已被确定为可能导致最终状态的操作之一。然而,该操作只能在满足操作前提条件 $P(a_1)$ 的状态下执行。在 STRIPS 中,这个前一个状态(倒数第二个状态)的特征是一个目标列表。

回顾一下,$A(a_1) = \{\mathrm{clear}(C), \mathrm{loc}(B, \mathrm{table})\}$,$P(a_1) = \{\mathrm{clear}(B), \mathrm{loc}(B, C)\}$,$Z = \{\mathrm{loc}(C, A), \mathrm{loc}(A, \mathrm{table}), \mathrm{loc}(B, \mathrm{table})\}$。式(5.10)指定了定义最终状态的目标。可以看到,$Z \setminus A(a_1)$ 从 Z 中删除了描述符 $\mathrm{loc}(B, \mathrm{table})$,我们很容易建立倒数第二个状态的目标列表:

$$
\begin{aligned}
Z' &= \{Z \setminus A(a)\} \bigcup P(a) \\
&= \{\mathrm{loc}(C, A), \mathrm{loc}(A, \mathrm{table})\} \bigcup \{\mathrm{clear}(B), \mathrm{loc}(B, C)\} \\
&= \{\mathrm{loc}(C, A), \mathrm{loc}(A, \mathrm{table}), \mathrm{loc}(B, C), \mathrm{clear}(B)\}
\end{aligned}
$$

注意,Z' 描述的是图 5.2 中 3 个可能的倒数第二个状态中最顶端的状态:3 个方块组成的列。

5.4.5　迭代过程

前面几段说明了如何创建由 Z' 中所列目标定义的倒数第二个状态。下一步,智能体将检查这些目标是否已经在初始状态中得到满足。如果是,程序就成功停止;如果不是,就递归地重复同样的程序,Z' 现在成为下一个"最终状态"。当然,程序员还必须考虑从初始状态永远无法达到最终状态的可能性。因此必须制定相应的停止标准。

控制问题

如果你在回答下列任何问题时遇到困难,那么请返回阅读前文的相应部分。

* 计算机的规划方法与人类的规划方法有何不同?
* 动手模拟 STRIPS 解决图 5.1 中的问题。作为一个简单的练习,不仅要对动作 a_1 进行模拟,还要对后面两个动作中的至少一个进行模拟。

5.5　人工智能规划的高级应用

在玩具积木上展示 STRIPS 程序的精髓，是因为这个场景非常简单易懂。然而，它的简单性可能回避了该方法的一些现实挑战。此外，琐碎的场景有时会让读者提出一个合理的问题："这一切有什么用？"为了提供一个更广阔的图景，本节将介绍并简要讨论一些更高级的规划应用。

由于这些应用具有某些共同特点，因此可以将它们分成几组，每组由专家知道如何处理的模型来代表。在这些模型中，最受欢迎的是旅行推销员、背包问题和工作车间调度。当然，一章的篇幅不足以详细介绍它们的解决方案——尽管读者现在应该已经能够使用搜索技术来解决它们。此外，最近的经验表明，第 8 章将介绍的群体智能领域的技术能更有效地解决这个问题。因此，在这里我们将仅限于简要概述每个模型应用的性质。

5.5.1　旅行推销员问题

其原理如图 5.3 所示。向推销员提供了一组城市和任意两个城市之间的距离表。推销员的任务是找出访问所有城市的顺序，同时尽量减少所走的总路程。

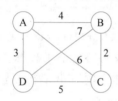

图 5.3　旅行推销员问题。节点是城市，边是连接，整数是距离。推销员希望找到穿越所有城市的最短路径。如果有几十个或更多的城市，计算难度就会很大

从图 5.3 中可以看出，如果推销员按照 ABCDA 的顺序走，总路程为 $4+2+5+3=14$。如果顺序是 ACDBA，则总路程为 $6+5+7+4=22$。那么其他路线呢？如果只有 4 个城市，那么列举所有城市是可行的。但如果有很多城市，那么排列组合的数量就会增加，超出所有实用的界限；机械的数字运算注定要失败。

在人工智能以及一些更传统的领域中，已经研究出了许多应对这一挑战的方法，其中一些非常有效，另一些则不那么有效。在现阶段，读者不难提出一种基于盲搜索的解决方案。

5.5.2　包裹投递和数据包路由

旅行推销员提供了一个通用模型，用于表示一家将许多包裹送往许多目的地的公司的需求。对于每次单独的旅行，司机都会收到一份地址列表，需要在尽可能短的时间内用最少的燃料到达目的地。每次行程都不同，计算机必须为每次行程找到最佳路径，而且必须能够在短时间内完成。在突然发生变化的情况下（例如，当新地址出现或某个现有地址被删除时），就需要立即更新。

程序必须符合特定领域的特殊性。假设使用的是自行车而不是汽车，地点 X 位于山谷，而 Y 位于山上，那么从 X 到 Y 的距离就会被认为比相反方向的距离要长。此外，从一个城市到达另一个城市所需的时间不一定只取决于距离，道路质量和交通密度也起着作用，后者会随着时间的推移而发生变化。

互联网路由器也面临类似的问题。每次数据包到达后，路由器都要决定将其转发到何处。这需要考虑多种标准，而优化工作远非易事。

5.5.3　救护车路由

另一个有趣的应用是优化救护车的调度方式。每时每刻,许多车辆都会出现在不同的地点,有些有病人,有些没有病人。有病人的救护车可能离急诊室(ER)很近,也可能需要较长时间才能到达。最近的急诊室可能超负荷工作(可能造成行政延误),而稍远一点的急诊室可能有很多空余能力。此外,医院的可用设备也可能不同。

一旦接到呼叫,就必须决定使用哪辆车,以及将病人送往哪个急诊室或医院。首要目标是尽量缩短时间,但也必须考虑上述所有限制因素。从这个意义上说,救护运输版的旅行推销员问题相当复杂,没有简单的解决方案。

5.5.4　背包问题

考虑一组物品,每件物品都有一定的重量和价格。你想把尽可能多的物品装进一个大小有限的背包里。或者,背包只能减轻一定的最大重量,你不可能把所有东西都装进去,因为这样所有物品的总重量就会超过限制。无论哪种情况,都需要做出一些妥协。

人工智能规划的任务就是找出一组物品,使背包中携带物品的总价值最大化,同时又不违反物品总重量或尺寸的限制。

5.5.5　工作车间调度

图 5.4 展示了另一种模型应用的原理。一家制造商需要完成 X、Y、Z 和 W 四项工作,每项工作都需要完成某些任务,这些任务必须按照预先规定的顺序执行。例如,图 5.4 中左上角的工作 X 由 A~E 五项任务组成,流程图告诉我们,A、B 和 C 必须按此具体顺序执行,而其余两项任务 D 和 E 可以独立于 A、B 和 C 执行(与它们并行),但只有在 D 完成后才能开始执行 E。其余 3 个流程图说明了其他 3 项工作所涉及的约束条件。

工作将在 3 台机器 M1、M2 和 M3 上进行,每台机器只能处理部分任务。例如,图 5.4 中显示 M1 可以执行任务 A、B 和 C,但任务 D、E 和 F 必须在其他地方执行:任务 F 在 M2 上执行,任务 E 要么在 M2 上执行,要么在 M3 上执行。每台机器一次只能执行一项任务。调度员要将任务分配给机器,以保证在最短时间内完成任务,同时尽量减少机器的空闲时间。

上述情况称为作业车间调度。在最简单的情况下,每项工作都由一组预定义的任务组成,这些任务可以按照任意顺序执行(没有指定图 5.4 这样的工作流程)。然而,具体的环境和限制条件会使流程图复杂化,以至于问题变得几乎无法解决。即使无法达到绝对的理想状态,工业厂房也至少需要找到一个"相当好"的解决方案。

5.5.6　注意事项

在人工智能发展的早期,许多专家认为,所有这些问题都可以通过经典的规划算法来解决,它们是启发式或盲目搜索技术的理想目标。今天,我们知道了更多。其他方法(其中一些不属于人工智能规划范畴)可以用计算效率高得多的方式来处理这些问题。传统的搜索技术在这里很有用,但未必是最佳选择。

除了经典搜索,学者还开发了一整套现代技术,即群体智能算法。它们在规划和调度领

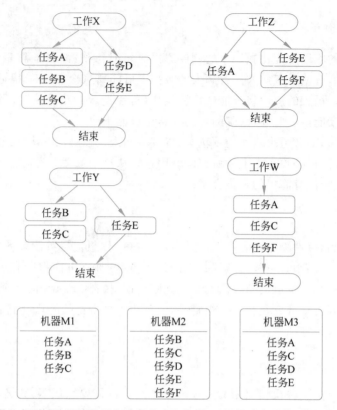

图 5.4　目标是将每项工作所需的任务分配给 3 台机器，以尽量减少总体时间和机器的闲置时间

域的效率非常显著。至少，它们已被证明比 STRIPS 快得多。而且，它们很容易实现。

难怪这项新技术很快就变得如此时髦，以至于传统的搜索技术几乎显得过时了。我们将在第 8 章用整章篇幅来介绍它。

5.5.7　重要评论

回到基于搜索的经典方法，读者现在明白了，如果系统有机会从某种背景知识中获益，那么即使在 STRIPS 中，求解过程也会大大加快。例如，积木世界问题可以依赖以下规则："先放下那些在最终状态下会放在桌面上的积木"，或者"应推迟移动那些在最终状态下位于顶部的积木"。人类解决问题时会下意识地利用许多这样的规则。因此，探索在计算机程序中实现这种推理方式的方法也很有意义。

这种做法属于知识型系统的范畴，具体将从第 9 章开始介绍。

控制问题

如果你在回答下列任何问题时遇到任何困难，那么请返回阅读前文的相应部分。

- 解释推销员问题（TSP）的原理。讨论它的一些变式。
- 举例说明 TSP 在现实世界中的应用，并指出它们偏离 TSP 基本原理的方式。
- 什么是工作车间调度？它的哪些特点使其特别难以实现？这个问题与 TSP 有什么联系，又有什么不同？讨论它的一些变形。

5.6 熟能生巧

为了加深理解,不妨尝试以下的练习、思考题和计算机作业。

- 考虑图 5.5 中的域。假设你想基于 STRIPS 编写一个规划程序,从这些图块中创建各种手工艺品,如柱子、拱门或门。有哪些描述符可以帮助你将问题的状态具体化? 如何定义动作? 请注意,在这个更一般的设置中,旋转图块或使其位置从水平变为垂直或从垂直变为水平都需要一些操作。

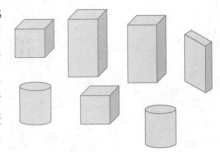

图 5.5 供练习的更高级的积木世界问题

- 旅行推销员和作业车间调度的主要区别在于,后者还需要考虑时间关系。例如,工作任务可能必须按照特定的顺序一个接一个地执行,而且每个任务可能都需要一定的时间才能完成。如何修改 STRIPS 技术,使其能够满足这一更广泛的要求?
- 提出一些可以用 TSP 模拟的现实应用(但不是本章提到的那些)。将如何用 STRIPS 技术解决它们?
- 提出可以用背包问题或工作车间调度来模拟的现实应用。
- 编写一个实现 STRIPS 技术的计算机程序,使其能够处理简单的积木世界。用不同的初始状态和最终状态进行实验,并评估这些实验的计算成本。

5.7 结语

规划是一门成熟的学科,有许多成功的案例。第一个重要里程碑 STRIPS 是由 Fikes 和 Nilsson(1971 年)开发的。这里之所以收录他们的技术,是因为它以非常令人信服的方式证明,人们确实可以通过经典搜索来处理实际工程问题。同时,STRIPS 的经验也让读者进一步认识到,必须为问题的状态找到一个好的表示方法。

规划的主要应用包括旅行推销员、背包问题和工作车间调度等通用任务——本章对所有这些任务都做了简要介绍。有关旅行推销员的更多信息,请参见 Applegateetal;有关背包问题的信息,请参见 MartelloandToth(1990 年);有关作业车间调度的精彩介绍,请参见 Chakraborty(2009 年)。

这些吸引人的问题不仅在人工智能领域,在计算机科学和应用数学的其他领域都十分有用。它们之所以如此受欢迎,是因为它们可以被证明是许多实际应用的代表。读者将从具体问题映射到通用范式的技能训练中获益匪浅——当然,前提是他们知道如何处理这些范式。

另外,经典的人工智能规划方法已不再像前些年那样强大,第 8 章将讨论的群体智能技术被反复证明更为有效。实际上,这就是本章只介绍了一个著名的代表——STRIPS,而忽略了 20 世纪开发的许多替代技术的原因——群体智能已经在很大程度上取代了它们。

第6章

遗 传 算 法

在评价函数存在许多局部极值的领域中,经典人工智能搜索的能力可能不尽如人意。因此,人们一直在寻找替代方法。其中,试图模仿达尔文进化原理的方法尤为流行。这种非常灵活的遗传算法已被证明在许多具有挑战性的领域优于启发式搜索,因此赢得了理论家和实践者的一致好评。

本章解释了遗传算法构建模块的细节,介绍了一些更高级的变体,并探索了该技术强大背后的秘密。本章还介绍了如何在计算机程序中实现该技术,并指出了谨慎的工程师希望避免的某些陷阱。本章还通过现在已成为传奇的"囚徒困境"测试平台来说明这一范式的潜力。

6.1 一般模式

如图 6.1 所示的无尽循环体现了基本原理。本章将用遗传算法的缩写 GA 来表示这个循环。让我们仔细看看它是如何工作的,以及为什么能工作。

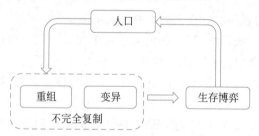

图 6.1 从给定种群中的候选解中,GA 产生了不完全复制。随后的生存博弈会淘汰不那么有前途的解决方案

6.1.1 不完全复制,适者生存

自然生物几乎不可能完美无瑕地复制。几乎所有的孩子都是父母的不完美复制品,是父母基因的变异和组合。其中一些变种优于其他变种。达尔文"适者生存"理论的本质是,更能适应环境的个体更有可能存活下来,并留下携带父母基因的大量后代。因此,从长远来

看,人口对环境的适应水平在不断提高。

这一过程的本质是概率性的。一个强壮、敏捷、聪明的个体可能会不幸在山体滑坡中丧生,而一个弱小的个体则可能仅仅因为幸运而长命百岁。在数十亿个体中,大数法则占主导地位。不过,偶尔存活下来的低质量个体还是有益的。它的 DNA 中可能含有重要的基因,这些基因将来可能会被证明是无价之宝;这种基因不被过早破坏是一件好事。

6.1.2 GA 应用中的个体

假设我们想要找到某个难题的解决方案,也许就是本书前面提到的那些问题之一。GA 假设每个候选解都有一个染色体编码。在最简单的实现中,染色体可能是一串比特,每个比特代表解决方案的某些特征或方面。如果存在该特征,则该比特被设为 1;否则,该比特被设为 0。因此,染色体的任何变化都意味着对候选解决方案的修改。在简单的应用中,染色体可能由几十比特组成;而在更宏大的项目中,比特的数量将以百、千甚至更多计算。

有些应用使用的染色体不是比特,而是整数串或符号串,甚至是比特、整数和符号的混合物。在更具挑战性的领域,可以使用二叉树等高级数据结构对染色体进行编码。有时,用两个或更多的染色体来表示每个候选解甚至是有益的。这种模式的灵活性令人印象深刻。

6.1.3 基本循环

图 6.1 描述了如何在计算机程序中应用达尔文原理。程序维护一个个体群体,每个个体代表一个候选方案。从这些个体中,通过重组亲本染色体对中包含的信息和变异,产生子染色体。然后,亲代和子代群体进行生存博弈,这一功能旨在淘汰较弱的个体,保留那些能很好适应当前环境的个体,也就是那些比其他人更有可能在当前工程问题中取得成功的个体。

一般原则就讲到这里。现在,让我们仔细研究一下其实际应用中的一些重要细节。

6.1.4 人口

在一个简单的领域中,典型的种群由几十个个体组成,也可能有一两百个。在更高级的应用中,种群可能由成千上万的个体组成。在大多数情况下,种群数量在每次迭代中都保持不变。但是,在某些情况下,例如 6.4 节中讨论的过早退化,种群数量可能需要暂时增加。

在某些领域,使用多个种群是有益的,每个种群都在寻求优化给定问题的不同方面。这样,种群间的杂交产生的个体,其所需品质的混合比单个种群所能达到的更好。

6.1.5 适者生存

遗传算法的一个重要方面是接受个体描述作为输入并返回个体值的函数。在遗传算法中,这个函数通常称为"适应度函数"(fitness function),但它与我们在启发式搜索或对抗式搜索章节中了解到的评价函数的作用基本相同。

适应度函数可以是用户指定的数学公式。例如,如果染色体的形式是代表整数 x 的二进制字符串,那么这样的函数可以是 $2.5\sin(0.03x)$。另外,个体的适应度也可以从种群个体间类似锦标赛的竞争结果中获得(类似于足球联赛)。比赛的动机是将每个个体的质量与种群中的其他个体进行比较。这就是为什么适应度有时被称为个体的生存优势。

正如启发式搜索一样,GA 能否在合理的时间内找到解决方案在很大程度上取决于适应度函数的质量。设计不当的适应度函数可能会导致令人失望的结果。

6.1.6 有多少代

如图 6.1 所示的流程图中循环的每个周期称为一代。GA 通常要运行几十代或几百代，具体数量取决于当前问题的复杂程度以及程序员指定的停止标准。程序达到可接受的解决方案所需的代数还与种群的大小有很大关系。较大的种群可以让程序在较少的世代内找到好的解决方案，但计算成本不一定更低。

6.1.7 停止标准

就像生命本身一样，GA 循环是无止境的，可以永远运行下去。但实际上，运行 GA 的动机并不是模拟生命，而是找到问题的解决方案。需要告诉计算机如何识别当前生成的最佳解决方案已经足够好到可以终止进程的情况。以下是一些常见的可能性：

（1）如果最佳个体的适应度达到一个值，而该值的解释表明该解决方案已经足够好，则停止。

（2）如果在一定代数内没有观察到最佳个体的适应度有明显改善，则停止。

（3）在预定的世代数或预定的最长时间后停止。

控制问题

如果你在回答下列任何问题时遇到困难，那么请返回阅读前文的相应部分。

- 总结达尔文进化论的基本内容。这些内容如何反映在遗传算法的基本循环中？
- 一般的遗传算法是如何对个体进行编码的？什么是种群？你的遗传算法程序如何意识到该停止了？

6.2 不完全复制与生存

有两种情况可以解释遗传算法强大功能背后的秘密。首先，体能较高的个体更有可能存活下来并留下后代，使其成功的基因得以延续。其次，每个子代都是其父母的不完全复制，代表着对先前研究过的解决方案的微小修改，就像是达尔文过程的微小体验。让我们看看如何在计算机程序中实现这两个方面。

6.2.1 交配

在遗传算法的每一代过程中，首要任务是形成成对的交配个体（未来的父母）。最简单的机制就是随机配对。一种更复杂的方法是根据个体的适应度值从高到低排列种群，然后将相邻个体配对：第一个配第二个，第三个配第四个，以此类推。还有一种策略是通过本节稍后将解释的机制，以概率方式选择交配对（见有关生存博弈及其在交配中的应用的段落）。

6.2.2 重组

交配对形成后，下一步就是通过重组它们的基因信息来创造它们的子代。为简单起见，假设每个个体都由一个二进制字符串形式的单条染色体来描述。最简单的重组技术称为单点交叉。

图 6.2 说明了这一原理。假设染色体有 N 个比特。要求随机数发生器返回一个整数 $i \in [0, N-1]$。在图 6.2 中的例子中，这个随机值 $i=3$ 决定了染色体下小箭头的位置。每个箭头将二进制字符串分为前部和尾部。每个子代都将一个父代的前导部分和另一个父代的尾部结合在一起。例如，第一个孩子的染色体由继承自第一个父母的前导部分 11001 和继承自另一个父母的尾部 001 组成；另一个孩子的染色体则由第二个亲本的前部和第一个亲本的尾部组成。

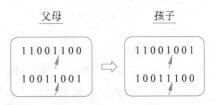

图 6.2　GA 生成一个随机整数，这里是 $i=3$。两个子代是通过交换亲代染色体的最后 i 位

6.2.3　变异

重组之后是变异，变异每次只考虑一个比特，并以一定的小概率翻转其值：如果该比特为 0，则变为 1；反之亦然。发生这种情况的概率称为变异率。假设变异率为 2%，即 $p=0.02$。对于每个比特，都会产生一个随机数 $x \in [0.00, 1.00]$。如果 $x < p$，则位值被翻转；否则，位值不被翻转。

变异率一般为 1%～3%。如果变异率较低，则变异太罕见，不会产生任何实际影响。如果变异率较高，那么变异可能会破坏遗传算法的行为，因为“变种”过于频繁，导致整个过程过于随机而失去意义。通常情况下，变异率是恒定的，但在特殊情况下（如 6.4 节中讨论的过早退化），变异率可能需要适当提高。

6.2.4　实施生存博弈

为简单起见，假设种群只由 5 个个体组成，它们的适应度值为 15、15、40、20 和 10。如图 6.3 所示，每个个体都可以用一条线段来表示，线段的长度与个体的适应度成正比。这意味着我们有一个由 5 条线段组成的序列，每条线段代表一个个体。假设这些适应度值已被归一化，使它们的总和等于 100。如果生成一个随机数 $x \in [0.0, 100.0]$，它的值将落入其中一条线段，从而指向要复制到下一代的个体。在图 6.3 所示的具体例子中，第三个个体已被选中，即适应度值为 40 的个体。

随机数

图 6.3　每个个体都由一条线段表示，该线段的长度与个体的适应度成正比。然后，一个随机生成的数字会指向要复制到新一代中的个体的线段

对于每一代都保持 N_p 的种群来说，这个选择过程要重复 N_p 次。注意，低价值个体进入下一代的概率很小，但一些高价值个体会有两个副本，甚至更多。

6.2.5　利用生存机制进行交配

在 6.2.1 节中，我们提出了两种简单的机制来形成一对亲代，并将其染色体重组以产生子代。

另一种方法依赖于图 6.3 中的生存博弈机制。首先，随机数发生器选择一个个体复制到下一代。然后，由同样的随机机制选出另一个个体。这第二个个体也会被复制到下一代，两者将成为配对伙伴，重新组合染色体。

6.2.6　评论生存游戏

生物学世界只有两种可能性：个体要么生存，要么灭亡。从这个意义上说，遗传算法的计算版本更加灵活，因为它也允许下一代包含两个或多个相同高价值个体的副本。

遗传搜索的整个本质都是概率性的。一个低价值的个体可能会排除万难，仅仅因为运气好而存活下来，而一个高价值的个体则可能无法存活下来，原因很简单，因为随机数发生器没有返回正确的数字。这种概率性是非常重要的。

毕竟，弱个体的染色体可能仍然包含一些有用的子串，而这些子串可能会被证明有益于继承了弱个体染色体的未来孩子。

6.2.7　属于父母两边的孩子

假设将每个二进制字符串解释为一个整数。例如，011 将被理解为 3，1001 将被理解为 9。如果染色体由 10 比特组成，那么就有 $2^{10}=1024$ 个不同的个体，它们都可以沿着图形的横轴排列，图形的纵轴代表适配函数。

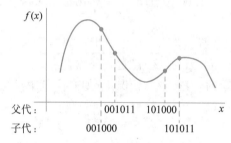

父代　　　001011　101000　　　　x
子代　　001000　　　　101011

图 6.4　父母双方交换了 3 位尾数。由于一个尾数是 000，另一个尾数是 011、一个子代落在第一个父代的左边，另一个落在第二个父代的右边

图 6.4 中的例子说明了当两个亲本交换（例如，交换 3 位尾数）时可能发生的情况。在这种情况下，一个父代的尾数是 011，表示 3；另一个父代的尾数是 000，表示 0。从父代中获得前导部分的子代。

因此，第一个父代的尾数和第二个父代的尾数都会沿着 x 轴在第一个父代的左边（因为 0 小于 3）。基于类似的原因，另一个子代也会在第二个父代的右边。当然，如果有另一对尾巴，两个孩子可能会发现自己在父母的两边。根据适应度函数的形状，一些子代的适应度可能比父代高，但也不一定。

6.2.8　GA 的简单任务

图 6.4 展示了 GA 最直接的应用：寻找函数的最大值（或最小值）。数学家都知道，局部极值有时很难通过微积分找到。虽然我们的图形显示的是一个单变量函数，但变量的数量可能很多，这使得全局最大值的分析搜索变得乏味，尤其是当函数很复杂，分析求解很困难时。

此外，应当记住，在许多技术应用中，函数的确切形状是未知的，其在各个点上的值只能通过实验来确定。工程中的许多优化任务就是这种情况，第 3 章和第 4 章讨论的启发式和对抗式搜索技术的应用中也提到了类似的情况。

最后，在一些工程问题中，评估候选方案的唯一客观方法就是将它们与其他方案进行比较。在这种情况下，通常可以通过"锦标赛"的方式来确定适应度，即备选方案之间的公开竞争。我们将在 6.7 节分析囚徒困境的最后一种情况。

6.2.9　探索与父母的距离

子女与父母的距离（如图 6.4 中的 x 轴）在很大程度上取决于父母随机产生的尾巴长度。如果就是 1 比特，则子代与父代接近；如果父代和母代的最不重要位的值恰好相同（尾部相同），则子代只能是父代的复制品。

然而，尾数越长，子代与父代之间的潜在差异就越大。因此，在 4 位尾部的情况下，两个尾部的值可能分别为 1111 和 0000，这相当于父子间的距离为 15。但是，在某些父代中，4 位尾数的值可能是 1110 和 1111，在这种情况下，父子间的距离只有 1。我们可以看到，父子间的距离仅在概率上取决于尾部的长度。

6.2.10 重组与变异

通过对前面所学知识的思考，我们认识到单点交叉算子有助于 GA 探索父子邻域。我们现在也明白了，近邻可能比远邻受到更多关注。

另一方面，变异可以在 x 轴上产生更显著的跳跃。在这里，染色体中的每个比特都有相同的机会从 1 反过来变为 0 或从 0 反过来变为 1。如果最小有效位受到影响，那么变异后的染色体将沿着 x 轴位于原始染色体的旁边。然而，如果最左边的位被反转，则会产生更大的"跳跃"。

从这个意义上说，变异正好与重组相辅相成，共同探索搜索空间。

6.2.11 算法为何有效

子代位于父代的左边或右边，并不意味着子代的适应度会超过父代。重要的是适应度函数的形状。在如图 6.4 所示的特定情况下，每个子代的适应度都高于最近的父代；如果函数的形状不同，子代的值可能会低于父代的值。

在整个群体中，有些孩子的体质会超过他们父母的体质，而有些孩子则不会，但生存博弈才是最终的决定因素：高价值的孩子有更多的机会影响下一代。因此，到了最后，后代往往会由平均健康值提高的个体组成。

但并不一定。6.4 节将讨论 GA 行为中一般趋势的一些例外情况。

控制问题

如果你在回答下列任何问题时遇到困难，那么请返回阅读前文的相应部分。

- 简述遗传算法的交配原则。解释简单的一点交叉如何重组亲本染色体的信息。
- 如何实现变异？变异率有什么影响？
- 解释实现生存博弈的机制。在实施交配策略时，如何应用同样的机制？
- 重组和变异以不同的方式影响遗传算法的搜索空间探索。解释它们如何相互补充。
- 什么是 GA 要解决的典型问题？如果目标是找到适应度函数的最大值，为什么不选择微积分？

6.3 其他 GA 操作符

为了简化分析，到目前为止我们只考虑了最简单的 GA 操作符。然而，这些操作符很少被使用。下面来看一些更常见的替代方法。

6.3.1 两点交叉

最常用的重组算子可能就是如图 6.5 所示的两点交叉。对于一个由 N 个比特组成的二进制字符串，随机数发生器会从区间 $[0, N-1]$ 中提供两个整数。这两个整数定义了两个

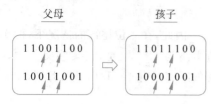

父母　　　　　孩子

图 6.5 两点交叉：GA 随机生成两个整数。两个子染色体通过交换两个整数定义的位置之间的位来产生两个子代

父代之间要交换的"中间部分"。在图 6.5 中，字符串下的小箭头表示这两个整数的位置。箭头之间的两个比特是操作符交换的比特。

在 6.2 节中，图 6.4 只解释了单点交叉算子的行为，但即使使用两点交叉，观察结果也基本相同。要了解为什么会出现这种情况，只需回顾一下染色体中的位顺序是任意的，每个位代表一组独立特征中的一个。如果重新排列这些特征，将中间部分移到染色体的尾部，就会得到单点交叉。

6.3.2 随机位交换

图 6.6 展示了另一种可能性。在这里，随机数发生器会返回[0,N−1]中的几个整数。这些整数被解释为父代之间要交换的比特的索引（位置）。最右边位的索引为 0。在如图 6.6 所示的具体案例中，随机整数是 0 和 6。这就是为什么最右边的一位和从右数起的第七位被交换了。

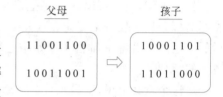

父母　　　　　孩子

图 6.6 随机比特交换。GA 生成一组随机整数。子代通过交换这些整数指向的位来创建。这里的整数是 0 和 6

6.3.3 反转

重组运算法则是重组一对染色体（亲本）的遗传信息，而反转运算法则是对单条染色体进行运算。随机生成两个整数，然后将两个整数定义的位置之间的子串进行反转——两个位置之间的比特反转。在如图 6.7 所示的情况下，箭头表示随机生成的两个位置。该子串包含 001；将其反转后，得到 100，也就是右侧位串中的位置。

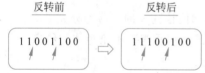

反转前　　　　反转后

图 6.7 反转操作符：GA 生成两个随机整数。它们定义子串并进行反转

6.3.4 程序员控制程序的方法

总之，希望实现 GA 的程序员可以使用表 6.1 中列出的 5 个基本操作符。需要注意的是，其中 3 个操作是在成对染色体上进行的，另外两个（变异和反转）是在单条染色体上进行的。

在专业实现中，单点交叉是很少见的。最典型的是其余 4 种的各种组合。例如，程序员可能会指定 70% 的交配对象通过两点交叉进行重组，剩下的 30% 使用随机位交换。在此之后，染色体应接受例如 2% 的变异率，3% 的个体应接受子串反转。具体的混合比例将取决于工程师的经验，并可能在 GA 搜索过程中发生变化。例如，当需要将群体从过早退化中解救出来时，可能需要增加子串反转的频率（见 6.4 节）。

表 6.1 遗传算法使用的典型搜索操作符

作用于成对个体	作用于单个个体
单点交叉 两点交叉随机比特交换	变异 反转

控制问题

如果你在回答下列任何问题时遇到困难,那么请返回阅读前文的相应部分。

- 解释两点交叉算子的原理。随机数发生器控制了它的哪些方面?
- 解释随机比特交换的原理。解释版本内算子的原理。
- 讨论程序员可用的"混合物"。

6.4 潜在问题

现在,GA 的原理已经很清楚了,其实际应用的可能性也多种多样。为了加深理解并增加在工程实践中使用该技术的成功概率,现在让我们简要地看看一些可能导致 GA 失败的典型情况。

6.4.1 退化种群

遗传算法的威力取决于种群的多样性。个体间的差异越大,重组算子的能力就越强,也就越有可能很快找到有趣的解决方案。反之,如果多样性不足,就不会有太多发现。在极端情况下,种群会退化到一种状态,即 GA 的算子基本上无法创造出与其亲代不同的个体。

为了说明最后一点,表 6.2 显示了一个只有 4 个个体的极小种群。仔细观察可以发现,重组无法产生新的染色体。例如,个体 a 和个体 b 是完全相同的,任何交叉算子都无法获得任何结果。个体 b 和个体 c 并不完全相同,但读者很容易就会发现,交叉永远不会产生与种群中已有个体不同的二进制串。可以说,种群已经退化。

表 6.2 退化种群示例

ID	二进制字符串
a	1 0 0 1 0 0
b	1 0 0 1 0 0
c	1 0 0 1 0 1
d	1 0 0 1 0 1

6.4.2 无害退化与过早退化

如果种群已经包含了给定问题的良好解决方案,那么就没有必要抱怨种群退化了。

但有时,群体退化得太早。个体的适应度值仍然很低,但 GA 似乎并没有取得任何进展。从这个意义上说,退化被认为是过早的。一个完善的性别问题计划是应该在出现这种有害情况时加以识别,并采取纠正措施。

6.4.3 识别退化状态

种群退化的第一个迹象是观察到在过去的 N 代中,种群中最佳个体的值没有任何改善。这种怀疑可以通过评估种群多样性的程序模块得到证实。一个简单的方法是计算每对个体的汉明距离:两个二进制字符串相差的比特数。例如,00011100 和 10011101 之间的汉明距离是 2,因为这两个字符串在两个比特(第一比特和最后一比特)上存在差异。

一旦检测到退化,程序就会告知用户当前最佳解决方案的质量。如果这个最佳解决方案看起来可以接受,那么程序就可以成功停止。如果解决方案仍然很差,则必须采取措施使群体摆脱退化状态。

6.4.4　摆脱退化状态

表 6.2 中的种群不能通过重组来改变。变异可以改变它,但速度很慢。在变异率为 2% 的情况下,可能需要几代人的时间,比特变化的数量才足以让重组再次发挥作用。当然,程序员也可以决定在几代内大幅提高变异率(如提高到 20%~30%),然后再降低变异率。这样做可以迅速提高种群的多样性;不过,这种激烈的措施可能会破坏一些已经被证明相当优秀的染色体,因此不值得在变异中被破坏。

另一种方法是随机产生一些新个体,并将其插入退化群体中。这样做可以增加多样性,从而为进化过程的重启提供有用的动力。增加反转算子的使用频率也可以提高多样性。通过一个简单的练习,我们鼓励读者尝试看看对表 6.2 中的第一个个体使用反转运算后,会产生(或不会产生)一个与其他种群有足够差异的新个体:这完全取决于反转的是哪个子串。

6.4.5　设计不当的适应度函数

GA 性能令人失望的另一个原因可以追溯到不合适的适应度函数。图 6.8 展示了两种糟糕的选择。左侧的平函数很难区分好坏个体。适者生存的机制只能非常缓慢地推动后代

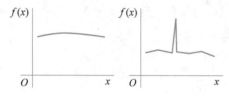

图 6.8　这两个拟合函数的设计都很糟糕。左边的太平,右边的则无法逐步改善

达到函数的最大值。请注意,只需将平函数 $f(x)$ 换成"更陡峭"的函数,如 $f^2(x)$,就能弥补这一缺陷。

图 6.8 中的右图是另一种有害的情况。在这里,峰值过于狭窄,可能需要相当长的时间,遗传算法才能产生属于这个狭窄区域的个体,除非随机数发生器一开始就产生了这样的个体,或者不久之后幸运地发生了变异。

6.4.6　不能反映遗传算法目标的适应度函数

当然,工程师必须确保拟合函数除了具有正确的形状外,还能反映特定应用的需求和目标。这里的考虑因素与启发式或对抗式搜索所使用的评价函数相同。

控制问题

如果你在回答下列任何问题时遇到困难,那么请返回阅读前文的相应部分。

- 什么是退化群体? 它总是有害的吗?
- 遗传算法如何识别种群退化? 如何重新引入多样性?
- 适应度函数应该是什么样的? 讨论设计不当的适应度函数的例子。

6.5　高级变体

GA 的基线版本可以通过多种方式进行改进。其中一种方法依赖于多个杂交种群,另

一种方法则试图模仿拉马克进化论的原理。至于染色体,也可以比前几节中的普通位串更加复杂。

6.5.1　数字染色体

在个体由数字染色体(整数向量而非比特)描述的领域中,可以使用相同的重组操作符:单点交叉、两点交叉和随机选择向量位置的数值交换。

至于变异,最简单的方法可能如图 6.9 所示。其原理是在数字向量中选择一定比例的位置,然后在这些位置上添加一个随机生成的数字。有时(如本例),程序合并需要防止数值超过某个最大值。在这种情况下,就需要使用取模函数。例如,如果允许的最大值是 20,那么添加的噪声可能会导致 19+3=2。

mutation by addition, modulo 20

前:	12	13	19	17	10	06	15	20	03	10
变异:	−2	--	+3	--	--	--	-4	--	+2	--
后:	10	13	02	17	10	06	11	20	05	10

图 6.9　在数字染色体中,变异可以通过添加一个随机生成的整数来模拟。对该整数取模到允许的最大值(因此 19+3=2)

6.5.2　树结构形式的染色体

在某些领域,仅有位字符串或数字向量是不够的,还需要更高级的数据结构。例如,数学表达式可以用二叉树来表示。在表示表达式 $\sin x + \cos y$ 时,符号"+"位于表达式的根部,而表达式 $\sin x + \cos y$ 则位于表达式的尾部。

其中一条边指向 sin,另一条边指向 cos。每个成员都只有一条边发出:从 sin 到 x,从 cos 到 y。

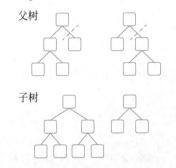

图 6.10 向我们展示了如何重组这些树状结构染色体。在每个父染色体中随机选择一条边,然后通过交换这些边定义的子树生成子染色体。

至于变异,程序可以随机修改树中某些节点的内容。有时,只有末端节点会发生变异。例如,在上文提到的数学表达式中,末端节点包含变量;程序员可以决定只对这些变量进行变异,如将 x 变为 y。

图 6.10　染色体有时呈树结构。重组可以随机选择子树进行交换。在这幅图中,每棵父树都有 4 条边。在每棵树中,随机选择一条边进行子树交换(注意虚线)

6.5.3　多人群和多目标

教科书上的例子通常假定只有一个适应度函数需要优化。实际上,这可能还不够。很多时候,我们需要优化两个或更多的方面,这些方面甚至可能相互矛盾。兼顾所有方面有时很容易,有时却很困难。如果想最大限度地提高产品的质量,同时尽可能降低产品的价格,那么就有可能将这两个方面结合到一个精心设计的函数中;例如,适应度=质量/价格。在其他领域,这样的尝试会很笨拙,甚至会误导 GA。

在这种情况下,一种成功的策略是依靠多个种群,每个种群优化一个不同的适应度函数,该函数代表种群的一个特定方面。偶尔的杂交(当每个亲本来自不同种群时)可能会产生满足相互竞争的个体。

6.5.4　拉马克方法

在达尔文进化论中，个体的遗传信息在其一生中不会发生变化。只有在从父母到子女的转变过程中才会发生变化：由父母的遗传信息通过变异和重组转变为子女的遗传信息。比达尔文早一到两代的学者拉马克持有不同的观点。他认为，变异可能发生在个体的一生中。

今天我们知道，拉马克在 DNA 遗传信息方面的观点是错误的。然而，我们可以说，他提出的原则在进化的其他方面也得到了遵守。例如，教授可以将自己在学习过程中获得的一些知识传授给学生。这种进化比经典的达尔文进化过程更快。因此，如何在全球定位系统中实现这一想法是合理的。

一种可能性是将"拉马克算子"放在图 6.1 模式中的某个位置，或许放在生存博弈之后。然后，这个算子试图通过调整参数来提高每个人的适应度。例如，在寻求找到对某个过程进行最佳建模的数学表达式的应用程序中，系数或增加的常数。

控制问题

如果你在回答下列任何问题时遇到困难，那么请返回阅读前文的相应部分。

- 在个体用数字向量而不是二进制字符串描述的情况下，如何实现重组和变异操作符？
- 在用树结构描述个体的主程序中，如何实现重组和变异算子？
- 解释多种群的实现，包括其动机和杂交的益处。
- 达尔文进化论和拉马克进化论的区别是什么？

6.6　GA 和背包问题

为了在更高级的应用中说明遗传算法的优势，让我们看看如何使用该技术来解决第 5 章中的一个模型任务——背包问题。

6.6.1　背包规则（修订版）

智能体拥有一组对象。假设第 i 个物品的特征是价格 P_i 和重量 W_i。智能体的目标是找到一个对象子集，使它们的价格总和 $\max_i \Sigma P_i$ 达到最大，但它们的权重总和 ΣW_i 不能超过用户指定的最大值 MAX。

一组 N 个对象有 2^N 个子集。哪一个子集是装入背包的最佳组合？要评估指数数量的子集的价格和权重是不现实的。直观的方法似乎也行不通。智能体是应该装尽可能多的轻便物品，还是应该把重点放在少数价值高的物品上？此外，启发式搜索往往会让人失望，因为我们可能不知道如何设计评价函数。

6.6.2　用二进制字符串对问题进行编码

下面是利用遗传算法解决问题的一种简单方法。如果可利用的物品总数为 N，我们将用一个包含 N 个比特的二进制字符串来表示背包内容，其中如果第 i 个物品要放入背包，

则第 i 比特设为 1,否则设为 0。种群就由这些二进制字符串组成。

适配函数将给定染色体包含 1 的所有项目的值相加。同时,该函数还会计算项目权重的总和,如果总和超过 MAX,那么返回的适应度就是 0,也就是可能的最低值。更好的适应度函数还能反映最大值被超出的程度,并根据超出权重的比例对失败进行惩罚。

6.6.3 运行程序

遗传算法过程从随机产生的种群开始。交配可以是随机的,也可以由生存博弈控制;重组依赖于两点交叉和随机位交换,变异设置为一个很小的值,例如 2%。

在停止标准方面,工程师可以发挥很大的创造力。这里有一个思路。当最佳个体的适应度值接近问题的最佳解时,种群中总权重超过允许最大值 $\Sigma W_i > \text{MAX}$ 的个体的频率会增加,此时它们的适应度为 0。有鉴于此,程序员可能会决定指示程序,如果体适度为 0 的染色体比例达到 10%,那么程序就会停止运行。至于种群规模,它应该足够大,以尽量减少成熟前退化的危险。种群规模还应反映染色体的长度:染色体越长,种群规模就越大。

6.6.4 GA 是否能找到最佳解决方案

在 N 值较高的情况下,GA 很少能找到绝对最佳的解决方案。然而,更多的时候,具有实践头脑的工程师会满足于找到一个“相当好”的组合。

6.6.5 观察:隐含并行性

经验表明,GA 只需很少几代就能找到一个很好的解。初学者往往会对解法的快速找到感到惊讶。假设用 $I_0, I_1, \cdots, I_{N-1}$ 表示各个项目,那么所有可能的子集数量为 2^N。在实际应用中,要考虑所有的子集几乎是不可能的。然而,如果遗传算法在例如 20 代内取得了成功,那么只研究了 $20M$ 种组合,其中 M 是种群数量。

这种惊人效率的秘密就隐藏在我们所熟知的隐式旁证法(implicit parallelism)中。为了简单起见,假设 $N=8$,这意味着问题可以用 8 位字符串来表示。考虑以下染色体:00110110。

如果最左边的比特代表第 0 个项目 I_0,那么染色体告诉我们,这个背包包含项目 I_2、I_3、I_5 和 I_6。但同时,同一条染色体也包含这 4 项的任何子集。如果说 I_5 与 I_6 的组合是有益的,那么这两者的组合就已经包含在这条染色体中了,而且这对组合很有可能在重组、变异和生存游戏中存活下来,并因此进入下一代。

从这个意义上说,每条染色体都代表了一组(可能是很多组)不同的组合。换句话说,处理单个染色体意味着要评估大量可供选择的项目组合。

6.6.6 用数字字符串编码包内容

如果项目数 N 非常多,比如数以万计,那么比特字符串的长度就会变得非常长,这是不现实的。至少需要非常大的计算量,这可能会导致过高的计算成本。在这种情况下,设计者可能更倾向于用整数列表对背包内容进行编码。

我们的想法是用索引来表示每个物品,即一个来自 $[0, N-1]$ 的整数。这样,染色体就只包含要打包的物品的索引。例如,一个包含第二、第十和第二十一件物品的背包将用 {2,

10,21}表示。请注意,这意味着每个染色体可以有不同的长度:一个装有 100 件物品的背包将由一个包含 100 个整数的染色体表示,而一个装有 23 件物品的背包将由一个长度为 23 的染色体表示。

6.6.7   数字字符串中的变异和重组

假设染色体的形式如前所述。变异可以用 6.5 节中描述的方法实现(另见图 6.9)。重组允许交换不同长度的子串。因此,在如图 6.11 所示的情况中,随机数发生器为第一个父代选择了左起第一个整数和第五个整数之间的子串;为第二个父代选择了第一个整数和第四个整数之间的子串。子代是通过交换椭圆形标记的内容得到的。

父代   子代

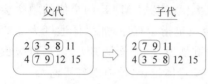

图 6.11 这些数字染色体的重组允许交换不同长度的子串

注意,这种染色体编码方式可能需要一些额外的程序。例如,除非我们允许同一项目有多个副本,否则程序必须确保每个项目在染色体中只出现一次。此外,这种类型的重组往往会破坏染色体中整齐有序的项目序列;程序员可能更愿意确保保持适当的顺序(当然,这可能不是必需的)。这些细节将反映具体应用的具体情况,以及程序员的个人经验和偏好。

6.6.8   小结

本节简要讨论的内容给我们上了重要的一课:即使是一个非常简单的问题,也可能有多种可供选择的解决方案。我们看到了用染色体表示解决方案的两种不同方法。我们还了解到,适应度函数可以用多种不同的方式设计。在实施变异和重组时,甚至在制定有用的停止准则时,工程师都有充分的机会尝试多种备选方法。这种非凡的灵活性使 GA 对那些喜欢创新的工程师极具吸引力。难怪他们中的许多人喜欢使用 GA,而不是传统的搜索技术。

控制问题

如果你在回答下列任何问题时遇到困难,那么请返回阅读前文的相应部分。

- 总结背包试验台的规则。
- 讨论用染色体对候选解进行编码的两种方法。
- 如何实现适应度函数、变异、重组和停止准则?

6.7   GA 和囚徒困境

背包问题可以说很简单,也很容易用 GA 来解决。让我们来看看更具挑战性的问题:囚徒困境。

6.7.1   要保密还是选择告发/告密

假设你和你的一个朋友抢劫了一家银行。后来,你们被捕了。此刻,你俩被分别关在不同的牢房里,无法相互沟通,也无法同步制定未来的策略。

事实证明,对你们不利的证据并不充分,因此警方向你们提出了一个交易。如果你认罪并指证你的朋友,他们将把你作为合作证人释放,同时你的朋友会获得 5 年的刑罚。既然你自然而然地认为他们很可能向你的朋友提出了同样的条件,那么你一定会问:假设我们两个人都选择与警方合作呢?那么,两份供词就减少了奖励你们中任何一人作为单一合作证人的机会。因此,你们两人都会被判 4 年的刑罚。另一方面,如果你们两人都保持强硬态度,顽固地否认自己有任何不法行为,那么由于证据不足,你们都只能被判 2 年的刑罚。

6.7.2　实际观察

表 6.3 概述了有关情况。你们每个人都有两种选择:一是保密,二是告密。对于 4 种组合中的每一种,表中相应的字段包含两个数字:第一个是你的刑期,第二个是你朋友的刑期。例如,如果你保密,而他告密,那么你将被判 5 年,而他的刑期为零。

表 6.3　囚徒困境中的刑罚

		你的朋友	
		保密	告密
你	保密	2,2	5,0
	告密	0,5	4,4

表格中的字段指定了预期的刑期。例如,如果你态度强硬,而你的朋友告密,那么你将被判 5 年,而他将被释放。

从表 6.3 中可以看到,如果你们两人都拒绝与警方合作,平均刑期最低。在这种情况下,每人的刑期为 2 年。但是,你真的知道你的朋友会怎么做吗?在不确定的情况下,你意识到最好还是把他供出来,因为这样最坏的刑期也就是 4 年,而且还有机会获得自由。如果你态度强硬,而他告密,那就得判 5 年。显然,这在很大程度上取决于你们俩对彼此的信任程度。

6.7.3　重复事件的策略

如果我们允许同样的情况多次重复发生,那么问题就会变得更加有趣。在这种情况下,你就不再仅仅依靠信任了,因为你可以把之前发生的事情的经验考虑在内。最后,你可能会制定出这样一条规则:"第一轮我会信任他;但如果他背叛了我,下一轮我就会报复他"。可以设计出许多这样的策略。从长远来看,哪种策略最好?哪种策略的平均刑期最低?

博弈论这门学科曾经研究过这类难题。在冷战时期,了解它们的本质至关重要,当时两个超级大国会发现自己可能处于与上述情况非常相似的境地。最重要的问题是:"我们是否应该发动先发制人的核打击?""后果必然是灾难性的,但也许还是比对方速度更快的情况要好。"

科学家为处理这一难题制定了数十种策略,然后在模拟比赛中对这些策略进行比较,在比赛中,不同的策略以类似足球联赛的方式互相对抗。出人意料的是,简单的 tit-for-tat 方法赢得了比赛:第一次要强硬,然后模仿同伴的最新行为。

6.7.4　在染色体中编码策略

在每一轮比赛中,智能体都有两种行为可供选择:强硬(T)或告密(S)。让我们从简单的开始:智能体将根据上一轮发生的事情做出决定。有 4 种可能性:TT、TS、ST 和 SS。

第一个字母表示智能体的行动，第二个字母表示其同伴的行动（上一轮）。例如，TS表示智能体很强硬，但其同伴告密了。

智能体的策略包括回答以下问题："在这4种情况中，我应该怎么做？"为此，一个4位染色体就足够了：第一位代表TT情况下的行动，第二位代表TS情况下的行动，第三位代表ST情况下的行动，第四位代表SS情况下的行动。如果该位被设置为1，则表示该智能体很强硬；如果该位被设置为0，则表示该智能体会告密。例如，策略[0100]被解释为告诉智能体："如果上一轮出现TS（你很强硬，你的朋友告密了），则强硬一点；在其他所有情况下都告密。"

在一个著名的实验中，智能体不是根据上一轮发生的情况，而是根据过去3轮的历史情况做出决定。在每一轮中，都可能出现同样的4种情况，即总共有$4^3=64$种不同的可能性。下面将这64种可能性中的每一种都用一串6个字母来表示，每6个字母成对排列，每对代表过去3轮中的一轮：

1. TTTTTT
2. TTTTTS
   ⋮
64. SSSSSS

定义具体策略的染色体是由64个比特组成的字符串，每个比特对应64种不同情况中的一种。如果染色体中的第i个比特被设置为1，则该策略告诉智能体在第i种情况下要强硬；反之，0则告诉智能体要告密。由于有64个位，不同策略的总数为2^{64}，接近20×10^{18}。要在如此广阔的空间中找到最佳策略（或至少是接近最佳的策略），可以说是一个雄心勃勃的目标。

6.7.5　早期回合

在编写计算机程序时，工程师必须注意前面几段为简单起见而忽略的细节。例如，由于染色体规定了后3轮中每种情况下的具体行动，因此在游戏开始时，即前3轮尚未结束之前，就需要告诉程序该怎么做。

让我们提出一个简单的解决方案。对于第一轮，行动是固定的；例如，第一轮要强硬。第二轮，策略以第一轮的结果为基础。对于第三轮，策略基于前两轮发生的情况。从程序员的角度来看，一种可能性是在染色体中添加一些额外的比特来标明游戏的开始。

6.7.6　锦标赛方法

下面是一个著名的实验中整个过程的组织方式，该实验在20世纪80年代推动了GA的发展。[①]

更多比特代表特殊情况，如前所述。每个个体的适配性都是通过一种称为锦标赛的方法来评估的，其组织方式如下。

X与另一个人配对，他们成为两个抢银行的同伴。他们会进行60轮抢银行比赛，每个

---

① 有点出乎意料的是，实验不是由工程师或计算机科学家进行的，而是由政治学家罗伯特·阿克塞尔罗德（Robert Axelrod，1984年）进行的。

人根据自己的染色体选择行动。每一轮的结果都会给 X 带来一定的刑罚,然后计算出 60 个刑罚的总和。完成后,X 与另一个个体配对,然后又与另一个个体配对,以此类推,每次都进行同样的 60 轮实验。最后,X 的适应度被定义为所有配对句子的平均总和。

6.7.7　实验表现

在进行这项研究时,数学情感学家和博弈理论家已经知道了大约 60 种策略。在一项实验中,通过测量染色体在所有这些策略中的平均表现来评估染色体的适应度。在另一项研究中,安排了随机生成策略的比赛。

结果发现了两点。首先,由 GA 发现的最佳策略优于任何先前已知的人工创建策略。其次,在种群规模固定为 20 个个体的情况下,要找到这个强大的策略,GA 只需要 50 代。这意味着,要找到一个好的解决方案,GA 只需要评估 2^{64} 种可能性中的 $50 \times 20 = 1000$ 条染色体。换句话说,GA 不仅超越了前几十年科学研究中发现的任何东西,而且效率极高。

6.6 节讨论的隐式并行性解释了只需要探索所有策略中的一小部分这一事实。

6.7.8　小结

之所以要在这里讨论囚徒困境问题,其中一个原因是它为锦标赛的适应度评估方法增添了光彩。从某种意义上说,这正是生物学世界正在发生的事情。此外,如果我们想了解种群如何适应环境的变化,也可以使用锦标赛方法。假设表 6.3 中的刑罚条款偶尔会被修改。在新的环境下,成功的个体可能不得不采取不同的策略。

尽管如此,我们必须记住,锦标赛的计算费用可能会迫使工程师保持较小的人口数量:M 人的比赛表将包含 $M(M-1)/1$ 次相遇的结果,在 $M = 60$ 的情况下为 1770 次。这个数字必须乘以每场比赛的回合数。囚徒困境仍然是一个简单的领域,60 回合的实验可以在一秒内完成。然而,在每个人与人之间的博弈都很昂贵的领域中,工程师可能会遇到困难。

最后,不要忘记,只有 20 个个体的小群体可能意味着过早退化的危险(见 6.4 节)。在某些领域,染色体必须很长。例如,如果囚徒困境考虑的是最后 4 轮而不是 3 轮,那么染色体就必须至少由 $4^4 = 256$ 比特组成。我们明白这对必要的群体规模、计算成本和过早退化的可能性意味着什么。

控制问题

如果你在回答下列任何问题时遇到困难,那么请返回阅读前文的相应部分。

* 概括囚徒困境问题的性质。它最初是用于哪个应用领域的?
* 解释在这里如何用二进制字符串来表示智能体的策略。你将如何处理游戏的初始回合?
* 解释适应度评估的锦标赛方法的本质。评论其计算成本。
* 为什么 GA 能如此高效地找到好的解决方案?

6.8　熟能生巧

为了加深理解,请尝试以下练习、思想实验和计算机作业。

* 编写一个程序,实现图 6.1 中 GA 的一般模式。对于重组,使用两点交叉。

- 设计一个多峰函数，可能是高阶多项式或测角函数，如 $x + 2\sin(0.02x)$，越复杂越好。使用上一个任务中的 GA 程序，在给定的 x 值范围内找出该函数的全局最大值。

- 如果要找出多元函数的最大值，该如何实现 GA？

- 实现一个接受种群作为输入的函数，如果种群退化，则返回 true，否则返回 0。编写另一个函数，通过随机插入新个体来增加退化种群的多样性。你还知道哪些增加种群多样性的机制？

- 本章中提出的有关背包问题的 GA 解决方案相对简单，这对于教学目的来说是必要的。你能提出一个更复杂（更有效）的方法来处理这个任务吗？

- 编写一个实现囚徒困境的程序，然后在不同规模的种群中测试其行为。大型种群退化的可能性较小，但计算成本可能较高。运行一系列实验来探索这种权衡。

- 这里选择"囚徒困境"是因为它很好地诠释了适应度计算的锦标赛方法。你还能想到另一个可能有利于采用锦标赛方法的问题吗？

- 背包问题和囚徒困境仍然是相对简单的问题。如果需要解决更复杂的问题，比如第 5 章中的旅行推销员或工作车间调度问题，你会如何使用 GA？

6.9　结语

霍兰(Holland，1975 年)的革命性著作普及了生物进化可以用计算机算法来描述的观点。该著作具有独创性，但其作者并不知道雷申伯格(1973 年)在更早的时候就提出了类似的观点，然而，雷申伯格的著作是用德语撰写的，因此缺乏应有的影响力。阿克塞尔罗德(1984 年)对囚徒困境问题进行了深入探讨。Roszypal 和 Kubat(2001 年)在不同的背景下采用了用数字染色体编码解决背包问题的机制(及其对重组的影响)，但其他作者很可能在更早的时候就提出了相同的想法。

GA 的直观性不如启发式搜索，但众所周知，在具有复杂拟合函数的高级应用中，GA 比启发式搜索更强大。在简单的领域，爬山和最佳优先搜索通常已经足够好了。工程师应始终选择最适合给定问题的工具。

遗传算法的优势之一是能够对变化的环境做出反应。因此，在囚徒困境中，当局可能会决定从根本上修改惩罚措施；而在背包问题中，某些项目的价值和权重也可能随时间而变化。从这个意义上说，许多工程问题都是非稳态的。从程序员的角度来看，这些随时间变化的方面可能需要修改适应度的评估方式。

顺便提一下，在 20 世纪 90 年代，GA 的成功引起了人们对遗传编程的极大兴趣，这是一门探索如何通过基于 GA 的进化来开发 Lisp 程序的学科。不过，这些工作不在本书的研究范围。

遗传算法是人工智能领域第一个从生物学角度获得灵感的方法。后来，其他从自然界寻求灵感的尝试也取得了成功。其中一些最成功的尝试将成为第 8 章的主题。

第7章

人 工 生 命

人工智能的许多方法都受到了生物系统研究的启发。除了第 6 章提到的遗传算法,人工生命也是如此。

应让计算机程序看起来有生命力。严格来说,这一领域并不是本书讨论的主要问题(问题解决和自动推理)。不过,它至少值得简要阐述一下,因为它有助于我们理解突发特性的潜力,而这一概念在第 8 章的主题——群体智能技术中起着至关重要的作用。

因此,我们在此概述一些最典型的人工生命实例的原理,主要是为了说明问题:L 系统、细胞自动机和康威生命游戏。

7.1 涌现特性

涌现特性的概念似乎颇具哲学意味。我们之所以在这里研究它,是因为它在最近人工智能研究的一些突破中被证明是非常宝贵的。

7.1.1 从原子到蛋白质

原子的行为遵循量子物理学定律,这些定律解释了原子为何以及如何与其他原子结合,从而形成氨基酸等分子。氨基酸表现出的特性在原子层面上是毫无意义的。例如,每个氨基酸分子都有特定的形状,含有不同的原子组合,往往会与其他氨基酸结合,从而形成蛋白质。在研究蛋白质时,生物学家依靠的不仅是原子中不存在的特征,还有氨基酸中不存在的特征。例如,蛋白质在细胞中完成特定的任务,会消耗一定的能量,等等。

我们观察到,较高层次的组织具有较低层次组织所没有的特征和特性。我们说,这些新的特征和特性只有在更高层次上才会出现,这就是它们被称为涌现特性的原因。我们在复杂性的阶梯上爬得越高,这些新出现的特性就越有趣。

7.1.2 从分子到社会

一个活细胞的特征在于它的运动方式、抵御细菌的机制、繁殖能力以及许多其他类似的特性,其中大多数特性在讨论蛋白质时都不会被提及。

大量的细胞可以构成动物。动物可以是肉食性的，也可以是草食性的，可以有特定的神经系统，可以被毛皮覆盖，可以是成群狩猎的捕食者，可以喜欢温暖或寒冷的气候，可以在冬天冬眠，等等。同样，这些特性也是在这种复杂程度上才出现的。在谈论蛋白质或原子时提及这些特性毫无意义。

7.1.3　从字母到诗歌

单个字母代表一个音素。一组特定的字母组合在一起就是一个名词或动词。语法学家会使用"变位"、"词性"或"时态"等术语来表示这些词。一个词可以是外来词，可以是古语，可以是文学语言，也可以是口语，还可以表现出许多我们在谈论孤立的字母时根本不会考虑到的其他方面。

一连串的单词可以组成一首诗，而这首诗又以节奏、韵律和隐喻为特点，所表达的含义可能比任何一个孤立的单词都要丰富得多。诗可以分为抒情诗和史诗；可以是深刻的，也可以是浅显的；可以是古典的，也可以是现代的，所有这些构成了向更高层次或更高组织过渡过程中出现的另一系列特性。

7.1.4　通往人工生命之路

随着复杂性的提升，新的特性也随之出现。在一个相对较高的层次上，生命出现了，表现出低层次所不具备的行为方面。这一观察结果引发了一个惊人的问题：我们能否编写一个计算机程序，让它的行为看起来像有生命一样？为了回答这个问题，一个称为"人工生命"的研究领域应运而生。这个词也许言过其实，甚至有些夸张。不过，认识到计算机程序可以移动、复制、甚至能够进化，而且可以通过相当简单的手段实现这些方面，还是令人着迷的。本章将介绍一些最著名的观点。

第 8 章将展示如何将群体智能作为一组模拟智能体的涌现特性来实现。基于这一原理的计算技术在各种任务中的表现往往优于经典搜索技术。

控制问题

如果你在回答下列任何问题时遇到困难，那么请返回阅读前文的相应部分。

- 如何理解"涌现特性"一词？
- 讨论本节中的涌现特性示例。你还能找到其他例子吗？如果能，请解释在每一个新的复杂层次上出现的新特性。
- 人工智能可以从这些观察中吸取什么教训？

7.2　L 系统

20 世纪 60 年代，林登迈伊尔（Lindenmayer）提出了他的 L 系统，这是一种形式语言，他打算用它来模拟各种细胞或植物的行为。这可能是人类第一次认识到涌现特性现象及其在计算机程序中的潜力（起初只是理论上的）。

7.2.1　原始的 L 系统规则

这也许是人工生命最简单的例子。为了理解其中的原理，让我们把自己限制在一个简单得几乎可笑的领域：逐渐演变的两个字母 a 和 b 的字符串。

规则 1，a→ab

规则 2，b→a

规则 2 规定，在下一代中，应该用 a 替换这个字母。在下一代中，规则 1 用一对 ab 替换 a。然后，第一个字母被另一个 ab 代替（规则 1），第二个字母被 a 代替（规则 2）。表 7.1 显示了该序列在几代中的演变过程。在这个表中，很容易发现变化所遵循的特定模式。[1] 注意，连续字符串的长度遵循斐波那契数列规律：1，1，2，3，5，8，…我们刚才已经体验到，两个非常简单的规则就能产生相对复杂的、具有显著规律性的模式。

表 7.1 L 系统基本版本中符号字符串的演变

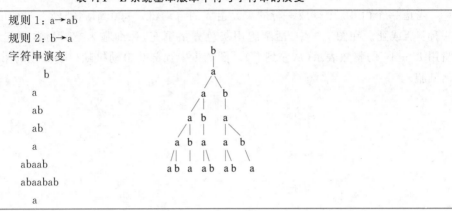

7.2.2 另一个例子：康托尔集合

随着时间的推移，人们发现并尝试了许多其他类似的模式生成规则。其中很多都是为了模拟自然世界的特定方面。其中最有名的或许就是康托尔集合，它依赖于以下两条规则：

规则 1，a→aba

规则 1，b→bbb

很容易会发现，如果从 a 开始，那么程序会产生下面的序列（同样，这个规律也很明显）：

a

aba bbb aba

aba bbb aba bbb bbb bbb aba bbb aba

7.2.3 启示

我们已经确信，即使是一门微不足道的语言（只有两个符号）和一些非常简单的规则，也能产生令人联想到增长模式的有趣序列。

控制问题

如果你在回答下列任何问题时遇到困难，那么请返回阅读前文的相应部分。

• L 系统中使用了哪两种规则？它们在符号串中产生了哪些规律性？

---

[1] 林登迈伊尔是一位生物学家。他认为，这些不断变化的序列可以用作藻类生长以及植物某些分支结构的模型。

- 你还知道其他类似的机制吗？

7.3 细胞自动机

这里提到 L 系统主要是出于历史原因，因为它是人工设计出现特性的最古老的例子。更先进一些的是细胞自动机。它们也通常使用二进制序列进行运算，但依赖更为复杂的规则。

7.3.1 简单示例

考虑一个由 10 个排成一行的单元组成的自动机。每个细胞都处于两种可能状态中的一种：活或死。在图 7.1 中，活细胞用灰色方格填充，死细胞为空。为方便起见，单个细胞将用 1 ～ 10 的整数表示（从左到右）。图 7.1 中顶部是自动机随机初始化的第 0 代，有 4 个活细胞。

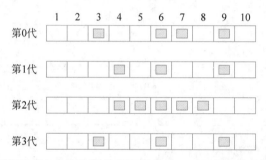

图 7.1　细胞自动机。活细胞用灰色方格填充，死细胞为空。对于每个单元格都要考虑它的值，以及它的 4 个邻近单元格的值。如果附近正好有 2 个或 5 个单元格是活的，则该单元格在下一代中将是活的；否则，它将死亡

对于每个单元格，我们将考虑向两侧延伸两个单元格的邻域（包括该单元格）。例如，单元格 4 的邻域包括单元格 2、3、4、5 和 6。如果单元格靠近自动机的某条边界，则邻域会相应缩短；单元格不会超出边界。因此，单元格 2 的邻域包括单元格 1、2、3 和 4。

根据以下简单规则，自动机的内容将从一代变到下一代：

"如果一个单元格的邻域中正好有 2 个或 5 个活单元格，那么该单元格在下一代中将是活的。如果它的邻域包含不同数量的活细胞，那么它在下一代中就会死亡。"

例如，在第 4 代中，细胞 3 是活的，我们可以看到它的邻域只包含这一个活细胞。因此，上述规则确保在下一代中，细胞 3 将死亡。将同样的规则应用于 10 个单元格中的每一个，从而将第 0 代自动机转化为图 7.1 中标注的第 1 代自动机。这样又延续了两代。可能出现的情况是，到了某一代，自动机中的所有细胞都死亡了，在这种情况下，进一步的变化不再可能，自动机的进化也就停止了。

7.3.2 变化

一个细胞在下一代是死是活取决于它的 5 个邻近细胞。在我们的例子中，如果邻域中正好有 2 个或 5 个细胞是活的，那么这个细胞就一定是活的。另一条规则可能会规定，如果邻域中正好有 2 个或 5 个细胞存活，那么细胞就会存活。

或邻域中的 1 个或 3 个单元存活,或任何其他组合,单元就会存活。此外,邻域的大小不一定是 5 个,也可以是 3 个、7 个或任何其他数字。每种规则都会导致自动机以不同的方式进化。

7.3.3　增加另一个维度

本节讨论的单元格自动机是线性的,只有一个维度。这并不是强制性的。7.4 节将展示如何通过添加另一个维度,使二维自动机表现出更有趣的行为。

控制问题

如果你在回答下列任何问题时遇到困难,那么请返回阅读前文的相应部分。

- 本节中的一维自动机的性质是什么?
- 可能有哪些变体?

7.4　康威的生命游戏

康威的生命游戏也许是所有人工生命冒险中最令人印象深刻的,当然也是最广为人知的。我们可以把它看作 7.3 节中细胞自动机的一个更复杂的版本。它的规则更复杂,产生的行为模式也更有趣。

7.4.1　棋盘及其单元格

考虑一个二维网格,如图 7.2 所示。受国际象棋的启发,我们将用单元格的坐标来表示单个单元格,列用字母表示,行用整数表示。例如,左上角的单元格是 5,右下角的单元格是 e1。为简单起见,图 7.2 中只显示了一个 5×5 的棋盘;实际上,棋盘要大得多。

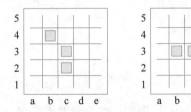

图 7.2　将 4 条规则应用于左边的棋型会使它变成右边的图案

就像在细胞自动机中一样,每个方格都有两种可能的状态:死或活。在图 7.2 中,“活”的单元用灰色方格标记,“死”的单元是空的。在图 7.2 左侧的棋盘上,我们可以看到 3 个活单元,其他单元都是死的。

7.4.2　规则

表 7.2 中总结的 4 条规则决定了是将死细胞转化为活细胞,还是将活细胞转化为死细胞。与细胞自动机类似,这些规则在邻域内运行。不过,这里的邻域只包括近邻,而不包括细胞本身。因此在图 7.2 中,a1 的邻域包含 a2、b1 和 b2。c3 的邻域包含 8 个单元格。

在图 7.2 的左侧部分,单元格 b4 是活的,但由于它只有一个活的邻居,所以它死于孤独。同样的情况也发生在 c2 单元格上:由于只有一个活的邻居,它也死于孤独。这就是为什么图 7.2 右侧部分的 b4 和 c2 都是空的。左侧的单元格 c3 是活的，因为它有两个活的邻居，所以它活了下来。单元格 b3 是死的，但因为它有 3 个活的邻居，所以它本身也成了一个活的单元格。我们鼓励读者验证一下，系统地应用这 4 条规则是否能将左边的图案转换成右边的图案。

表 7.2　康威生命游戏的 4 条规则

有 2 个或 3 个活邻居的活细胞保持存活。
有 3 个以上活邻居的活细胞会因过度拥挤而死亡。
少于 2 个活邻居的活细胞死于孤独。
有 3 个活邻居的死细胞会变成活细胞。

7.4.3　更有趣的例子

图 7.3 的左上角包含一个简单的图案，当应用 4 条规则时，会产生一些有趣的行为。在原始图案的旁边，显示了接下来的两代图案，第二代就是右上角的图案。如果继续这样做（见第二行的两块棋盘），就会发现几代之后，右上角的图案又出现了，但并不是出现在棋盘的同一位置，而是移动了一列和一行。

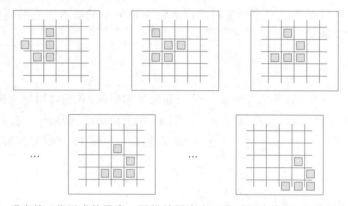

图 7.3　观察第三代形成的图案。同样的图案在几代后再次出现，只是现在向下并
向右移动了。之后，它再次出现，并再次移位。这种图案称为滑翔机

在计算机程序中实现这 4 条规则并在显示器上显示棋盘位置是很容易的。如果这样做，就会观察到，在后续的一系列世代中，这个图案会以固定的时间间隔不断出现，而且总是向下移动一格，向右移动一格。计算机动画给人留下的印象是，图案正从棋盘的左上角向右下角"滑行"。这也是有些文献将这种图案称为滑翔机的原因。

7.4.4　典型行为

根据游戏开始时图案的形状，我们会观察到不同的现象。有些图案会反复出现：它们不断变化，直到几代之后，相同的初始模式再次出现。其他初始模式被称为振荡器，因为游戏会在两种模式之间不断切换。还有一些图案会产生运动，给人一种有生命的感觉，甚至会自我复制。最后，有些图案是静态的，即完全没有变化。难怪这种算法称为"生命游戏"。①

---

① 读者可以在 7.5 节中找到另外两个例子。

游戏的可变性是无止境的,这也是它如此受欢迎的原因。事实上,任何用户都可以轻松编写一个程序,根据用户提供的几条规则生成新的图案,这鼓励了大量的实验。爱好者为特定的图案起了很多花哨的名字:滑翔枪、飞船、蟾蜍、脉冲星等。

7.4.5 小结

对这些模式以及不同规则产生的各种行为进行更详细的研究不属于人工智能领域。之所以在这里提到康威的有趣算法,是因为它诠释了本章开头讨论的"涌现行为"这一概念。在低层次上,一个细胞只是活着或死了,没有什么可说的。而在更高层次上,我们可以观察到排列成有趣形状的细胞群正在发生特定的变化,表现出奇特的新特性,包括运动、复制甚至繁殖。

在过去的几十年里,涌现行为和涌现特性已成为人工智能理论家和实践者的热门话题,并改变了他们对哪些策略可能成为下一代人工智能重心的看法。

控制问题

如果你在回答下列任何问题时遇到困难,那么请返回阅读前文的相应部分。

- 列出康威生命游戏中使用的 4 种规则,并举例说明这些规则在棋盘各单元格中的应用。
- 为什么这种简单的自动机被称为"生命游戏"?它有哪些典型行为?

7.5 熟能生巧

为了加深理解,请尝试以下练习、思想实验和计算机作业。

- 回到表 7.1 中的 L 系统的例子,利用其中的两条规则再生成几个字母串。然后创建一个你自己的初始字符串(与表 7.1 中的字符串不同),看看如果用同样的规则来处理它,会发生什么。
- 编写一个接受 0 和 1 字符串作为输入的程序,并使用 7.3 节中的规则。用计算机动画来说明这种细胞自动机的行为。
- 自己发明一个有趣的 L 系统。自己发明一个细胞自动机。编写可视化其行为的计算机程序。
- 查看图 7.4 中的两种模式。动手模拟康威算法,并对观察到的结果发表评论。在一系列世代中,这些模式会发生什么变化?
- 编写一个程序,自动完成上一个任务中的练习。输入是一个特定的模式。计算机模拟将显示该模式在一系列世代中的演变过程。

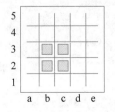 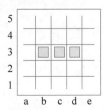

图 7.4 康威生命游戏练习示例

7.6 结语

早在计算机程序发明之前，人们就首次提出了人工生命的问题。早在第二次世界大战期间，冯·诺依曼（数字计算机之父之一）就提出了自己的生命定义，列举了生命的特征，如繁殖能力。他甚至考虑过在硬件中实现这种自我复制实体的可能性。遗憾的是，当时的技术还不成熟，无法制造出工作原型。此外，战争时期还有其他挑战需要应对。

后来的人们意识到，人工生命更容易在软件中实现。在这一理念的指导下，沃尔弗拉姆（1962年）发明了细胞自动机，这篇开创性的论文引起了广泛关注。这些崭新的想法和建议引起了科学家的极大兴趣，遗憾的是，本书未能用更多的篇幅介绍这些想法和建议。

与沃尔弗拉姆的思路密切相关的是后来被称为 L 系统的发明。林登迈伊尔（1968年）首次发表了这些系统的原理。诚然，其本意是将它们作为自然系统的模型，作为帮助我们提高对这些系统认识的工具。虽然林登迈伊尔的主要兴趣不在计算机科学领域，但他开创的理念无疑影响了后来对人工生命的研究。

生命游戏是约翰·霍顿·康威发明的。他本人并没有发表这个想法，只是在给马丁·加德纳的一封信中提出了这个想法，随后马丁·加德纳（1970年）为《美国科学》撰写了一篇论文，将其完全归功于这个想法的提出者。加德纳的文章引起了轰动。几条简单的规则就能产生看似有生命的实体，这一经验带来了相当多的追随者。

从本书的角度来看，人工生命最重要的一点是，它说明了突发行为和突发特性所带来的意想不到的后果。这些经验为第 8 章的主题——更先进（也更实用）的群体智能原理——铺平了道路。

涌现特性和群体智能

多年来,人工智能解决问题的主要方法依靠搜索。最终,相关技术变得如此复杂且深入,以至于看起来无法进行更多此类研究,甚至没有必要。然后革命来了:在小智能体组成的群体中攻击 AI 问题的群体智能,每个智能体执行的操作看起来简单到几乎微不足道。这些操作的总和经过了第 7 章中我们所知道的涌现特性的影响,证明它们可以实现惊人的壮举。

这种分散的方法非常有效;通常情况下,它以传统方法所需时间的一小部分就能找到解决方案。难怪群体智能已经在该领域中占据主导地位,以至于一些专家已经将启发式搜索标记为死亡和被抛弃的。确实,这可能太过分了,但新范式确实值得任何 AI 读者的全神贯注的注意。

在相关的多智能体技术中,以下 3 种最适合本书的需求:蚁群优化、粒子群优化和蜂群算法。前者处理离散决策,后两者针对连续值域。

8.1 蚁群优化

许多人工智能问题,包括第 5 章的问题,可以被视为图分析。因此,旅行推销员需要找到一条通过一系列城市的最短路径,许多解谜方法遍历搜索树,这也可以视为"图问题"相关的问题。此类问题可通过一种称为蚁群优化(ACO)的技术成功处理。

8.1.1 琐碎的表述

让我们从对基本问题陈述进行极致简化开始。重点是让大家了解基本术语和技术的整体思想。ACO 的完整版本将是 8.2 节的主题,该节还将解释如何在处理实际问题(如旅行推销员问题)时使用它。

8.1.2 蚁群选择

图 8.1 顶部展示了一只蚂蚁面临一个难题:它要选择走哪一条路?其中一条路通向一个甜甜圈,另一条通向一块奶酪,还有一条通向一个馅饼。有两个标准值得考虑:距离和吸

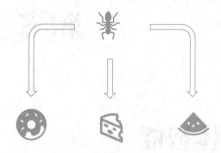

图 8.1 当选择最吸引人的目的地（甜甜圈、奶酪和馅饼）时，蚂蚁会考虑两个标准：距离和食物质量，从其他蚂蚁中的流行度推断后者

引力。距离是显而易见的。蚂蚁饿了，想要尽快到达食物储藏地。然而，关于吸引力，只有在到达目的地后才能知道。幸运的是，可以利用一个间接线索：假设许多其他蚂蚁已选择了馅饼。这样做肯定是有原因的。也许是食物的味道，也许是数量，也许是其他原因。无论如何，如果有许多蚂蚁发现这个选择如此吸引人，为什么不效仿呢？

8.1.3 信息素路径

现实情况比图 8.1 更加复杂。例如，蚂蚁可能需要面临不止 3 个选项。此外，并不是每条路径都通往食物储藏处。事实远非如此。食物虽然少，但确实存在，但没有人知道在哪里，因此需要寻找它。这就是为什么蚂蚁会进行觅食的原因。

起初，寻食蚂蚁只是漫无目的地游荡，不知去何处。然而，迟早会有一只蚂蚁发现食物源，其他蚂蚁也可以利用它。为了指引它们的路径，这只成功的蚂蚁将一种名为信息素的化学物质留在了一条路线上。通过这种方式，路径就可为其他蚂蚁所选择。如果寻食蚂蚁数量众多，那么可能会有很多这样的路径可供选择，其中一些富含信息素，而另一些则较少。

8.1.4 选择路径

从此刻开始，搜索不再是盲目的。标记的小径指引方向。规则是，优先选择有信息素覆盖的路径。注意，"优先"这个词所强调的内容。蚂蚁被气味吸引，但不必追寻它；决策仅仅是基于概率。那些遵循指示方向的蚂蚁也将找到食物，并在成功后添加自己的信息素。那些成功被许多的蚂蚁走过的路径会收集越来越多沉积在上面的化学物质。

蚂蚁的世界由一系列路径组成，有些上面有大量的信息素，有些则没有或只有一点点。每条路径的吸引力取决于覆盖它的信息素量。信息素越多，个体选择它的机会就越高。

8.1.5 挥发与添加

这种化学物质不稳定，它会逐渐挥发。如果给予足够的时间，那么它最终会完全消失。但是，如果成功的蚂蚁添加的信息素比挥发丢失的多，那么密度就会增加。相反，如果添加的很少，那么挥发就会占上风，路径就会变得更细。

8.1.6 程序员的视角

让我们来看看如何在计算机程序中实现路径选择过程。这里是蚂蚁想要考虑的标准：目标的距离和路径的受欢迎程度。前者是距离的倒数。后者与信息素密度成比例。任何给定路径的可取性是这两个因素的乘积。

在图 8.1 中，蚂蚁面临 3 个选择：甜甜圈、奶酪和馅饼。对于每种选择，在表 8.1 中的第一列数字提供了一个距离示例 d_i。通过距离，可以得到目标的接近度，$\eta_i = 1/d_i$（下一列）。

然后是信息素密度 τ_i。稍后，我们将学习该密度随时间的演变。暂时让我们简单地假设这些值是在下一列中给出的。最后,表格的最后一列包含了 3 条路径的吸引力,计算方法是信息素密度和距离的乘积,$\delta_i = \tau_i \eta_i = \tau_i (d_i)^{-1}$。

表 8.1 数值举例:一只蚂蚁选择路径

每个目标的距离和信息素密度值已给出。接近度是距离的倒数。吸引力是接近度和信息素密度的乘积。

目标	距离 d_i	接近度 $\eta_i = 1/d_i$	信息素密度 τ_i	吸引力 $\delta_i = \tau_i \eta_i = \tau_i / d_i$
甜甜圈	1	1.00	1	1.00
奶酪	2	0.50	1	0.50
馅饼	3	0.33	2	0.66

选择一条具体路径的概率计算如下:

$$P_d = \frac{1}{1+0.50+0.66} = \frac{1}{2.16} = 0.46$$

$$P_c = \frac{0.5}{1+0.50+0.66} = \frac{0.5}{2.16} = 0.23$$

$$P_p = \frac{0.66}{1+0.50+0.66} = \frac{0.66}{2.16} = 0.31$$

8.1.7 选择具体路径的概率

路径被选择的可能性取决于所获得的期望值。使用 softmax 函数将这些期望值转化为概率。以下是计算第 i 条路径的概率的方法(δ_i 在所有期望值的总和中的比例):

$$P_i = \frac{\delta_i}{\sum \delta_i} \tag{8.1}$$

在表 8.1 的底部,我们可以看到这些数字是如何为图 8.1 中的 3 条路径计算出来的。从结果中,我们得出结论,如果有 100 只蚂蚁面临相同的选择,平均会有 46 只蚂蚁前往甜甜圈,23 只前往奶酪,31 只前往馅饼。

让我们再次强调整个过程的概率性质。蚂蚁算法的基本理念假设所有蚂蚁都受到相同的决策规则的约束。因此,大多数蚂蚁会采取近期被证明最具吸引力的决策。然而,偶尔会有个体追寻一直被忽视的路径。理论家会说,一个总体上的贪心算法(一直追求最大利益)由此被小概率探索所补充。

8.1.8 路径选择机制

一旦我们知道各条路径的概率,具体的选择就由一个随机数生成器决定,该生成器使用与第 6 章推荐的生存游戏所使用遗传算法相同的机制。图 8.2 说明了这一点。在 [0.0,1.0] 区间,每个选项都会收到一个线段,其长度与其概率 P_i 成比例(概率在表 8.1 底部计算)。随机数生成器返回一个来自[0.0,1.0]区间的数字。数字在线段上的位置决定了要追求哪个目标。

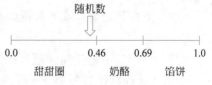

图 8.2 ACO 的概率决策。每个目标被分配一个线段,其长度与可取性成比例。然后,随机数落入其中一个线段中

8.1.9 添加信息素

前面解释过，每只蚂蚁在从食物储藏地返回时，都会在路线上留下一定量的信息素。以下是在计算机程序中实现这一点的一种流行方法。

假设不仅有一只蚂蚁，而是许多蚂蚁，每只蚂蚁都有同样数量的信息素可以使用。如果路径很长，那么化学物质必然被稀释。路径越短，该路径收到的信息素密度就越高。如果长度为 10，则每单位距离比长度为 20 的情况下多添加 2 倍的信息素。用更专业的话说就是，所添加信息素的数量与距离成反比。

注意，这意味着路径上信息素的数量不仅告诉决策者关于食物的受欢迎程度，而且间接地告诉它距离的长短。这可能不是自然界中正在发生的精确过程，但对于计算机实现来说是可用的。

8.1.10 信息素挥发

信息素不仅仅是添加，它还会挥发。它的挥发速度由挥发系数 ρ 控制，其值由程序员提供。在固定的时间间隔内，如每 5s，沿着 3 条边的信息素浓度会按照以下公式逐渐降低：

$$\tau = \tau(1-\rho) \tag{8.2}$$

假设程序员将挥发系数的值设为 $\rho=0.1$。如果在时间 t 某条路径上的信息素密度为 $\tau_t=10$，那么除非同时添加了更多的信息素，否则在时间 $t+1$ 密度会下降到 $\tau_{t+1}=10\times(1-0.1)=9.0$。

8.1.11 非稳态任务

概率性方法利用了短且受欢迎的边。不过，有些较长且访问频率较低的边也会被探索，特别是当有很多蚂蚁时。这种探索在非稳态领域非常重要，其特征容易随时间而变化。例如，有些食物来源已经枯竭，另一些则被迫移除，还有其他新加入的来源。这种领域称为非稳态领域。

在这些非稳态领域中，ACO 算法可以灵活地适应变化的情况。如果某个地方不再有食物，那么蚂蚁就会停止为通往食物的路径添加信息素，化学物质也会逐渐挥发。相反，新出现的食物源可能会导致先前"不受欢迎"的路径变得受欢迎。在开始时，一只蚂蚁仅凭运气找到了食物储藏室。它发现了食物，会留下信息素，从而导致其他蚂蚁走同样的路线。

注意，ACO 算法适应这些变化的能力是由基础决策过程的概率性质来实现的。

控制问题

如果你在回答下列任何问题时遇到困难，那么请返回阅读前文的相应部分。

- 蚂蚁选择路径的两个基本标准是什么？写出支配决策蚂蚁应该走哪里的概率公式。
- 描述蚂蚁从食物储藏地返回时如何增加信息素密度，以及信息素蒸发如何降低这种密度。
- 讨论 ACO 算法的灵活性如何帮助这种方法适应非稳态域中的变化情况。

8.2 ACO 算法解决推销员问题

8.1节简要介绍了 ACO 的基本原理,但它只是在一个非常简化的领域中进行:每只蚂蚁需选择3条路之一,而这3条路的末尾都有食物。真实情况比这更加有趣。蚂蚁不是选择一条单独的路线,而是需要在整个图结构中游荡,有时图结构非常庞大。在这种情况下,更新沿着图的每个边的信息素密度的机制会更加复杂。

最好的解释原则的方法是考虑具体应用。一个合理的选择是推销员问题,因为它是许多工程问题的模型。任何理解如何解决这个特定问题的人都将知道如何处理类似性质的其他问题。此外,推销员问题可以很方便地用蚁群算法求解。

8.2.1 蚂蚁与智能体

群体智能技术,如 ACO,使用一组智能体,有时是大量的智能体。在本节中,每个智能体模仿单个蚂蚁的行为。因此,蚂蚁和智能体没有区别。下面将这两个术语互换使用。

8.2.2 ACO 对 TSP 的看法

为了简单起见,让我们将自己限制在图8.3中显示的4个城市中。扮演蚂蚁角色的智能体从 A 城市开始,从其可访问的3条边中选择(具有概率性),通过这条边,到达下一个城市,例如 B。此时,智能体再次选择(具有概率性)剩下的两条边之一,并到达下一个城市,例如 C。最后,它继续前往最后一个剩余的城市 D,从那里返回 A。

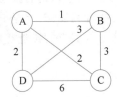

图 8.3 推销员问题的简单四城市版本

在实际应用中,所有其他蚂蚁也都是这样做的,可能有数百只。每只蚂蚁都跟随自己的轨迹,并在此过程中留下信息素。经常走过的路径得到的信息素比很少走过的路径更多。在被忽视的路径上,信息素会挥发,其浓度较低使这些路径不会吸引更多蚂蚁,并逐渐被放弃使用。如果添加和挥发信息素的机制得当,蚁群算法会相对迅速地收敛到图形上最短或几乎最短的路径(与其他 AI 技术一样,这并不保证是最佳解决方案,只是一个"相当好"的解决方案)。

8.2.3 初始化

在开始时,所有的边都被赋予相同的初始信息素密度。在自然界中,这当然意味着没有信息素,$\tau_i = 0$。在计算机实现中,这是不可行的。记得式(8.1)计算边被选择的概率吗?在这个公式中,分母最初会为0,因为 $\delta_i = \tau_i (d_i)^{-1} = 0 \cdot (d_i)^{-1} = 0$,对于每个 i,这意味着 $\sum_i \delta_i$ 也为0。分母为0当然是不可接受的。

为避免这种不方便,通常将信息素密度初始化为非零值,通常 $\tau_i = 1$。

8.2.4 建立概率决策

图8.3中的四城市系统为每只蚂蚁提供了6条可选路线:ABCDA、ABDCA、ACBDA、ACDBA、ADBCA 和 ADCBA。这些路线中任何一条的长度都是涉及该路线的4条边的距

离之和。具体数值在表 8.2 中计算,其中第一列指定具体路径,第二列计算它们的长度。

表 8.2　蚂蚁沿不同路径行进的距离和蚂蚁在每条路径上添加的信息素数量(每个距离单位)

每条路线经过的距离是其边长之和。最后一列给出了单只蚂蚁在路径上每个边添加的信息素量(每个距离单位)。

路　线	距　离	每只蚂蚁的信息素数量
ABCDA	1+3+6+2=12	1/12
ABDCA	1+3+6+2=12	1/12
ACBDA	2+3+3+2=10	1/10
ACDBA	2+6+3+1=12	1/12
ADBCA	2+3+3+2=10	1/10
ADCBA	2+6+3+1=12	1/12

在蚂蚁通过图表的旅程中,每条边都有一定的概率被选择。以下是概率的建立方式。在开始时,在城市 A,蚂蚁有 3 个选择。由于初始信息素密度是相同的,蚂蚁的决定取决于下一个城市的接近程度。机制与 8.1 节中的简化情况相同,概率使用式(8.1)进行计算。

在计算了概率之后,蚂蚁会做出概率选择并沿着所选择的边前往城市。在这个新的位置,它会经历同样的决策过程,并在每次面临选择时重复相同的步骤,直到最终返回起点 A。

8.2.5　数值举例

让我们来看一下图 8.3 中的具体四城市系统是如何实现这一切的。我们重申,在开始时,所有的边缘都有信息素密度 $\tau_i=1$,这意味着每条边在这个阶段的可取性等于下一个城市的接近程度,$\delta_i=\tau\cdot\eta=1\cdot\eta=\eta=1/d_i$。在城市 A,B,C 和 D 的距离分别为 1、2 和 2,因此这 3 个城市的接近程度分别为 1、0.5 和 0.5。以下是 3 条可用边的概率计算方法:

$$P_{AB}=\frac{\delta_{AB}}{\Sigma_z\delta_{Az}}=\frac{1.0}{1.0+0.5+0.5}=\frac{1}{2}$$

$$P_{AC}=\frac{\delta_{AC}}{\Sigma_z\delta_{Az}}=\frac{0.5}{1.0+0.5+0.5}=\frac{1}{4}$$

$$P_{AD}=\frac{\delta_{AD}}{\Sigma_z\delta_{Az}}=\frac{0.5}{1.0+0.5+0.5}=\frac{1}{4}$$

每只蚂蚁的决策都使用式(8.1)中的 softmax 函数进行。如果有 100 只蚂蚁从 A 出发,则大约有 50 只会选择通往 B 的路径,大约有 25 只会选择通往 C 的路径,还有大约 25 只会选择通往 D 的路径。

蚂蚁到达的位置只剩下两个选择,比如在 B 城市,蚂蚁可以选择去 C 或 D,两种选择的距离都相同,即 $d_{BC}=3=d_{BD}=3$。这意味着,一旦蚂蚁从 A 到达 B,选择其余两条边的概率就是相同的,$P_{BC}=\frac{1/3}{1/3+1/3}=0.5$,同样,$P_{BD}=0.5$。

然后,此过程将针对每个新边重复进行。在非常小的区域中,只涉及 4 个城市,情况变得微不足道。在第三座城市,就没有选择余地了。智能体简单地前往最后剩下的地方,然后返回 A。换句话说,去这些最后剩下的地方的概率为 100%。为了读者的方便,在图 8.4 中展示了计算出的所有数字。

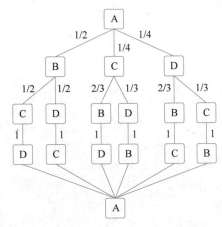

图 8.4 ACO 在给定的推销员问题中的概率分布

8.2.6 一只蚂蚁会释放多少信息素

在 ACO 的计算机模型中,每只蚂蚁都会在其走过的整条路径上均匀地释放相同数量的信息素,无论路径长短。如果距离为 10,那么每个距离单位上留下 0.1 的蚂蚁信息素。

如果距离为 5,则每个距离单位留下 0.2 的信息素。同样,假设每只蚂蚁在每次单程中都有相同数量的信息素可供使用。

在表 8.2 中的最后一列中,为每条路径给出了单只蚂蚁单位距离所沉积的信息素量。读者可以发现,这个数字是通过将 1(蚂蚁的单位存储信息素)除以距离来获得的。

8.2.7 各路线上的蚂蚁数量

前面侧重讨论单只蚂蚁释放信息素的数量,但我们不能忘记蚁群优化算法的基本理念是许多蚂蚁在图中徘徊。所有蚂蚁释放的信息素总量则是沿着边的累计所有个体沉积物的总和。

在之前的数值举例中,城市 A 中从 3 条边中选择的概率分别为 $P_{AB}=1/2$,$P_{AC}=1/4$ 和 $P_{AD}=1/4$。这些数字在图 8.4 中标示出来,同样的图也显示了在以下城市做出的选择的概率。假设程序让许多蚂蚁一起工作,比如 $N=300$。在这种情况下,有理由期望将各个边的蚂蚁数量(以给定的概率)选择为近似于图 8.5 中给出的数量。例如,$P_{AC}=1/4$ 意味着大约 300 只蚂蚁的四分之一(即 75 只)将从 A 移动到 C 开始它们的旅程;其中的约三分之二(即 50 只)会继续前往 B,此后只能前往 D(即所有 50 只都会前往 D),然后返回到 A。这意味着有 50 只蚂蚁沿着 ACBDA 的路线行进。

8.2.8 在每条边上添加信息素

让我们以边 AB 为例进行重点研究。在表 8.1 列出的不同路线中,以下 4 条路线包含此边:ABCDA、ABDCA、ACDBA 和 ADCBA。在前两条路线中,蚂蚁从 A 到 B 移动,而在后两条路线中,它们沿着相同的边以相反的方向从 B 到 A 移动。我们假设方向不会影响沿该边沉积的信息素的数量。

表 8.1 中的最后一列给出了每个行程单位距离的信息素数量。例如,按顺序跟随

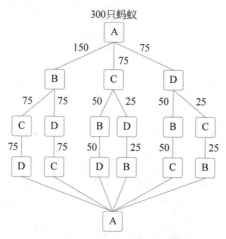

图 8.5 假设整个蚁群由 300 只蚂蚁组成，跟随每条边的蚂蚁的平均数量

ABCDA 的每只蚂蚁每单位距离会添加 1/12 单位的信息素。图 8.5 告诉我们，按照这个路线 ABCDA 行进的蚂蚁数量为 75 只。因此，这个群体添加的信息素数量为 $75 \times 1/12 = 75/12$。

按照同样的推理，可以得知走其余 3 条路线 ABDCA、ACDBA 和 ADCBA 的蚂蚁所释放的信息素量。最终，每个单位距离的 AB 边上增加的总信息素量计算如下：

$$\Delta\tau_{AB}^{unit} = \frac{75}{12} + \frac{75}{12} + \frac{25}{12} + \frac{25}{12} = \frac{200}{12} \approx 16.7$$

边的长度恰好是一个距离单位，因此添加到此边的信息素总量为 $\Delta\tau_{AB}^{unit} = 16.7 \times 1 = 16.7$ 个单位。一旦对所有边进行了这样的计算（始终将 $\Delta\tau_{xy}^{unit}$ 乘以给定边的长度），就可以得出在一个轮回中由全部 $N = 300$ 只蚂蚁添加到每条边的信息素数量。

8.2.9 更新数值

现在已经得到了所有 $\Delta\tau_{xy}^{unit}$ 单位值，我们准备更新信息素密度。这需要分两步完成。首先，将蚂蚁在单次循环中存放的总和加起来：

$$\tau_{xy} = \tau_{xy} + \Delta\tau_{xy}^{unit}$$

在第二步中，通过挥发造成的损失，减少沿着每条边的信息素。

$$\tau_{xy} = \tau_{xy}(1 - \rho) \tag{8.3}$$

这样，就完成了一轮。这个过程会在预定的轮数内，或者在满足用户指定的终止条件之前重复进行。例如，当没有观察到预定轮数内的任何有意义的改进时，这个过程可能会停止。

8.2.10 完整的概率公式

到目前为止，本节仅使用了第一次迭代来说明 ACO 过程，其中所有边的信息素密度都被初始化为 1。这使得先前的计算仅基于距离/接近度，注意，式(8.1)是从边的期望值 δ_i 计算概率的，但并没有明确提到隐含在公式中的信息素密度 τ_i。

实际上，使用的公式版本更为详细。令 τ_{xy} 为连接 x 和 y 的边上的信息素密度，令

$\eta_{xy} = 1/d_{xy}$ 为 x 观察到 y 的接近程度。蚂蚁选择这条边的概率如下计算：

$$P_{xy} = \frac{\tau_{xy}^{\alpha} \eta_{xy}^{\beta}}{\Sigma_z \tau_{xz}^{\alpha} \eta_{xz}^{\beta}} \tag{8.4}$$

重要的是，分母中的总和是在 x 处可用的所有可能的边选择上进行的。参数 α 和 β 允许用户控制接近程度与信息素密度之间的相对重要性。通常使用 $\alpha > 0$ 和 $\beta \geqslant 1$（以前，我们总是假设 $\alpha = 1$ 和 $\beta = 1$）。

8.2.11 ACO 处理推销员问题（TSP）的概述

整个过程被分成了每个迭代或回合的固定时间步。在每个回合，每只寻食蚂蚁都会进行其概率性边缘选择，并将上述计算出的信息素量加到其行进路径上的每条边上。一旦所有这些加法都完成了，每条边上的信息素密度会通过挥发而减少。总的来说，就是先加入一些信息素，然后挥发。该过程的伪代码概述如表 8.3 所示。

表 8.3 推销员问题蚁群算法伪代码

输入：包含所有城市到城市距离的城市列表。
蚂蚁数量 N，
参数：ρ、α、β。
1. 所有蚂蚁都被放置在代表起点的城市中。沿着所有边的信息素密度初始化为 1。
2. 每只蚂蚁使用式(8.4)所建立的概率跟随其自己的随机路径。
3. 确定要添加到每条边的信息素的数量。
4. 计算出的信息素量被添加到边中，然后通过式(8.3)进行挥发。
5. 除非满足终止条件，否则返回步骤 2。

8.2.12 结束语

ACO 是一个强大的工具，能够在图中找到非常好的路径，并且是在计算成本远远低于许多先前使用的方法的情况下实现。例如，经典的搜索技术在这里效率要低得多。

为了方便起见，本节仅讨论了 TSP 的基本版本，这使我们能够引入各种简化假设。例如，蚂蚁在移动时会释放信息素，而实际上，只有当它们找到食物时才会释放。然而，任何掌握了基本原理的读者都会发现，在更困难的情景中（如作业车间调度），使用它们相对容易。此外，ACO 足够灵活，可以应对非稳态领域，其中具体情况（如距离和食物位置）随时间变化。

8.2.13 主要限制

与基本版本的启发式搜索技术类似，蚁群算法主要针对需要离散决策制定的领域。在面对连续值域情景的工程师将会考虑其他一些群体智能工具，可能是在本章其他部分介绍的工具。

控制问题

如果你在回答下列任何问题时遇到困难，那么请返回阅读前文的相应部分。

- 蚂蚁在每个分岔路口如何决定要走哪个方向？请写出概率公式。
- 当所有蚂蚁都完成了图形中的路线后，ACO 如何确定沿着每条边施加多少信息素？

信息素的挥发是什么？如何进行建模？
- 概述 ACO 的一般算法，并解释各个步骤。

8.3 粒子群优化算法

与蚁群不同，粒子群优化（PSO）技术通常应用于智能体程序需要从连续域中识别最佳值组合的情况。细心的读者会回忆起，在 3.6 节启发式搜索的上下文中提到过这样的情况。该部分还指出，即使在这里，启发式搜索也是可能的，其中最知名的方法是依赖于神经网络的方法，而这可在机器学习教科书中找到。然而，人工智能确实拥有几种能够处理连续域的技术。本章将讨论两种最受欢迎的技术：本节介绍的 PSO 和 8.4 节介绍的人工蜂群。

8.3.1 是粒子还是鸟

有些违反直觉的是，PSO 机制常用鸟群的比喻来解释。当调整其飞行方向时，每只鸟都要平衡两个信息：
（1）它自己记忆中迄今为止看到的最佳位置。
（2）整个鸟群中任何成员曾经经历过的最佳位置。

一位经验丰富的程序员并不太关心作者更喜欢使用鸟还是粒子进行比喻。然而，鸟的行为似乎更能生动地传达这个想法。

8.3.2 寻找多元函数的最大值

图 8.6 显示了一个二元函数。该函数有 3 个峰值，其中一个是全局最大值，另外两个是局部最大值。如果该函数的精确数学公式已知，则可以通过微积分找到全局最大值。

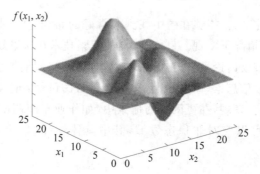

图 8.6　PSO 寻找一个复杂的多元函数的全局最大值，在这种情况下，基于微积分的分析要么太难，要么不可能

图 8.6 中的函数相对简单，其值仅依赖于两个输入变量 x_1 和 x_2。然而，在某些工程应用中，该函数如此复杂，依赖于如此多的变量，以至于通过微分找到极值几乎不可能。更糟糕的是，精确公式甚至可能并不为人所知，该函数的值只能通过实验或在第 6 章中解释的锦标赛方法来确定。

针对这种问题，群体智能可以提供一些非常高效的解决方案。本节将重点介绍 PSO。

8.3.3 专业术语

群体智能是通过一组智能体来实现的。在本节中,每个智能体都模仿一只鸟的行为。正如前面提到的,一些专家更喜欢称它们为粒子。为了帮助读者熟悉这两个术语,本节将交替使用它们,仿佛它们是完美的同义词。

为了保持一致性,始终假定目标是寻找函数的最大值。然而,该技术的一般原理无论是寻找最大值还是最小值都是相同的。

在图 8.6 中,搜索空间由代表两个变量 x_1 和 x_2 的水平平面定义。当然,在现实中,搜索空间可以具有任意数量的维度。在任何时刻,智能体、鸟、粒子将自身置于搜索空间中的一个具体点上。这个点将被称为位置。在某些情境下,将其称作定位更为合适,因此这两个术语也会交替使用。

8.3.4 3个假设

第一,PSO 假设参与的智能体都不知道函数的全局最大值的位置,更不用说它的值了。每个智能体都知道自己当前的位置,以及一个评价函数返回的该位置的值(这个函数在此处的作用实质上与启发式搜索或遗传算法中的作用相同)。[①]

第二,PSO 假设群体飞行时,每个个体都经历了许多位置。鸟并不记得这些位置,它所记住的是迄今为止它经历过的最高价值和该价值所在位置的坐标。该位置用 $\boldsymbol{P}_{\text{best}}$ 表示。字母 P 提醒我们,我们处理的是位置信息,$\boldsymbol{P}_{\text{best}}$ 用黑体表示,因为位置(即坐标)是一个向量。相比之下,最佳价值 F_{best} 则是一个标量。有时称 $[\boldsymbol{P}_{\text{best}}, F_{\text{best}}]$ 为智能体的局部信息。

第三,PSO 假设智能体知道在群体中任何成员已经观察到的函数最高值的位置——基本上是所有个体 F_{best} 值的最大值。这是全局最大值的当前版本,它的位置用 $\boldsymbol{G}_{\text{best}}$ 表示。注意,这也是黑体字,因为位置是一个向量。

8.3.5 智能体的目标

图 8.6 展示了一个关于两个变量 x_1 和 x_2 的函数。在寻找函数最大值的过程中,个体智能体在这个二维空间中移动,就像一群鸟一样。对于实现算法的程序员来说,"移动"意味着改变智能体的位置。在每个维度上修改的位置程度取决于智能体的速度,该速度也会随时间而变化。

为了计算一个个体的速度变化,PSO 使用了一个公式,结合了这个个体迄今为止的最佳位置($\boldsymbol{P}_{\text{best}}$)的知识和任何其他群体成员迄今为止所经历的最佳位置($\boldsymbol{G}_{\text{best}}$)的知识。

对于真实的鸟类,一个个体的位置和速度由两个变量定义,即纬度和经度(如果忽略高度)。PSO 的技术实现允许任意数量的变量,可能有很多。然而,原则仍然相同。

8.3.6 更新速度和位置:简单公式

所有运动都在单位时间间隔内进行采样。每个时刻,每个智能体在一个坐标系统内具

---

① 注意,PSO 算法所依赖的信息与鸟类可获取的信息不同。秃鹫或神鹫这类食腐鸟会根据一只死老鼠的气味强度推断它的距离。这有点类似于知道最大值的距离,而不是鸟当前位置的值。同样,生物学只提供了一般性的启示。

有特定的位置和速度，该坐标系统的维数等于变量的数量。以下是智能体在第 i 个轴上的位置（位置）从一个时间步骤到下一个时间步骤的变化方式：

$$P_i = P_i + v_i \Delta t$$

如果将 Δt 视为单位长度时间间隔，那么可以令 $\Delta t = 1$，公式化简如下：

$$P_i = P_i + v_i \tag{8.5}$$

这意味着为了更新每个轴向的位置，我们只需要确定智能体的瞬时速度 v_i。设 P_i 为智能体在第 i 个轴上的当前位置，$P_{i,\text{best}}$ 为该智能体到目前为止最佳位置的第 i 个维度，$G_{i,\text{best}}$ 是群中所有鸟最佳位置的第 i 个维度。以下是一种简单的方法，通过将智能体与团队最佳位置之间的距离与其与自己当前最佳位置之间的距离相结合来确定智能体的速度。该公式分别应用于每个维度。

$$v_i = v_i + (P_{i,\text{best}} - P_i) + (G_{i,\text{best}} - P_i) \tag{8.6}$$

注意，$(P_{i,\text{best}} - P_i)$ 将该值"拉"向个体最佳位置。括号内数据的差值越大，速度（沿第 i 个维度）的变化就越大。同样，$(G_{i,\text{best}} - P_i)$ 会将速度"拉"向全局最佳位置。

8.3.7 速度更新的全尺寸版本

式(8.6)的缺陷在于它不允许程序员调整 $P_{i,\text{best}}$ 和 $G_{i,\text{best}}$ 的相对重要性。假设引入了两个学习因子 c_1 和 c_2，它们的任务是平衡 $P_{i,\text{best}}$ 和 $G_{i,\text{best}}$ 的相对重要性。以下是它们在公式的改进版本中的使用方法：

$$v_i = v_i + c_1(P_{i,\text{best}} - P_i) + c_2(G_{i,\text{best}} - P_i) \tag{8.7}$$

可以看到，$c_1 > c_2$ 意味着 $P_{i,\text{best}}$ 比 $G_{i,\text{best}}$ 更重要；反之，$c_1 < c_2$ 表示整个群体的影响力大于个体自己的过去经验。

这还不是结尾。实际应用采用另外一对系数 r_1 和 r_2，其值从随机数生成器中获取，该生成器从 $(0,1)$ 区间的均匀分布中选择它们。以下是最终公式的样子：

$$v_i = v_i + c_1 r_1 (P_{i,\text{best}} - P_i) + c_2 r_2 (G_{i,\text{best}} - P_i) \tag{8.8}$$

每次调用式(8.8)时，都会使用不同的随机值对，目的是尽可能使整个过程具有随机性，强调机会的作用。

可以看到，程序员确实有一定的控制力，但仍存在一定的随机性。无论程序员如何调整 c_1 和 c_2 的值，仍可能观察到 $P_{i,\text{best}}$ 在某些情况下比 $G_{i,\text{best}}$ 具有更大的影响力，而在另一些情况下则相反。引入随机系数是为了使该过程具有概率性，从而使搜索过程更具探索性。

8.3.8 c_1 和 c_2 的值应该是多少

现在让我们更仔细地看一下程序员可以控制的参数。在这里，$c_2 > c_1$ 意味着全局最大值的价值大于单个智能体的最大值。经验表明，在这种情况下，通过群体的集体知识，解决方案很快被找到。然而，效率是有代价的。很常见的情况是，迅速发现的解决方案结果只是局部极值，可能比全局最大值差得很远。c_2 相对于 c_1 的支配程度越高，陷入局部最优的危险就越大。

面对局部极值，相反情况 $(c_2 < c_1)$ 更为安全。然而，收敛可能会非常缓慢。这是因为单个智能体的经验在群体行为中仅起到次要作用，而个体成就的早期迹象很容易被忽视。显然，程序员必须在计算效率与被困于局部极值的风险之间进行平衡。因此，一些实践者更喜

欢将 c_1 和 c_2 设定为时间相关。例如,可以从较高的 c_1 开始,以找到丰富的有前途的位置,然后逐渐降低 c_1,加快收敛速度,趋向最佳位置。

这个问题变得复杂是因为还有两个额外的随机生成的参数:r_1 和 r_2。如果 c_1 和 c_2 的值比 r_1 和 r_2 小得多,那么随机性将会占主导。从表面看,这有望减轻前面提到的两个危险(速度慢和局部最小值危险)。但是,我们不能忘记过度的随机性会使搜索变得混沌、无系统和不可预测。

8.3.9 PSO 算法的总体流程

假设存在一个评价函数,它对于每个位置返回其价值。我们想找到具有最大价值的位置。用户指定鸟的数量 N 和参数 c_1 和 c_2。在开始时,PSO 将鸟随机分布在整个搜索空间中,将第 k 只鸟的位置表示为 $\boldsymbol{P}_k$。这个初始位置变为 $\boldsymbol{P}_{\text{best}}^k$,其值为 $F_{\text{best}}^k = F^k$。鸟群中价值最高的位置称为 $\boldsymbol{G}_{\text{best}}$。

接下来发生的事情由表 8.4 中的伪代码总结。[①] 首先,所有智能体的速度和位置通过式(8.5)和式(8.8)进行更新。然后,每个智能体的评价函数返回其新位置的值。如果这个值比这个智能体之前的最佳值更高,那么当前位置就变成了 $\boldsymbol{P}_{\text{best}}^k$。在下一步中,比较所有智能体的最佳位置,具有最高值的位置成为全局最佳 $\boldsymbol{G}_{\text{best}}$。

表 8.4 PSO 技术的伪代码

输入:对于每个位置返回其值的评价函数

粒子数量 N 和参数 c_1 和 c_2 的值。

对于每个粒子,随机初始化位置,$\boldsymbol{P}^k$ 和速度。

对于每个粒子,最初位置是 $\boldsymbol{P}_{\text{best}}^k$,具有最佳值 F_{best}^k。

直到达到终止条件为止,运行以下循环:

1. 对于每一个粒子,更新其速度和位置。第 k 个粒子的新位置为 $\boldsymbol{P}^k$。

2. 对于每一个以 k 为索引的粒子:

i. 评价函数返回当前位置的值 F^k。

ii. 如果 $F^k > F_{\text{best}}^k$,则将 F_{best}^k 设置为 F^k,并将 $\boldsymbol{P}_{\text{best}}^k$ 设置为 $\boldsymbol{P}^k$。

3. 让 $\boldsymbol{G}_{\text{best}}$ 成为所有 $\boldsymbol{P}_{\text{best}}^k$ 的最高值。

4. 返回步骤 1。

8.3.10 可能的并发问题

基线算法在简单领域中表现良好,它足以识别一个全局最大值。然而,有时我们需要更多。例如,具体应用可能需要识别所有全局最大值。在这种情况下,必须相应地修改过程。也许最简单的方法是通过调整评价函数来实现。一旦找到第一个全局最大值,评价函数就可以被指示在该最大值位置周围返回更低的值。之后,鸟的位置将被重新初始化,并且重新开始搜索,先前发现的最大值现在被"取消资格"。

另一种复杂的情况是非稳态域,其中最大值的位置会随时间变化。PSO 的特点是,在适当的时间,所有的鸟都会聚集在一个点上,希望在最大值(无论是局部还是全局)的附近。

---

① 为了使用户习惯于这两种术语,伪代码使用了更传统的术语"粒子"而不是"鸟"。

如果最大值变动了，由于所有鸟现在都聚集在一起，它们无法充分覆盖搜索空间，因此鸟群可能缺乏对新情况做出反应的灵活性。在这种情况下，程序员可能希望编写一个子程序，以识别变化的情况，并通过创建带有随机初始化位置的额外鸟来对其做出反应。这样可以调节系统的灵活性。另一个可能性是大幅（尽管是暂时的）减小参数 c_1 和 c_2 的值，从而增加随机生成的 r_1 和 r_2 的影响。

8.3.11 本地极端行为的危险性

PSO 容易实现，鸟群通常很快达到函数的最大值，但发现的最大值可能不是最终的解决方案。该技术容易陷入局部极值，当鸟群接近彼此时，PSO 的基本版本难以轻松逃脱。一旦每个 P_{best}^k 接近相同的局部最大值，G_{best} 也会如此，鸟群就会陷入困境。

为了减轻被困在局部最小值的危险（或者一旦被困在其中，应想办法摆脱），已经提出了各种各样的先进技术。然而，随后产生的计算机程序往往被这些额外的"技巧"所主导，纯粹的 PSO 只占其中很小的一部分。

8.3.12 多个群体

一种相对简单的缓解对局部极值敏感性的方法是采用多个群体，其中一个群体被定义为共享该群体的全局最优解（G_{best}）的个体组。每个群体包含一组不同的随机初始化的鸟群，并依赖于其自己特定参数值。此外，可故意破坏每个群体可用的信息（例如评价函数），以尝试使其避开最近的局部极值。最后，每个单独的群体不需要同时创建，而可以在预定的时间间隔内逐个引入。

在适当的时候，每个群体都可以取得一些解决方案，但可能在搜索空间中的不同位置。然后，程序员选择其中最好的。

控制问题

如果你在回答下列任何问题时遇到困难，那么请返回阅读前文的相应部分。

- 智能体模拟寻找猎物的鸟类行为有什么意义？总结该技术的 3 个基本假设。
- 解释每个智能体的行为基本原则；然后写出速度更新和位置更新的公式。讨论 PSO 不同参数的影响。
- 讨论 PSO 可能面临的可能复杂性，并提出一些解决这些问题的技术。你认为 PSO 的主要缺点是什么？

8.4 人工蜂群算法

一种替代 PSO 的强大方法是人工蜂群（Artificial-Bees Colony，ABC）算法，这种技术旨在模仿蜜蜂寻找食物的行为。其主要应用领域与 PSO 相同：寻找无法通过微积分找到的连续函数的最大值或最小值。ABC 比 PSO 更难学习，实现也需要更多的努力。但好处是，在存在局部极小值的情况下，它更为强健。

为了方便读者，我们将呈现其简化版，比起原版，简化版更易于解释和理解。即便如此，这种技术仍然能够处理给定类别的任务。

8.4.1 原始灵感

蜜蜂如何寻找食物？初始阶段，许多觅食个体仅是在随机地漫游，且相互独立。迟早，其中一些蜜蜂成功了，然后回家并通知整个蜂群食物的位置和数量。此后，其他蜜蜂朝指示的方向出发，不仅探索刚刚发现的确切位置，而且探索它们的周边区域。这些后续探索的成败结果指导进一步的搜索，如此反复。

与这种系统化的探索同时进行的是随机觅食，以发现其他尚未知晓的资源。

8.4.2 这个比喻对人工智能的贡献

上述描述虽然是对真实过程的严重简化，却能带来启示。再次假设任务是确定一个复杂的多元函数的最大值。[①] 在至少两种 法使用数学分析。第一，函数的定义公式未知，只能通过实验确定 公式已知，但非常复杂，以至于无法使用微积分。

正如已经 的地方，而程序员想要寻找函数的最大值。然而，在这 一个位置由在多元空间中的坐标定义。假设存在一个 返回其价值。假设一只觅食的蜜蜂已经到达了某个 他蜜蜂将探索该位置的邻域。因此，有可能会发现更

从这个意义上 合了起来。全局搜索意味着在整个搜索空间中寻找 近区域。

8.4.3 任务

图 8.7 显示了一 大值和两个局部最大值 大值的 x 坐标。在应用 壮志，务实的程序员可能 近"最大值的位置。

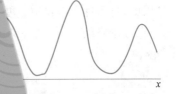

再次强调，图 8.7 中的 了极端简化。我们知道，在 的典型任务：查找函数的最 决于 x，还由许多其他变量 与这里所描绘的简单示例 非常多。变量的数量为 N_{dim} 标函数通常是多元的 度）。如果没有明确的公式，那 的实验来获得。

8.4.4 第一步

如图 8.8 所示，该过程始于 置。再次强调，实际应用将依赖于 N_{dim} 变量，而不仅

对于这些蜜蜂到达的随机位置 些直轴）。必然地，一些蜜蜂

---

① 如果决定寻找函数的最小值，那么原则是相同的。这里始终假定我们需要寻找最大值。

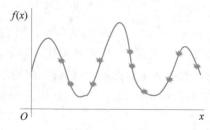

图 8.8 　10 只蜜蜂随机选择在 x 轴上的目标位置。一个评价函数返回每个位置在 y 轴上的值

比其他蜜蜂做得更好，因为它们到达的位置从评价函数中获得了更大的值。图 8.8 显示了 10 只觅食蜜蜂识别出的示例位置。

8.4.5　如何选择有前途的目标

一些被觅食蜜蜂到达的区域将通过跟随蜜蜂进行探索（见下文）。下面说明如何选择这些目的地。ABC 使用的主要标准是评价函数。系统识别出一些被觅食蜜蜂发现的最佳位置。在图 8.9 中，这些位置由标记为最佳蜜蜂的箭头指出。这些位置被认为比其他位置更有吸引力，因此被选为探索目标。

为了减少局部最大值带来的风险，人工蜂群优化算法还可以考虑其他位置。为此，系统会在剩余 8 个位置中随机选择几个非最佳蜜蜂。图 8.9 中 3 个这样的例子被箭头标识为随机添加。它们被添加进去是为了防止它们在未来可能有用。

最佳蜜蜂数量和随机添加数量是两个用户指定的参数，它们控制着 ABC 的行为。

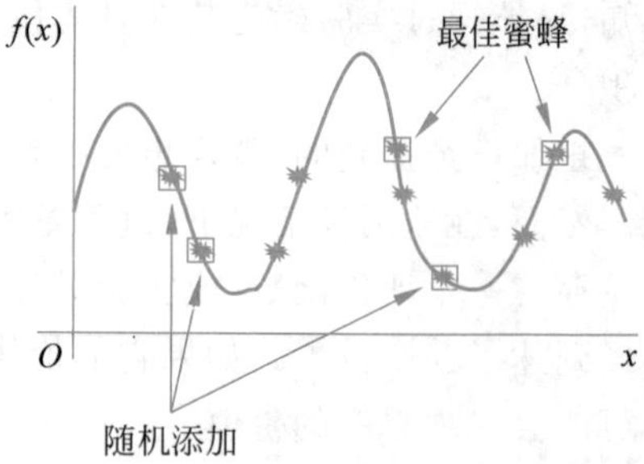

图 8.9 　识别出两个具有最佳函数值的位置。除这些位置外，另外选择了 3 个随机位置

8.4.6　跟随蜜蜂

一旦最佳蜜蜂位置和随机添加位置被确定为主要感兴趣的地点，ABC 就会围绕每个位置定义一个邻域，这是一个形式为 N_{dim} 维度的超球体。在图 8.10 中，邻域用圆圈表示，它们绘制在"星星"周围，这可能不够准确。更准确地说，在这个一维空间中，邻域应该用沿 x 轴的线段表示。在二维空间中，邻域将是一个圆，如果有更多的维度，则将是一个球或一个超球体。

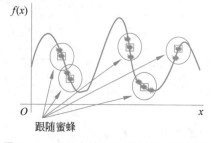

图 8.10 　跟随蜜蜂随机访问最佳蜜蜂附近的位置以及少数其他随机选择的蜜蜂的位置

以下每只蜜蜂都会在这些邻居中选择一个随机位置。程序员可以决定，例如，让 5 只跟随蜜蜂分别瞄准最佳蜜蜂群落中的每一个，以及让两只跟随蜜蜂分别瞄准每个随机添加的邻居。这个想法在图 8.10 中有所说明，其中每个这样的邻域都被两只跟随蜜蜂访问。

8.4.7　更新最佳位置

无论蜜蜂飞落到哪里，评价函数都会返回该新位置的值。当然，有些跟随蜜蜂会到达比之前定义的邻域价值更高的位置，这也可以从图 8.10 中看出。例如，在最左边的圆圈中，有一只跟随蜜蜂得分比最初的随机添加蜜蜂更高（在图中用方块标记）。在另一个圆圈中，我们将找到得分比其前辈更低的跟随蜜蜂。在任何情况下，ABC 都可以确定在每个邻域中降落在最高价值位置的蜜蜂。

从现在开始,这些价值最高的蜜蜂的位置将成为新的邻域中心,邻域会因此稍微向局部最大值方向移动。在这些邻域中,将确定新的最佳蜜蜂和随机添加的蜜蜂,它们的邻域将由接下来的蜜蜂组探索——这个过程将在各个地方重复。

8.4.8　支援蜜蜂

8.3 节指出了 PSO 基础版本的一个缺陷:它很容易陷入局部最小值。这是由于群体中的粒子趋于聚集在搜索空间的同一区域所致。

为避免这个陷阱,ABC 会派遣一组支援蜜蜂前往与图 8.10 中高亮显示的位置无关的随机位置。大多数支援蜜蜂将到达价值较低的位置,因此几乎不会加速搜索。但是,偶尔会有幸运的支援蜜蜂发现函数中以前未被探索的峰顶。当这种情况发生时,一些跟随蜜蜂将瞄准这个位置的邻域,就像它是由最佳蜜蜂发现一样。这就是 ABC 避免局部极值的主要"诀窍"。

8.4.9　参数

即使在这个简单版本的 ABC 中,影响技术行为的参数数量也很多。例如,程序员必须告诉程序应该涉及多少觅食蜜蜂和跟随蜜蜂;哪些跟随蜜蜂应该被派往"最佳"位置,哪些应该被派往"添加"位置,跟随蜜蜂在每个维度沿着探索的邻域大小应该是多少;以及其他一些细节。为了方便读者,一些最重要的参数列在表 8.5 中。

表 8.5　影响 ABC 行为的一些最重要参数

N_{dim} $\cdots$ 维度(变量)数量
$N_{foraging}$ $\cdots$ 觅食蜜蜂数量
$N_{following}$ $\cdots$ 跟随蜜蜂数量
$N_{supporting}$ $\cdots$ 支援蜜蜂数量
N_{best} $\cdots$ 最佳位置数量
N_{add} $\cdots$ 随机添加数量
S_i $\cdots$ 每个邻域沿着第 i 个维度的大小
停止准则(例如,预定义的世代数量或在一系列世代中缺乏改进)

当然,该程序的效率以及找到解决问题的好方法的能力取决于这些参数的值的选择。作为一条经验法则,在每个类别中使用越多的蜜蜂,找到好的解决方案的机会就越多,但计算成本也会更高。

以下蜜蜂探索的区域可能开始时应相对较大,并逐渐缩小,以便程序朝着更好的解决方案发展。

程序员还应牢记,每个维度的邻域规模可能需要有所不同。

8.4.10　算法

前几段描述了该技术的各个步骤。现在是将它们整合成一个连贯的算法的时候了。这通过表 8.6 中的伪代码来完成。

这个过程始于由觅食蜜蜂进行的随机初始探索。对于每只这样的蜜蜂,随机数生成器会为其分配在给定坐标系中一个位置,其中每个变量都由一个坐标轴表示。对于每个这样的位置，评价函数都会返回一个数值。

表 8.6　ABC 技术的伪代码

输入：不同类别的蜜蜂（觅食、跟随等）的群集。

评价函数和用户指定参数

终止条件

1. 对于每只觅食蜜蜂，随机数生成器会选择一个在多维搜索空间中的位置。

2. 评价函数会返回该位置的数值。

3. 直到满足终止准则为止，将重复执行以下步骤。

i. 在这样确定的位置中，选择 N_{best} 个位置；再随机添加 N_{add} 个位置（不考虑它们的价值）。

ii. 定义这些选定位置的邻域。将以下蜜蜂发送到这些邻域内的随机位置。

iii. 向整个搜索空间中随机选择的位置发送支援蜜蜂。

iv. 评价函数返回每个被蜜蜂访问的位置的价值。

ABC 接着选择具有最高值的 N 个最佳位置，然后选择 N_{add} 个添加位置，这些位置是随机选择的，不考虑它们的值。在每个位置周围定义一个预定义大小的邻域区域。

随后，蜜蜂将被派往这些邻域中的随机位置；大多数跟随蜜蜂会瞄准最佳位置所在的社区，但有些会瞄准随机添加的邻域。评价函数返回每个跟随蜜蜂位置的价值。在每个邻域内，任何一只蜜蜂到达的最佳位置都会被确定。与此完全无关，支援蜜蜂将被派往与这些邻域无关的随机生成位置。

这个过程会一直重复，直到满足用户指定的终止条件。

控制问题

如果你在回答下列任何问题时遇到困难，那么请返回阅读前文的相应部分。

• ABC 技术的主要目标是什么？它消除了 PSO 的主要弱点是什么？

• ABC 对于蜜蜂觅食到的位置做了什么？ABC 将跟随蜜蜂发送到哪里？仅使用最佳蜜蜂的邻域是不够的，为什么？支援蜜蜂的工作是什么？

• 简要概括 ABC 算法的整个过程。讨论 ABC 对于局部极端敏感的情况。

8.5　熟能生巧

为了加深理解，可以尝试下面的练习、思考实验和计算机作业。

• 返回图 8.3，将边 AB 上的距离从原来的 1 个单位更改为 3 个单位，然后手动模拟 ACO 技术在 8.2 节中提及的推销员问题的一步。

• 编写一个实现 ACO 算法的计算机程序。输入包括 ACO 参数的值和一个包含所有城市到城市距离的矩阵。在一些简单的实验数据上运行程序，并测量程序需要找到最佳（或几乎最佳）路径所需的时间。

• 撰写一篇一页的论文，解释 PSO 为什么容易陷入评价函数的局部极值。提出缓解这个问题的措施。除本章中提到的简单想法和相关文献中提出的想法之外，你能提出自己的想法吗？

• 编写一个实现 PSO 算法的程序，可以指定智能体数量。创建一个多峰多变量函数，并测试 PSO 程序寻找全局最大值，或至少是一个非常好的局部最大值的能力。在不同情况下运行广泛的实验来评估程序的计算成本。讨论这些成本与程序达到全局最大值的机会之间的权衡。

- 编写一个实现人工蜂群算法 ABC 的程序。确保程序允许用户尝试各种系统参数的不同值。
- 利用上述两个练习中开发的程序,运行比较研究,评估 PSO 和 ABC 的性能,使用 2 个或 3 个不同的测试用例。考虑以下准则:计算成本、避免局部最大值的能力、对用户指定参数的敏感性。
- 撰写一篇一页的论文,解释 ABC 技术在面对局部极值时为何如此强大。
- 搜索网站,了解其他群体智能领域的技术,并在两页的论文中总结其原则。

8.6 结语

ACO 提出了推销员问题的解决方案,该方案在 Gambardella 和 Dorigo(1995 年)的论文中介绍,该论文在很大程度上依赖于其作者之一 Dorigo(1992 年)的博士论文的思想。PSO 的原理也在同一时间左右出现,由 Kennedy 和 Eberhart(1995 年)提出。人工蜂群技术较为年轻,由 Karaboga 和 Basturk(2007 年)在一篇论文中介绍。

群体智能技术通常解决看似困难的问题的效率,已经动摇了许多人工智能专家的世界观。这种新范式的潜力令人震撼,它目前的流行度使得经典搜索看起来几乎过时了。

兴奋是有道理的——但不应忘记这不是人工智能历史上的第一个重大突破。我们必须具有开放的心态,但也要保持清醒的头脑。经验告诉我们,瞧不起以前一代人的劳动可能是不明智的。一些被视为老派思想的想法可能会以不同的形式复活。然而,作者不得不承认自己对这些新颖工具很着迷。它们的分布式多智能体哲学开辟了全新的前景。

本章只介绍了一些最流行的技术,甚至这些技术也只能以最基本的版本呈现。近年来,还有其他模仿猫、黄蜂、白蚁和驴贩子策略的群体智能想法被提出。它们各有优势和缺点,在某些领域表现出色,而在其他领域则表现不佳。令人遗憾的是,一本介绍性的图书无法涵盖它们的方方面面。

第9章

自动推理的要素

仅仅解决问题是不够的,智能行为还包括其他方面。它应该能够进行推理,从已知事实中得出结论,并以令人信服的论据支持这些结论。这正是人们所擅长的,而这也是我们希望在人工智能程序中实现的。

为了给以后阐述这些概念打下基础,本章将介绍自动推理的基本原理。在介绍过程中,借用了一种来自 Prolog 的形式主义。Prolog 是一种编程语言,大约在一代人之前,这种语言在人工智能界风靡一时,而且不仅限于人工智能界。我们的想法是用逻辑来描述一个给定的问题,这样推理机制就能回答一些非简单的问题,如医疗诊断中的典型问题。在本章之后,后面几章将解释自动推理的原理,概述阻碍其实际应用的困难,并介绍科学家为克服这些困难而开发的技术。

9.1 事实与查询

智能的一个重要方面是回答问题的能力,因为处理这些问题需要背景知识。让我们用一个简单的玩具例子来说明这个想法。

9.1.1 事实列表

人工智能教科书喜欢用家庭关系来举例,因为这些例子很简单,而且几乎每个人都能很好地掌握基本概念。秉承这一传统,我们将从表 9.1 中的一些事实入手,这些事实不仅以图形的形式呈现,还让人联想到 Prolog 程序。后一种机制直观清晰,易于阅读,这也是本书在接下来的大部分章节中都遵循其原则的原因。

形式主义依赖于谓词和参数。表 9.1 中只知道一个谓词(parent)以及其括号中的两个参数。我们将把它解释为告诉我们第一个参数是第二个参数的父参数。例如,第一个事实说明 bill 是 eve 的父项。注意,参数的选择并不是任意的。在我们的例子中,认为第一个参数是第二个参数的父参数,但也有可能是相反的情况,这由程序员决定。不过,一旦确定了解释,就必须在整个程序中保持一致。

父谓词有 2 个参数。其他谓词可能需要 3 个、4 个甚至更多参数,而其他谓词可能只有一个参数或根本没有参数。

表 9.1 中的知识库非常简单,只包含 6 个事实。每个事实都是一个谓词,后面跟一个句号。读者可以看到左边的知识库和右边的图示之间的等价关系。

表 9.1 由一组事实组成的简单家庭关系知识库。这里只考虑一个谓词,即父

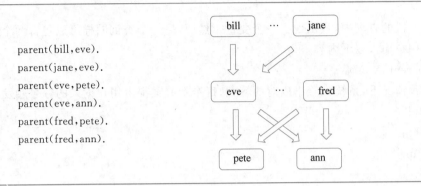

parent(bill,eve).

parent(jane,eve).

parent(eve,pete).

parent(eve,ann).

parent(fred,pete).

parent(fred,ann).

9.1.2 回答用户的查询

Prolog 程序的主要目标是回答以具体格式表达的查询。例如,一个用户想知道 bill 是否是 eve 的父辈,他将提出如下查询:

?：-parent(bill,eve).

这里,符号“：-”起到了箭头的作用,指向问号。查询后面是句号。在回答查询时,系统会扫描其事实列表,并在找到正确的谓词后生成以下答案:

是

如果用户想知道 eve 是否是 ann 的父亲(见事实列表中的第四个谓词),也会生成相同的答案。然而,当用户收到以下查询时

?：-parent(bill,pete).

系统无法在知识库中发现这一事实,因此生成了以下答案:

否

9.1.3 带变量的查询

如果用户想知道 eve 的父辈名字,那么他将以下面的方式进行查询:

?：-parent(X,eve).

这里,X 代表一个变量,用户想知道该变量的实例化(具体值)。系统会将 X 识别为变量,因为它是大写的。相反,常量的名称(例如人名)总是以小写字母开头。

收到这个查询后,系统会扫描其知识库,寻找一个以 eve 为第二个参数的谓词。在我们的案例中,可以找到两个这样的事实。第一个是 parent(bill,eve),这就是为什么系统一开始用 bill(X 的一个实例)来回答查询。如果用户对此作出反应,输入一个分号,那么系统就会继续搜索,并意识到知识库中的下一个事实,即 parent(jane,eve),第二个参数也是 eve。因此,系统又生成了一个答案,即 jane。输出结果如下:

X = bill;

X = jane;

　　如果用户再输入一个分号,那么系统将再次继续搜索知识库,寻找另一个第二个参数为
eve 的 parent 实例。如果找不到,系统就会生成否定答案:

　　否

9.1.4　多个变量

在上一段的查询中,只出现了一个变量。然而,另一个查询同样可以包含两个或更多变
量。假设用户输入以下内容:

　　?：-parent(X,Y).

　　在这种情况下,系统将给出成对的答案,每个新答案都由用户输入的分号触发:

　　$X=$ bill

　　$Y=$ eve;

　　$X=$ jane

　　$Y=$ eve;

　　⋮

　　这些答案将一直持续到知识库结束。当这种情况发生时,最终答案就是"否"。

9.1.5　复合查询

由多个谓词组成的查询更为有趣。下面是一个典型的例子:

　　?：-parent(X,Y),parent$(Y,$pete$)$.

　　两个谓词之间的逗号被解释为逻辑 AND。用户希望系统找出 X 和 Y 的某些实例是否
会导致肯定答案。作为回应,系统将尝试找到这样的 X(第一个谓词中 Y 的父谓词),以满
足子谓词 Y 是第二个谓词中 pete 的父谓词这一要求。通俗地说,用户想知道谁是 pete 的
祖父母。有两个可能的答案(后面跟一个"否"):

　　$X=$ bill

　　$Y=$ eve;

　　$X=$ jane

　　$Y=$ eve;

9.1.6　练习

作为一个简单的练习,我们鼓励读者编写一个查询语句,以确定 jane 的孙辈。根据具
体的表述,系统的一个可能的响应版本是下面的序列(后面是 NO):

　　$X=$ eve

　　$Y=$ pete;

　　$X=$ eve

　　$Y=$ ann;

这里,临时变量 X 代表孙辈的父辈。

9.1.7　将变量与具体值绑定

当接收到一个多变量查询时,例如,在前面几段的查询中,系统会尝试找到能使查询得

到肯定回答的实例。我们说它试图将变量绑定到具体的实例上。

在由两个或更多谓词组成的查询中，通常是从最左边的谓词开始搜索潜在的绑定。因此，在前面的例子(如 parent(X,Y)、parent(Y,pete))中，人工智能程序通常首先在 parent(X,Y)中查找 X 和 Y 的绑定。

9.1.8 如何处理复合查询

让我们再次回到上一个查询：

?:-parent(X,Y),parent(Y,pete).

我们的任务是找到满足要求的实例(绑定)，即查询的第二个谓词的第二个参数是 pete。下面模拟一下这个过程。

知识库中的第一个事实是 parent(bill,eve)。因此，第一个谓词 parent(X,Y)的第一对绑定是 X=bill 和 Y=eve。这意味着第二个谓词 parent(Y,pete)的实例化必须是 parent(eve,pete)。由于这一事实确实存在于知识库中，因此搜索成功停止，并返回刚刚发现的 X 和 Y 的绑定。

当用户输入一个分号时，系统会对知识库中的第二个事实 parent(jane,eve)应用同样的程序。这里的实例是 X=jane 和 Y=eve，这意味着第二个谓词 parent(Y,pete)的实例必须是 parent(eve,pete)。同样，这一事实也存在于知识库中，X 和 Y 的绑定可以返回给用户。

如果用户再次输入分号，那么系统将尝试对知识库中的其余事实应用相同的程序，但会找不到绑定，导致第二个谓词的第二个参数是 pete。这时系统就会生成答案 NO。

读者可以在不看文本的情况下尝试重复这一过程。要想更好地掌握本章后面以及后面几章将要介绍的自动推理机制，了解这种查询回答的细节是非常必要的。

9.1.9 谓词排序

为了获得所需的信息，用户通常可以从两个或更多的查询原生表述中进行选择。例如，用户要想知道 pete 祖父母的名字，可以提出以下两个查询：

?:-parent(X,Y),parent(Y,pete).

?:-parent(Y,pete),parent(X,Y).

注意，第二个查询由与第一个查询相同的两个谓词组成，只是顺序颠倒了。这两个查询是等价的，因为连接词(AND，这里用逗号表示)具有交换性。但是，这并不意味着查询的选择是任意的。这两种表述的区别在于允许的绑定次数不同。

在第一种表述中，第一个谓词包含两个变量 X 和 Y，可能实例化的数量是变量 X 所代表的人数乘以变量 Y 所代表的人数。这相当于 $6\times5=30$，因为 6 个人中的任何一个都可以用 X 来表示，而剩下的 5 个人中的任何一个都可以用 Y 来表示。对于每个实例，程序必须确定知识库是否包含 parent(Y,pete)。很幸运，在具体例子中，X 和 Y 的第一次实例化就得到了 parent(eve,pete)。不过，一般来说，正确的实例化可能只是许多可能性中的最后一个，在这种情况下，查询处理过程的计算成本会很高。

在第二种表述中，可以在第一个谓词 parent(Y,pete)中找到 Y 的 5 个可能实例。但是，其中只有两个谓词可以在知识库中的事实中找到：Y=eve 和 Y=fred。对于这两个谓词，都需要检查第二个谓词中 X 的 5 个可能实例。可以看到，要检查的实例比第一个查询要少。这个例子让我们相信，谓词的顺序很重要。

9.1.10 查询回答和搜索

现在很清楚了，要回答用户的查询，就必须在知识库中搜索变量与常量的正确绑定。最简单的解决方案是使用第 2 章中的盲搜技术。我们鼓励读者尝试制定一种算法，用深度优先搜索或广度优先搜索来回答查询。由于上一段指出了绑定数量的重要性，我们甚至可以建议使用一个简单的评价函数来指导一些启发式搜索，如爬山搜索。

9.1.11 嵌套论证

介绍性文章必须简明易懂。本节忽略了一个事实，即参数本身也可以是一个谓词。下面是一个例子：

$$father(fred, brother(X, ann)).$$

这里告诉我们，fred 是 ann 哥哥的父亲（假设知识库中包含有关兄弟的信息）。在这类谓词中，我们说参数是嵌套的。嵌套的深度可以比这里的例子更大。例如，X 本身可以是一个谓词，以此类推。

20 世纪 90 年代，在 Prolog 程序员的圈子里，使用深度嵌套来展示自己的技术是一种时尚。这种程序被认为是优雅的。如今，这种做法已经不那么流行了，因为嵌套往往会降低表达式的清晰度。因此，本书将尽可能避免使用嵌套参数的示例。

控制问题

如果你在回答下列任何问题时遇到困难，那么请返回阅读前文的相应部分。

- 什么是谓词？关于谓词中参数的数量及其顺序，你能说什么？
- 类 Prolog 系统如何表达事实，又如何表达查询？变量的实例化（或绑定）是什么意思？
- 这类系统如何处理查询（包括复合查询）？可能的绑定数量如何影响查询回答的效率？

9.2 规则和基于知识的系统

查询回答的基本原理是借助一个只包含事实的微不足道的知识库来解释的。然而，这种简单性是不现实的。只有引入规则，自动推理才会开始发挥作用。

9.2.1 简单规则

让我们回到表 9.1 中的知识库。下面是一个可以添加到知识库中的规则示例：

$$offspring(Y, X):-parent(X, Y).$$

与前面一样，符号"：-"代表箭头。下面我们来解读这条规则。如果 X 是 Y 的父代，那么 Y 就是 X 的子代。从这个意义上说，这条规则提出了一个逻辑蕴涵关系：如果"：-"右侧的谓词为真，那么它左侧的谓词也为真。

9.2.2　较长的规则

上一条规则的右侧只有一个谓词。其他规则有两个或更多这样的谓词,用逗号连接。和前面一样,逗号代表连词,即逻辑 AND。下面是一个示例:

grandparent(X,Y):-parent(X,Z),parent(Z,Y).

让我们从右边的第一个谓词开始,即 parent(X,Z)。对于绑定$\{X=\text{bill},Z=\text{eve}\}$,知识库包含相应的事实,即 parent(bill,eve)。如果找到 Y 的实例,而知识库中包含第二个谓词 parent(eve,Y),那么右侧的两个谓词都为真。

这条规则告诉我们,在这种特殊情况下,X 是 Y 的祖辈。表 9.1 证实了 $Y=\text{pete}$ 的情况,因为知识库中包含谓词 parent(eve,pete)。因此,可以得出结论:bill 是 pete 的祖父母。注意,我们有可能找到另一个成功的实例,告诉我们 bill 是 ann 的祖父母。

9.2.3　规则的形式观

规则的形式是 H:-B,其中,H 是规则的头部,B 是规则的主体。主体也称为前项,是一个谓词或两个或多个谓词的连接词,在这里通常称为条件。

头部有时也称为结果或结论,为了满足需要,将用一个谓词来表示。如果主体中每个连接的条件都是真的,那么结果就被认为是真的。如果主体中至少有一个条件被证明为假,那么结论也会被评估为假。

9.2.4　封闭世界假设

在处理一条规则时,系统首先要确定变量的某些实例化是否会导致主体为真,在这种情况下,头部也为真。如果找不到这样的实例化,那么系统的反馈就是"否"。

一般来说,系统假定知识库中的所有事实都是真的。此外,所有可以通过健全的推理机制(如上述机制)从现有事实和规则中得出的结论都被视为真实的。反之,凡是知识库中没有明确列出且无法从中推导出的结论,都被认为是假的。

这一原则称为封闭世界假设。实际上,jack 可以是 fred 的父母。但由于知识库中没有 parent(jack,fred),任何自动推理程序都会回答"否"。请记住,只有存在于知识库中的事实才被认为是真的。所有其他事实都被认为是假的。

更广义地说,封闭世界假设认为,任何不能从给定知识中推断出来的东西也都是假的。

9.2.5　基于知识的系统

读者现在明白了,自动推理机制由两部分组成:知识库和在知识库上运行的推理机制。表 9.2 中的知识库是上一个知识库的略微扩展版本。请注意后面概念的定义是如何依赖于前面概念的。例如,"父亲"是借助谓词"父母"和"男性"定义的。稍后,叔叔的定义使用了父亲的概念。作为一个简单的练习,我们鼓励读者提出更多与家庭相关的概念,如侄女、儿媳等。

这个知识库仍然非常小,因此只能用于看似微不足道的查询。现实世界中的实现工作需要数百甚至数千条规则,这些规则涵盖了特定专业领域的知识。

表 9.2　家庭关系知识库的扩展。这里添加的是一些关于性别的事实，以及一些定义稍高级概念的规则

parent(Bill,Eve). female(Ann).

parent(Jane,Eve). female(Eve).

parent(Eve,Pete,). female(Jane).

parent(Eve,Ann). male(Bill).

parent(Fred,Pete). male(Pete).

parent(Fred,Ann). male(Fred).

offspring(X,Y):-parent(Y,X).

grandparent(X,Y):-parent(X,Z),parent(Z,Y).

father(X,Y):-parent(X,Y),male(X).

mother(X,Y):-parent(X,Y),female(X).

sibling(X,Y):-parent(Z,X),parent(Z,Y).

uncle(X,Y):-parent(Z,Y),sibing(X,Z),male(X).

...

除了规则之外，这些知识库还包含许多事实，系统通常会在这些事实中添加机器与用户对话过程中获得的更多事实。因此，基于知识的系统由一个知识库、一个推理机制和一个与知识库交互的通信模块以及与用户交互的通信模块组成。

控制问题

如果你在回答下列任何问题时遇到困难，那么请返回阅读前文的相应部分。

- 如何正式定义规则？规则的主体和头部分别指什么？
- 解释封闭世界假设的原理。
- 你对基于知识的系统了解多少？

9.3　使用规则进行简单推理

9.1 节中描述的简单查询回答机制仅限于只包含事实的知识库。现在，我们应该把注意力转向一种更先进的查询回答技术，它也能使用规则进行操作。

9.3.1　回答查询

解释这种技术本质的最好方法就是举一个简单的例子。假设知识库如表 9.2 所示，并假设用户提交了以下查询：

?:-offspring(ann,eve).

表 9.3 列出了一系列可能的操作。第一步考虑一个微不足道的解决方案：能否在事实列表中找到带有两个常数参数 ann 和 eve 的特殊谓词 offspring？在这种情况下，如果得到肯定回答，那么程序将返回"是"并停止；否则，程序将搜索规则列表：有没有以这个特定谓词为首的规则？假设变量 X 和 Y 被实例化为 ann 和 eve（如用户的查询）。知识库中是否包含相应的事实：parent(eve,ann)？对数据库的简单扫描表明，情况确实如此，因此查询得到了肯定的回答。

表 9.3　回应简单查询的操作示例

假设用户提交了查询？：-offspring(ann,eve)。处理该查询的一种可能性是采取以下步骤：

1. 尝试在知识库中查找事实 offspring(ann,eve)。

2. 如果没有找到该事实，则尝试找到以 offspring 为首的规则。这将导致发现 offspring(X,Y)：-parent(Y,X)。

3. 调查 parent(Y,X)。

   i. 将 X 实例化为 ann，将 Y 实例化为 eve，从而将 parent(Y,X)实例化为 parent(eve,ann)。

   ii. 在知识库中搜索事实 parent(eve,ann)。

4. 找到事实后，返回"是"。

9.3.2　基础知识之外

表 9.3 中的示例仍然非常简单：被发现的规则的前置词只有一个条件，即 parent(X, Y)，这个谓词可以立即与知识库中的事实联系起来。

更典型的情况是，这一过程必须递归应用。举例来说，假设用户想知道 fred 是否是 ann 的叔叔。具体事实 uncle(fred,ann)没有在知识库中列出，程序会找到一条以 uncle(X,Y) 为首的规则：

uncle(X,Y)：-parent(Z,Y),sibling(X,Z),male(X).

头部的变量被实例化为 $X=$fred 和 $Y=$ann。第一步，程序必须确定是否有可能找到 Z 的实例化，使 fred 成为 Z 的同胞。这就需要对另一条规则进行评估，该规则的结果是同胞，其前置词包含两个父谓词。必须找到这两个谓词的实例。如果成功，则必须继续查询第三个条件，即 male(X)。

最后一个例子让我们相信，查询回答过程可能涉及一系列步骤，在知识库非常庞大的情况下，这可能是计算密集型的。同样，我们也可以尝试找出盲搜算法是如何执行这些步骤的，甚至可以编写一个计算机程序，以这种方式处理查询回答。

9.3.3　由多条规则定义的概念

很多时候，一个概念无法用一条规则来定义。逻辑分词形式的定义通常就是这种情况。例如，我们可能想确定 X 是 Y 的兄弟姐妹，或者 X 是 Y 的兄弟，或者 X 是 Y 的姐妹。在我们目前使用的形式主义中，这个概念将由下面两条规则来定义。

sibling(X,Y)：-brother(X,Y).

sibling(X,Y)：-sister(X,Y).

在评估查询？：-sibling(ann,pete)时，基于知识的系统会首先扫描知识库以查找这一具体事实。如果找不到，那么它会关注两条规则中的第一条；它会将变量 X 和 Y 分别实例化为 ann 和 pete，然后尝试查找知识库中是否存在相应的事实，即 brother(ann,pete)。如果不存在，那么程序将继续执行第二条规则，检查实例 sister(ann,pete)。只有同样失败时，系统才会返回"否"。

在本例中，兄弟姐妹的概念由两条规则定义。然而，在一些复杂的概念中，使用 3 条甚至更多规则的情况并不少见。

9.3.4   断分正则表达式

在上一段中，概念是由两条规则的析取（逻辑 OR）定义的；要么第一条规则为真，要么第二条规则为真。然而，在每条规则中，各个谓词是连接在一起的（逻辑 AND）。要使结果为真，必须满足主体中的所有条件（真）。可以说，这种形式主义依赖于非连接正则表达式（DNF）。下面是一个 DNF 表达式的例子：

$$(X_1 \land X_2) \lor (Y_1 \land Y_2) \lor (Z_1 \land Z_2 \land Z_3)$$

非正式地，括号内的符号表示 AND，而括号外的表达式是 OR 关系。此外，括号内的任何词语都可以被否定。逻辑学家已经证明，任何合理的逻辑表达式都可以转换成这种格式。

9.3.5   递归概念定义

有些概念最好使用递归来定义。下面的示例说明了这一概念：

ancestor(X,Y)：-parent(X,Y).

ancestor(X,Y)：-parent(X,Z),ancestor(Z,Y).

要使 X 成为 Y 的祖先，这两条规则中至少有一条规则的主体必须为真。之所以说这里的祖先是递归定义的，是因为第二条规则中的一个条件与规则首部的谓词名称相同（尽管参数不同）。

9.3.6   评估递归概念

假设我们在表 9.1 的知识库中添加了上一段中的两条祖先规则，并假设用户提出了以下查询：

?：-ancestor(bill,ann).

让我们来模拟一个程序的行为，它将决定用“是”或“否”来回答这个查询。第一条规则规定，如果 X 是 Y 的父代，那么 X 就是 Y 的祖先。因此，程序相应地实例化了两个变量：$X=$bill 和 $Y=$ann，然后试图找出知识库中是否包含 parent(bill,ann)这一事实。由于找不到这样的事实，所以程序只能得出第一条规则失败的结论。

下一步是考虑第二条规则，即如果可以找到这样的 Z，即 X 是 Z 的父系，而 Z 是 Y 的祖先，那么 X 就是 Y 的祖先。不难看出，$X=$bill 只允许 Z 的一个实例，而这个实例的相应事实可以在知识库中找到：$Z=$eve。这样，parent(bill,eve)的真实性就确定了。当然，这还不够；我们还需要看 bill 是否是 eve 的祖先。

同样的程序可以递归使用。第一条规则说，如果 eve 是 ann 的父代，那么 eve 就是 ann 的祖先。对知识库的简单扫描证实，它确实包含 parent(eve,ann)。这意味着第二个条件，即 ancestor(eve,ann)已被证实为真。由于第二条规则的两个条件都被证明为真，所以程序得出结论：bill 是 ann 的祖先。

9.3.7   关于递归的评论

在上面的例子中，递归只需调用一次。[①]   然而，在实际应用中，递归被调用几十次的情

---

① 知识库只有三代，递归不能超过祖辈。

况并不少见。在家族关系领域,这相当于确认几百年前的祖先。

有经验的程序员都知道,成功实现递归需要深思熟虑的停止标准。我们必须小心谨慎,不能允许永无止境的递归调用。因此,递归定义至少需要两条规则,其中第一条代表停止标准。

在这里的简单例子中,由于确认 bill 是 eve 的父辈,所以递归已经停止。作为一个简单的练习,我们鼓励读者考虑一下,在查询以"否"作为回答的情况下,如何停止递归。另一个有用的练习是人工模拟上述包含变量的查询过程。

9.3.8 小结

知识库由事实和规则组成。每条规则都有一个头部(结果)和一个主体(前因);主体由单个条件或两个或多个条件的连词组成,中间用逗号隔开。有些概念的定义需要两条或两条以上的规则;其中至少有一条规则的条件必须得到满足,概念才能被认为是真的。由于规则正文中的所有条件都是连接的,而规则是不连接的,因此基于规则的定义采用 DNF 的形式。最后,我们看到有些概念最好以递归方式定义。

一旦创建了知识库并对其进行了编码,就需要一种机制来对该知识库进行自动推理。本章介绍的技术很简单,但也许并不适合在计算机程序中实现。接下来的两章将介绍一种基于一阶逻辑以及模态推理和解析推理程序的更稳健的方法。

控制问题

如果你在回答下列任何问题时遇到困难,那么请返回阅读前文的相应部分。

- 解释回答用户查询的简单机制。通过一个模拟示例说明其行为。
- 举例说明其定义需要多重规则和/或递归规则的概念。
- 解释根据现有知识库回答用户查询的程序可以使用的机制。

9.4 熟能生巧

为了加深理解,请尝试以下练习、思想实验和计算机作业。

- 使用表 9.2 中的知识库,提出一个查询,看看 bill 是否有一个侄子;如果有,我们想知道这个侄子的名字。试着对侄女、叔叔和婶婶等概念进行同样的查询(当然,假设知识库中的某些规则没有对这些概念进行定义)。你将如何提出一个查询,以判断 bill 和 ann 的关系?
- 你能想到一个无法用单一规则定义的家族关系概念吗?
- 基于你自己熟悉的领域中创建一个知识库(不同于本章的家族关系)。可能是数论或其他数学领域,在这些领域中可以制定不允许例外的规则。其定义需要基于两条或两条以上规则。
- 举例说明定义需要递归的概念。可以考虑图论中的观点,或使用面向列表或二叉树等高级编程数据结构进行运算。
- 使用 C++ 或 Python 等通用语言编写一个程序,利用本章讲解的机制回答用户的查询。程序应具有足够的通用性。例如,程序应从读取给定领域所需的具体知识库开始。选择一种你认为最适合表示规则和事实的数据结构。

9.5   结语

本章介绍了一种简单的机制，它能够向计算机传递一些特定的知识，这些知识以后可以用于回答用户的询问和自动推理。

这里讨论的具体机制依赖于从曾经著名的编程语言 Prolog（逻辑编程）中借鉴的某些原则。该语言由阿兰·科尔梅劳尔（Alain Colmerauer）和菲利普·鲁塞尔（Philip Roussel）于 1972 年开发，旨在促进计算机实现和利用罗伯特·科瓦尔斯基（Robert Kowalski）所研究的 Horn 子句。对这些工作的历史感兴趣的读者可参阅相关文献[Colmerauer 和 Roussel（1996 年）以及 Kowalski（1988 年）]。

在开始使用自动推理之前，工程师必须熟练掌握将专家知识转化为规则的方法，如本书所考虑的规则。最常用的方法是一阶逻辑。然后，一旦有了事实和规则，就需要在自动推理中使用它们的算法。这些问题将在第 10 章和第 11 章中讨论。

在实现自动推理程序的实际尝试中，我们获得了一条重要经验：在非常简单的领域（比如本章的家庭关系）之外，几乎不可能提出完全可靠的规则。即使是在家庭关系中，这项任务也是非常艰巨的。例如，有一条规则可能会规定妇女的丈夫是孩子的父亲。当然，情况并非总是如此，孩子可能来自她的前一段婚姻。无论如何，仅有纯粹的逻辑是不够的；在实际应用中，需要有机制来量化规则中的不确定性，并在整个推理过程中传播这种不确定性。第 13～15 章将讨论处理不完善知识的技术。第 12 章将介绍知识表示的其他方法。

20 世纪 70 年代，本章概述的观点催生了所谓的专家系统，这些系统旨在对只有借助非简单背景知识才能解决的问题进行准智能分析。第 16 章将简要讨论这些问题。

第10章

逻辑与推理（简化版）

本章概述了基于逻辑的自动推理的本质——事实上，这是最常见的一种方法。方案很简单：先创建一个由规则和事实组成的知识库，然后用户提出一个查询，人工智能软件尝试去对知识库运行推理程序（本质上是一系列逻辑运算）来回答这个查询。它的新颖之处在于：传统程序依赖于数据和算法，而自动推理则是处理数据、算法和知识库。

由于逻辑似乎是这一范式的关键组成部分，本章对其中一些最相关的方面进行修改。首先，它解释了一阶逻辑的元素，并展示了在创建知识库时如何将其表达式转换为类似Prolog的规则和事实。随着知识编码基本原理的确立，本章将继续讨论基于经典方法和现代解析原理的基本推理技术。

本章使用高度简化的形式体系来解释这些思想，忽略了谓词和变量。第11章将对这些推理机制进行更全面的阐述。

10.1 蕴涵、推理、定理证明

由第9章可知，知识可以用规则和事实来表达。在我们将注意力转向自动推理之前，需要熟悉一些术语和基本思想。

10.1.1 蕴涵

假设约翰住在迈阿密。"所有住在迈阿密的人都住在佛罗里达州"的说法意味着约翰也住在佛罗里达州，否则逻辑就没有任何意义。同样，一个典型的知识库包含了其中没有明确规定的内容。我们用来表示蕴涵的符号是"$\vDash$"，例如，由语句 $p_1, p_2, \cdots, p_n$ 组成的知识库包含 q 的情况表示如下：

$$p_1 \wedge p_2 \wedge \cdots \wedge p_n \vDash q$$

10.1.2 推理过程

仅仅怀疑知识库包含某些东西是不够的。工程师想要一个能自动推断所需内容的程序。这涉及一个推理过程的工作。符号"$\vdash$"表示从语句集 $p_1, p_2, \cdots, p_n$ 推断出另一个语

句这样的一个过程 q：

$$p_1 \wedge p_2 \wedge \cdots \wedge p_n \vdash q$$

蕴涵意味着 q 不可避免地来自知识库，而推理意味着一个过程推导出了 q。q 被推理的情况并不保证 q 实际上是蕴涵的。毕竟，推理的程序可能不全面或不正确。

10.1.3 最简形式的肯定前项式

也许最为人所知的推理机制是肯定前项式。如果知道 p 隐含了 q 的事实，并且知道 p 是真的，则可以得出结论：q 也是真的。逻辑学家把这个定律定义如下：

$$p \wedge (p \rightarrow q) \vdash q$$

诚然，对于一个非逻辑学家来说，这个表达是抽象的，很难理解。因此，一些教科书倾向于用以下方式表达肯定前项式：

$$\frac{\begin{array}{c} p \rightarrow q \\ p \end{array}}{q}$$

10.1.4 示例

让我们用 p 表示 x 住在迈阿密的事实，用 q 表示 x 住在佛罗里达州的事实。言外之意，$p \rightarrow q$ 表示无论谁住在迈阿密，他同时也住在佛罗里达州。这就是上述肯定前项式定义中的第一行所代表的含义。

假设现在被告知约翰住在迈阿密，这意味着 p 对约翰来说是真的。这是上式中的第二行。将此与前面的含义结合起来，可以得出结论，约翰住在佛罗里达州。

10.1.5 其他推理机制

除了肯定前项式之外，逻辑学家还知道一些其他有用的定律。其中，最著名的可能是否定后件式，定义如下：

$$\neg q \wedge (p \rightarrow q) \vdash \neg p$$

让我们用同样的例子来说明这个定律。假设 p 表示 x 住在迈阿密，q 表示 x 住在佛罗里达州，那么 $p \rightarrow q$ 表示任何住在迈阿密的人也住在佛罗里达州。如果 x 不住在佛罗里达州，那么 q 是假的，这意味着它的非命题 $\neg q$ 是真的。否定后件式确保了 $\neg p$ 的正确性，意味着 x 也不住在迈阿密。这样的结论显然是正确的。

与否定后件式密切相关的是对位定律，其定义如下：

$$(p \rightarrow q) \vdash (\neg q \rightarrow \neg p)$$

回到迈阿密-佛罗里达州的例子，逆否命题定理告诉我们，从"住在迈阿密意味着住在佛罗里达州"这一事实来看，可以推断"不住在佛罗里达州意味着不住在迈阿密"。

注意，后两条定律之间的细微差别。尽管否定后件式证实了 $\neg p$，但逆否命题定理推断了其含义 $\neg q \rightarrow \neg p$。

10.1.6 推理过程的可靠性

我们约定，如果一个推理过程从知识库中推断出的每一个结果都是由它引起的，那么这个推理过程是可靠的。设 $p = p_1, p_2, \cdots, p_n$ 为知识库。由"$\vdash$"表示的推理过程如果满足以下标准,则是可靠的:

$$\text{对于任何 } q,\text{若有 } p \vdash q,\text{则 } p \vDash q$$

例如,肯定前项式是一个可靠的推理过程,因为通过肯定前项式从知识库中推断出的任何结论都确实是由该知识库引起的。

10.1.7 推理过程的完备性

相反,我们说如果一个推理过程能够发现知识库所带来的任何结果,那么它就是完备的。设 $p = p_1, p_2, \cdots, p_n$ 为知识库。由"$\vdash$"表示的推理过程如果满足以下标准,则是完备的:

$$\text{对于任何 } q,\text{若有 } p \vDash q,\text{则 } p \vdash q$$

例如,除非对知识库施加以特别的限制,否则肯定前件式是不完备的。在一个规则和事实以一般形式表述的知识库中,知识库所产生的一些结果无法通过应用肯定前项式来发现。我们将在 10.2 节中讨论肯定前项式的完备性问题。

10.1.8 定理证明

一个基于肯定前项式推论的流行应用是自动定理证明。这实际上是人工智能的一个子领域。任务定义如下:给定一个知识库,$p = p_1, p_2, \cdots, p_n$,以及一组推理规则(如肯定前项式),证明一些没有列在知识库中的新语句 q 是 p 的直接结果。

该任务可以转换为搜索问题。初始状态是知识库;最终状态是包含原始事实和规则的知识,也是从原始知识库中逐渐衍生出来的 q。搜索操作符取决于所使用的推理规则。例如,一个这样的操作符可以识别一对可以应用推理式的语句,然后得出逻辑结论。然而,在现实中,定理证明更有可能依赖于 10.2 节中引入的进阶版本的肯定前项式。

原则上,可以使用其他搜索操作符,例如,基于否定后件式或逆否命题定理的搜索操作符。不过,肯定前项式是其中最常见的。

更受欢迎的是将在 10.3 节中引入的归结原则。

10.1.9 半可判定性

从计算成本上看,证明 q 是由知识库 p 所限定的比证明 q 不是由 p 所限定的所需要的要少。如果 q 不能从 p 推导出来,那么证明它的对立面的过程,$\neg q$ 的计算成本就会随着知识库的规模呈指数增长。一般来说,计算机科学认为所有指数级增长的成本都是令人望而却步的。从这个意义上说,证明 $\neg q$ 这个工作是不现实的。

证明真理是可能的,而证明谬误是不可能的,这种情况有时称为半可判定性。

控制问题

如果你在回答下列任何问题时遇到困难,那么请返回阅读前文的相应部分。

- 解释本节中介绍的两个关键术语之间的区别:蕴涵和推理。
- 在什么情况下说推理过程是可靠的,又在什么情况下说它是完备的? 我们所说的半可判定性是什么意思?
- 解释肯定前项式的原则。它是否可靠完备? 给出否定后件式和逆否命题定理的定义。

10.2 基于肯定前项式的推理

既然我们已经掌握了基本概念，就可以把注意力转向本章的主要目标：研究允许自动推理的机制。首先，介绍一种基于肯定前项式的技术。然后，10.3 节将重点讨论更流行的归结原则。

10.2.1 肯定前项式的一般形式

10.1 节中介绍的肯定前项式基本形式的方法比较简单，但是其在自动推理中的实际应用有限。逻辑学家更喜欢表 10.1 中给出的更通用的公式。

表 10.1 肯定前项式的一般公式

$a_1 \wedge a_2 \wedge \cdots \wedge a_m$	$\rightarrow b$
$c_1 \wedge c_2 \wedge \cdots \wedge c_n$	$\rightarrow a_i$

$a_1 \wedge a_2 \wedge \cdots \wedge a_{i-1} \wedge a_{i+1} \wedge \cdots \wedge a_m \wedge c_1 \wedge c_2 \wedge \cdots \wedge c_n \rightarrow b$

注意，第二条规则的结果 a_i 是在第一条规则的前项中的项中找到的。无论何时，第三条规则都遵循前两个规则。

必须回答如下两个问题：第一，规则何时可以适用？第二，如何应用？对于第一条规则，读者会注意到，在表 10.1 中，第一条规则的前项 a_i 中的一个术语与第二条规则的后项相同。这就确定了可以适用肯定前项式的情况。第二，结果规则在逻辑上与前两条规则一致（由它们引起），因此创建如下：结果 b 继承自第一条规则，前项是前两条法则的前项的串联，但 a_i 已被删除。

很容易看出，10.1 节中的方式表述是表 10.1 中一般表述的特例。在 10.1 节的版本中，第二条规则的前项是空的，并且这个结果 p 与第一条规则的前项相同。

10.2.2 霍恩子句

如果简化知识库，即只允许有霍恩子句形式的规则，则自动推理更容易实现。霍恩子句的定义表达式如下所示：

$$a_1 \wedge a_2 \wedge \cdots \wedge a_n \rightarrow b \tag{10.1}$$

注意，霍恩子句不包含任何否定词，结果词只由一项组成，并且前项中唯一的逻辑操作符是合取词。所有规则都采用霍恩子句形式的知识库称为霍恩子句知识库。编程语言 Prolog 采用了这种形式体系。

将知识库限制在霍恩子句中所获得的主要优势是，肯定前项式不仅可靠，而且完备。实践经验表明，对霍恩子句的限制并没有对编码知识的尝试工作带来任何重大障碍。

10.2.3 事件的真实性与虚假性

为了使推理机制更容易实现，该推理机制将肯定前项式应用于霍恩子句知识库，我们将以规则的形式表达所有事实。具体地说，事件 p 为真的情况将形式化为如下所示（此处 T

代表真）：

$$T \rightarrow p \tag{10.2}$$

相反，已知 p 为假的情况形式化如下（此处，F 代表假）：

$$p \rightarrow F \tag{10.3}$$

这种形式有意义的原因可以在真值表中找到（见表 10.2）。在第一种情况下，$T \rightarrow p$，若先验为真，则规则为真的唯一可能性是 p 也必须为真。

表 10.2 蕴涵的真值

如果它导致真理意味着虚假这一种情况，那么规则 $p \rightarrow q$ 是假的。在所有其他情况下都是如此。

p	q	$p \rightarrow q$
T	T	T
T	F	F
F	T	T
F	F	T

在第二种情况（$p \rightarrow F$）中，当结论为假时，规则为真的唯一可能是 p 也必须为假。

10.2.4 具体示例

表 10.3 所示的简单示例说明了在自动推理中使用肯定前项式的机制。推理过程的输入由标记为整数 1～5 的前 5 条规则组成。目标是证明命题 e 为真。

表 10.3 肯定前项式的推理说明

使用下面的 5 条规则知识库，证明 e 是真的：

1	$a \wedge b \rightarrow c$	
2	$d \rightarrow b$	
3	$c \wedge a \rightarrow e$	
4	$T \rightarrow a$	
5	$T \rightarrow d$	
6	$b \rightarrow c$	由规则 1 和规则 4 得出
7	$T \rightarrow b$	由规则 2 和规则 5 得出
8	$c \rightarrow e$	由规则 3 和规则 4 得出
9	$T \rightarrow c$	由规则 6 和规则 7 得出
10	$T \rightarrow e$	由规则 8 和规则 9 得出

在推理过程的每一步中，程序首先必须识别出一对可以采用肯定前项式的规则：一条规则的结果必须在另一条规则的前提条件中找到。一对这样的规则由规则 1 和规则 4 组成，其中满足要求的项是 a。将这两条规则应用于肯定前项式生成规则 6，然后将其添加到知识库中。类似地，规则 2 和规则 5 使得规则 7 被添加到知识库中。然后，该过程以类似的方式继续进行，直到对某对规则应用肯定前项式导致 $T \rightarrow e$（规则 10）。由于这只是说明 e 为真的另一种方式，因此目标已经达到，程序可以停止。

10.2.5 实际考虑

注意，使用第 2 章中的盲搜算法实现这个过程是很容易的。在前面的例子中，可以看到,通常可以选择两对或更多对可以开始肯定前项式方法的规则。这决定了搜索的分支因子。工程师也可以考虑用某种形式的启发式搜索来解决这个问题。然而,这需要一个评价函数;缺乏自动推理经验的初学者可能会发现该函数的设计是一项具有挑战性的任务。

当通过搜索来实现推理过程时,建议用条件列表 L 来表示每个规则的前项。如果找到一个规则,其结果 s 满足 $s \in L$ 的要求,则可以使用肯定前项式。

读者现在可以体会到将 p 的真理表示为 $T \rightarrow p$ 的实用性。这种形式保证了每个规则和事实都有一个明确的前项和一个结果,因此可以用列表 L 以统一的方式处理。

10.2.6　霍恩子句知识库中的推理

现在是时候将表 10.3 中的示例所示的推理过程形式化了。首先注意到,较长的规则通过从其先决条件中删除一些条件而逐渐缩短。例如,当规则 1 和规则 4 结合在一起时,产生的规则 6 可以被视为规则 1 的简化版本(先决条件中的条件 a 已被消除)。

该原理由算法捕获,其伪代码如表 10.4 所示。因为合取是可交换的,所以在前提中列出的条件的顺序是任意的。因此,表中逐渐缩短的规则的顺序可以被接受而不失一般性。

表 10.4　霍恩子句知识库中的肯定前项式推理(原理)

1. 在知识库中找出一个已知为真的术语,$T \rightarrow a$。
2. 如果存在规则 $p_1 \wedge p_2 \wedge \cdots \wedge p_n \rightarrow q$ 使得可以证明 $p_1 = a$,则在知识库中添加以下规则:

$$p_2 \wedge p_3 \wedge \cdots \wedge p_n \rightarrow q$$

重复应用后两步,生成以下序列:

$$p_1 \wedge p_2 \wedge \cdots \wedge p_n \rightarrow q$$
$$p_2 \wedge p_3 \wedge \cdots \wedge p_n \rightarrow q$$
$$\cdots$$
$$p_n \rightarrow q$$
$$T \rightarrow q$$

读者现在可以体会到将 p 的真理表示为 $T \rightarrow p$ 的实用性。这种形式体系保证了每个规则和事实都有一个明确的前项和一个结果,因此可以用列表 L 以统一的方式处理。

当然,该表只说明了其本质,现实可能比这更复杂。因此,在表 10.3 的示例中,规则 1 被缩短了一点,从而产生了规则 6。在此之后,其他规则被缩短,只有在倒数第二步,程序又恢复到规则 6,又因删除另一个条件而再次缩短,从而产生了规则 9。

最后的讨论与停止标准有关。在前面的简单示例中,当到达 $T \rightarrow e$ 时进程停止。在现实中,这种停止准则(e 的证明)可能在合理的步骤数中无法得到满足。此外,我们必须考虑这样一种情况,即 e 的真理性根本无法被证明,仅仅因为它是假的。无论哪种方式,程序员都必须指导程序在推理过程似乎没有任何进展时该怎么做。

控制问题

如果你在回答下列任何问题时遇到困难,那么请返回阅读前文的相应部分。

- 解释肯定前项式一般形式的方法原理,并讨论这种一般形式与 10.1 节的简单形式的关系。
- 什么是霍恩子句? 为什么用霍恩子句的形式建立知识库是有用的?
- 说明如何在霍恩子句知识库中使用盲搜算法进行推理。

10.3　运用归结原则进行推理

当适用于霍恩子句时，肯定前项式既合理又完整。即便如此，大多数自动推理的实现（包括 Prolog）更喜欢使用归结原则，该原则对于更广泛的规则（即对于那些所谓的标准形式的规则）是可靠和完备的。

10.3.1　标准形式

若知识库中的每条规则都采用以下表达式的形式，则知识库满足标准化需求：

$$a_1 \wedge a_2 \wedge \cdots \wedge a_n \rightarrow b_1 \vee b_2 \vee \cdots \vee b_m \tag{10.4}$$

这意味着标准形式的规则必须满足以下要求。第一，它不包含任何否定；第二，在前项中允许的唯一逻辑操作符是合取；第三，在后项中唯一允许的逻辑操作符是析取；最后，不使用括号（在前项和后项中都不使用）。

注意，10.2 节中的霍恩子句是标准格式规则的一个特殊情况，其结果由单个术语组成。

10.3.2　归结原则

两千多年来，逻辑推理一直被亚里士多德的肯定前项式所主导。直到 20 世纪，才发现了更一般的归结原则。

表 10.5 总结了这个原则，[①]下面是其工作原理：

（1）如果能证明第二条规则的后项中的一个条件 d_j 等同于第一条规则的前项中的一个条件 a_i：$d_j = a_i$，那么第三条规则就可以从前两条规则中推出。

（2）第三条规则的前项由前两条规则的前项中的所有条件组成，但 a_i 已被删除。

（3）第三条规则的结果包括前两条规则的结果中的所有条件，但 d_j 已被删除。

表 10.5　归结原则的一般表述

假设可以以某种方式证明 $d_j = a_i$，其中 a_i 是第一条规则的前项之一而 d_j 是第二条规则的后项之一。在这种情况下，第三条规则紧随前两条。

$$a_1 \wedge a_2 \wedge \cdots \wedge a_m \rightarrow b_1 \vee b_2 \vee \cdots \vee b_k$$
$$c_1 \wedge c_2 \wedge \cdots \wedge c_n \rightarrow d_1 \vee d_2 \vee \cdots \vee d_I$$

$$a_1 \wedge a_2 \wedge \cdots \wedge a_{i-1} \wedge a_{i+1} \wedge \cdots \wedge c_1 \wedge c_2 \wedge \cdots \wedge c_n \rightarrow$$
$$b_1 \vee b_2 \vee \cdots \vee b_k \vee d_1 \vee d_2 \vee \cdots \vee d_{j-1} \vee d_{j+1} \vee \cdots \vee d_I$$

第三条规则的前项包含前两条规则前项中的所有条件，除了 a_i。第三条规则的结果包含前两条规则的结果中的所有条件，除了 d_j。

重要的是，当任何结论都由单一项组成时，可以证明肯定前项式是归结原则的一种特殊情况。

10.3.3　理论的优势

无论知识库是采用霍恩子句的形式还是标准形式的规则，理论家都能够证明，在 10.1

---

① 此处各条规则的后项是条件的析取，但在霍恩子句中后项仅允许包含一个条件。

节中引入的术语意义上,该归结原则是可靠和完备的。相比之下,肯定前项式只在霍恩子句知识库中是完备的。

10.3.4   具体举例 1

表 10.6 中的简单示例说明了将归结应用于自动推理的机制,其中,(小得不现实的)知识库仅由 3 条规则组成。注意,第一条规则是标准形式;它不是霍恩子句,因为它的结果是两个条件的析取。由于这个原因,在这里不能使用肯定前项式(回想一下,它只能用于霍恩子句)。

表 10.6   用归结原则推理的例证

利用下面的 3 规则知识库,证明 c 为真:

1	$T \rightarrow a \lor b$	
2	$a \rightarrow c$	
3	$b \rightarrow c$	
4	$T \rightarrow a \lor c$	通过规则 1 与规则 3 得出
5	$T \rightarrow c$	通过规则 2 与规则 4 得出

这个例子很简单,很容易理解。这里的推理过程不是确定性的。例如,第 1 个命题可以解析规则 1 和规则 3 来得到,但智能体也可以用规则 1 和规则 2 来完成这一步。通过相同的步骤就可以得到解决方案。

10.3.5   实际考虑

通常认为,基于归结原则的自动推理可以使用第 2 章和第 3 章中的搜索技术来实现。该方法类似于前一节介绍的用肯定前项式进行推理的方法。

盲搜算法似乎是一个自然的选择,除非工程师知道如何设计启发式搜索的评价函数。这个评价函数可能不容易提出,因此这里有一个大概的想法,即在两对规则之间进行选择时,优先选择承诺更快到达解决方案的那对规则。然而,除非采用非常深入的前瞻性评价策略(参见 3.2 节),否则难以确定哪个更快。

10.3.6   计算成本

以刚才描述的简单形式应用归结原则在计算上是昂贵的。在具有数百甚至数千条规则的知识库中,基础搜索的分支因子可能非常高,并且搜索的深度也可能相当大。

根据经验,所涉及的计算成本随着知识库的规模呈指数级增长。除非工程师找到减少分支因子的方法,否则它们很容易令人望而却步。有一种可能采用的方法是被称为反向链的技术。

10.3.7   反向链

控制搜索成本的一种方法是通过应用反向链技术来减小搜索树的大小。具体原则如下:

假设想要建立一个用 p 表示的项的真实性。反向链首先在知识库中添加相反的陈述,$p \rightarrow F$;换句话说,它假设 p 为假,然后它在知识库中搜索一个以 p 作为结论的规则。这样

的规则用 $p \rightarrow F$ 归结，将结果再次添加到知识库中。然后继续这个过程，F 总是在结果规则的右边，直到搜索失败（找不到一对可解决的规则）；或者直到找到以下矛盾：$T \rightarrow F$。

矛盾是在一个可靠的推理机制之后得出的，它被解释为证明原来的假设 $p \rightarrow F$ 是不正确的。当然，如果这个假设是不正确的，那么相反的假设一定是正确的。这意味着 p 为真。

10.3.8 具体举例 2

让我们用表 10.7 中的简单示例来说明反向链的思想。具体任务是证明 e 是正确的。该技术向知识库中添加了待证明内容的对立面（即 $e \rightarrow F$），然后以一种始终在结果规则的右侧保持虚假性 F 的方式应用一系列解决方案。如果归结的顺序出现矛盾，$T \rightarrow F$，那么 $e \rightarrow F$ 就不可能是正确的，这意味着它的对立面 $T \rightarrow e$ 一定是正确的。

为了能够在归结结果的右侧保持假性（F），该过程必须始终搜索要归结的正确的规则对。在表 10.7 中，第一个归结应用于规则 6 和规则 3。选择这个的原因是规则 3 的右边有 e，规则 6 的左边也有 e。既然规则 6 的结论是 F，那么结果规则 7 的结论也是 F。

表 10.7 反向链归结推理图解

任务是通过对下面的五规则知识库应用反向链的归结来证明 e 为真。
第一步是向知识库中添加与待证明内容相反的内容：$e \rightarrow F$。
然后，将归结应用于这样的对，以确保归结结果的结果总是 F。

1	$b \rightarrow a$	
2	$c \wedge a \rightarrow d$	
3	$d \wedge c \rightarrow e$	
4	$T \rightarrow c$	
5	$T \rightarrow b$	
6	$e \rightarrow F$	添加为与要证明的相反内容
7	$d \wedge c \rightarrow F$	从 6 和 3 得出
8	$d \rightarrow F$	从 7 和 4 得出
9	$c \wedge a \rightarrow F$	从 8 和 2 得出
10	$a \rightarrow F$	从 9 和 4 得出
11	$b \rightarrow F$	从 10 和 1 得出
12	$T \rightarrow F$	从 11 和 5 得出

经过一系列的归结，矛盾出现了：$T \rightarrow F$。
结论：基于给定的知识库，e 为假的假设导致了矛盾。因此，相反的说法必须是正确的，即 e 是真的。

下一步，用规则 4 推出规则 7，其后项 c 可在规则 7 的前项条件中找到。或者，规则 7 可以用规则 2 来解决，规则 2 的结果是 d，即第 7 条规则的前项条件中的另一项。可以看到，使用反向链的归结可以很容易地转换为搜索，其分支因子由满足在右侧保持 F 所要求的规则对的数量决定。如果要使用启发式搜索，则必须定义适当的评价函数。

10.3.9 归结作为搜索

表 10.8 包含了一个过程的伪代码，该过程在使用归结原则推断语句的真假时使用了盲搜算法。注意，这不是前几段的纯反向链。在这里介绍这个算法的目的只是说明将搜索应用于自动推理的可能性。

表 10.8　用搜索技术实现归结推理

输入：知识库。

任务：证明 q 为真。

1. 创建一个空列表 L，并在其中放置待证明内容的否定：$L=\{q \rightarrow \mathrm{F}\}$。
2. 如果 L 包含 $\mathrm{T} \rightarrow \mathrm{F}$，则成功结束：$q$ 已被证明。
3. 从 L 中选择一些规则 p，并尝试使用知识库中的规则或 $p_1 \in L$ 来推断它，将结果添加到知识库中。
4. 如果不能用知识库或 L 中的任何规则归结 p，则从 L 中删除 p。
5. 若 $L=\varnothing$，以失败告终。否则，请执行步骤 2。

从一个只包含与待证明内容相反的列表 L 开始，该过程总是寻求用知识库中的规则或 L 中的另一个规则来推断规则 $p \in L$。如果推断成功，则将通过推断获得的新规则添加到 L 中；如果失败，则 p 从 L 中移除。

可以通过一个小的修改得到这个算法的反向链版本。也就是说，程序员可能决定添加这样的要求，即步骤 3 中的规则 p 不应该随机选择，而应该始终优先考虑结果为 F 的规则。

控制问题

如果你在回答下列任何问题时遇到困难，那么请返回阅读前文的相应部分。

- 归结原则的主要方面是什么？归结原则和肯定前项式方法之间的关系是什么？你将如何使用前项和后项中的条件列表来实现这个过程？
- 如何描述反向链的原理？与普通归结相比，它的主要优势是什么？
- 总结利用人工智能搜索实现反向链解析的算法。

10.4　运用标准形式表达知识

10.3 节提到，当应用于一个所有规则都是标准形式的知识库时，归结原则是可靠和完备的。这可能看起来是一个严格的限制——但其实不然！事实证明，任何知识库都可以被转换为标准形式。

10.4.1　标准形式（修改版）

式（10.4）描述了一条规则的标准定义：它的前项中的所有条件都是合取的，它的后项中的所有条件都是析取的，没有项被否定，也没有使用括号。

10.4.2　转换为标准形式

理论家们已经能够证明一个我们在这里没有证明过的定理：

任何规则集 S 都可以转换成另一个规则集 S'，使得 S 和 S' 在逻辑上是等价的，并且 S' 中的所有规则都是标准形式。

这种转换可以通过系统地应用一套相对简单的逻辑操作来完成。让我们先通过一个例子来说明这个程序。

10.4.3　具体示例

假设知识库包含以下规则：

$$\neg a \wedge c \rightarrow b \vee (\neg d \wedge e)$$

这条规则显然不属于标准形式，因为它含有否定和括号。表 10.9 显示了一连串的逻辑运算是如何将这条规则逐渐转换为两条逻辑上与之等价并且是标准形式的规则。注意，这种转换增加了规则的数量（现在有两条而不是一条）。

表 10.9　将一条规则转换为满足标准形式要求的等价规则的过程说明

考虑以下规则：

$$\neg a \wedge c \rightarrow b \vee (\neg d \wedge e)$$

通过使用等价关系 →，可以消除这种隐含意义：$p \rightarrow q \equiv \neg p \vee q$；

$$\neg(\neg a \wedge c) \rightarrow b \vee (\neg d \wedge e)$$

德·摩根定律用于去掉第一对括号：

$$a \vee \neg c \vee b \vee (\neg d \wedge e)$$

分布用于删除第二对括号：

$$(a \vee \neg c \vee b \neg d) \wedge (a \vee \neg c \vee b \vee e)$$

最后一个表达式可以重写为两个表达式：

　　1. $a \vee \neg c \vee b \neg d$　　　　　2. $a \vee \neg c \vee b \vee e$

重新排列这些条款，可以得到：

　　1. $\neg c \vee \neg d \vee a \vee b$　　　　2. $\neg x \vee a \vee b \vee e$

用德·摩根定律重写第一个表达式（第二个不变）：

　　1. $\neg(c \vee d) \vee a \vee b$　　　　2. $\neg c \vee a \vee b \vee e$

对这些表达式应用等价 $p \rightarrow q \equiv \neg p \vee q$ 的倒序可以得到以下规则：

$$c \wedge d \rightarrow a \vee b$$

$$c \rightarrow a \vee b \vee e$$

这两个结果规则都是标准形式。

实际经验表明，一连串非常相似的步骤可以成功地将绝大多数非标准形式的规则转换成标准形式。作为一个简单的总结，表 10.10 列出了在我们的具体例子中所采取的步骤。

表 10.10　将逻辑表达式转换为标准形式的操作序列

1. 通过使用等价关系 →，消除隐含意义，$p \rightarrow q \equiv \neg p \vee q$。
2. 使用德·摩根定律，消除括号中的否定项。
3. 分配 $\wedge$ 和 $\vee$，得到多个析取操作的合取一个二元函数的联结。
4. 这个新表达式中的每一个分节都将被视为一个独立的逻辑表达式。
5. 将这些表达式中的否定项组合起来。
6. 使用等价 $p \rightarrow q \equiv \neg p \vee q$，将表达式转换回规则。

控制问题

如果你在回答下列任何问题时遇到困难，那么请返回阅读前文的相应部分。

- 满足标准形式要求的规则的定义特征是什么？任何知识库都能被转换成其等价的标准形式吗？
- 在将一般形式的规则转换为等价的标准形式时，需要采取哪些步骤？

10.5　熟能生巧

为加深理解，不妨尝试以下练习、思考题和计算机作业。

- 请给出真实世界的例子来说明肯定前项式和否定后件式的用法。示例必须与 10.1 节中的迈阿密-佛罗里达州示例不同。
- 使用表 10.11 中的四规则知识库，显示在证明 c 为真时使用肯定前项式方法的各个步骤。

表 10.11　肯定前项式练习的一个例子

手动模拟从这个四规则知识库推断出 c 为真结论的过程。

1	$a \wedge b \rightarrow c$
2	$d \rightarrow b$
3	$T \rightarrow d$
4	$T \rightarrow a$

- 使用表 10.12 中的五规则知识库，显示在证明 e 为真时使用带反向链的归结原则的各个步骤。

表 10.12　用反向链练习解决问题的一个例子

根据下列知识库（图表），手写一个能够推断出 e 为真的程序。

1	$b \rightarrow a$
2	$T \rightarrow c$
3	$c \wedge a \rightarrow d$
4	$d \wedge c \rightarrow e$
5	$T \rightarrow b$

- 将以下逻辑语句转换为一个或多个标准形式的规则。

$$a \wedge b \rightarrow c \vee (d \wedge \neg e)$$

- 撰写一篇两页的文章，讨论在基于搜索的推理肯定前项式中使用的可能的停止条件，以及通过反向链的解决方法进行推理。这些自动推理过程的计算成本有多高？

10.6　结语

肯定前项式的历史可以一直追溯到古代雅典和亚里士多德。19 世纪，乔治·布尔发现了一种用双值代数表达逻辑的方法，用 1 表示真，用 0 表示假，并引入了真值表的概念。归结原则这种更普遍的推理技术相对较新，是由罗宾逊（1965 年）提出的。20 世纪 70 年代，归结原则被选作编程语言 Prolog 的推理机制。

本章的目的是建立对以霍恩子句或标准形式表达的知识库进行推理的一些基本理解。出于教育目的，本章的介绍做了简化，即忽略了处理第 9 章中介绍的谓词和变量的必要性。这一点将在第 11 章中得到纠正。

即便如此，读者现在也对其本质有了一个很好的了解。为了实现一个能够在某一领域进行推理的程序，工程师首先必须确定相关的知识。然后，这些知识必须用某种形式化的范式来表达。在这种情况下，最常用的范式是一阶逻辑，它使推理过程容易实现。基于本章介绍的原则的程序，然后通过搜索可以从知识库中得出的结果来回答用户的询问。

使用变量的逻辑和推理

第 10 章通过简化到极致的例子解释了肯定前项式和归结原则。例如,这些示例从未考虑过谓词和变量。现在基本原理已经清楚,接下来继续完成演示。

首先,需要更多地关注知识的编码和操作机制。这将在一阶逻辑的框架内完成。本章将解释变量的存在性和全称量化的思想,以及它们在知识编码中所起的作用。随后,本章将解释统一和绑定等关键概念,以及它们对自动推理的影响。这样,读者就可以编写自己的知识库和自动推理程序了。

11.1 规则和量词

假设已掌握解决某一领域问题所需的知识。如何将这些知识以形式化的方式表达出来,以便人工智能程序使用? 最流行的工具是一阶逻辑,这种范式在自动推理中也很有用。

11.1.1 对象和函数

在形式的最底层,可以找到账单、狗、树或房子等对象。在这些对象之上是这些对象的函数。通常,函数接受一个或多个参数作为输入,并返回一组对象。例如,工程师可能决定函数 car_of(bill)应该返回属于 bill 的所有汽车的列表。

11.1.2 关系

除了对象和函数之外,一阶逻辑还处理关系。非正式地说,关系是一个返回 true 或 false 的函数。我们在第 9 章中遇到了一些例子,例如,parent(X,Y)对于 X 和 Y 的一些实例为真(如 X=bill,Y=eve),对于其他的实例,则为 false,这取决于是否可以在知识库中找到特定的事实。

关系的形式是名称(如 parent),后面是括号中的参数列表(X,Y)。该列表可以为空。在本书的其余部分中,关系的名称将被称为谓词。

11.1.3 常量和变量

当涉及常量和变量时,一阶逻辑的传统与 Prolog 语言中首选的形式不同,这有点尴尬。

在一阶逻辑中，常量的名称以大写字母开头，变量的名称以小写字母开头，例如 parent(Bill, x)，其中，Bill 是常量，x 是变量。

Prolog 语言使用与之完全相反的约定是不方便的，但是一旦读者习惯了它，通常不会引起任何大的混乱。从下一小节开始，本章将使用一阶逻辑的约定。

11.1.4　参数顺序

编写知识库的工程师可以决定将 teaches(Bill, Fred)解释为第一个参数教导第二个参数；即 Bill 教导 Fred。一旦做出了这样的决定，参数的顺序就成了强制性的；必须记住，teaches(Fred, Bill)意味着颠倒了教师和学生的角色。参数顺序的不一致将会导致人工智能程序出现难以发现的错误。

换句话说，工程师可以完全自由地构思谓词及其参数，但一旦决定，就必须注意不能偏离。

11.1.5　原子和表达式

原子是应用于一组对象的关系。逻辑表达式是一组原子和/或其他表达式，通过否定（NOT）、合取（AND）、析取（OR）和蕴涵（if-then）等逻辑运算组合而成。我们将分别用 ¬、∧、∨ 和 → 等一些常用的符号来表示这些运算。[①]

一个给定的逻辑表达式是真还是假，取决于它的组成原子和表达式的真假，以及所使用的逻辑运算的性质。表 11.1 提醒读者这些运算所产生的真值。通常，在布尔代数中，"真"用 1 表示，"假"用 0 表示；只有在"真"似乎意味着"假"的情况下，规则才是假的；而在所有其他情况下，规则都是真的。考虑下面的规则，可以直观地理解为什么会出现这种情况：

$$\text{lives}(x, \text{Miami}) \rightarrow \text{lives}(x, \text{Florida}).$$

简单来说，如果 x 住在迈阿密，那么 x 住在佛罗里达州。

表 11.1　由基本逻辑运算得出的真与假

p	q	$\neg p$	$p \wedge q$	$p \vee q$	$p \rightarrow q$
1	1	0	1	1	1
1	0	0	0	1	0
0	1	1	0	1	1
0	0	1	0	0	1

假设 Bill 住在巴黎，那么前项是假的。在这种情况下，结果也是假的，因为 Bill 住在法国，而不是佛罗里达州。这种情况代表了蕴涵真值表的最后一行。无论 Bill 住在哪里，读者都会同意这个规则仍然是正确的。可以为真值表的第三行举出类似的例子（例如，Bill 可能住在奥兰多）。证明蕴涵错误的唯一方法是证明 x 住在迈阿密，而不是佛罗里达州。

11.1.6　自动推理中的逻辑表达式

考虑下面 3 个用逻辑操作符合取原子的表达式：

---

① 当然，逻辑还知道其他操作，例如等价或异或操作。然而，这些都是在自动推理中很少用到的。

$$\text{offspring}(\text{Pete},\text{Fred}) \wedge \neg \text{offspring}(\text{Fred},\text{Pete}).$$
$$\text{parent}(x,\text{Pete}) \vee \text{parent}(x,\text{Fred}).$$
$$\text{parent}(x,y) \wedge \text{parent}(y,z) \rightarrow \text{grandparent}(x,z).$$

第一个表达式是说 Pete 是 Fred 的后代,而不是说 Fred 是 Pete 的后代。第二个说 x 是 Pete 或 Fred 的父母。第三个定义了 grandparent 的含义。

一般来说,这 3 个例子中的任何一个都是有效的逻辑表达式。然而,对于自动推理的需要,用规则来表达知识要好得多,最后一个表达式(定义 grandparent 的表达式)就是这种情况。读者已经知道,规则是一个包含蕴涵操作符"→"的逻辑表达式。

11.1.7　全称量词

所有谓词的参数都是常量的规则,在自动推理中很少有用。相反,现实的实现通常使用参数为变量的谓词。这些变量将在推理过程中被实例化,具体方式在前面的章节中已经介绍过。

如果想强调某条规则对某个变量的任何可能实例都有效,那么可以用全称量词 ∀ 来说明。例如,grandparent 概念的定义如下:

$$\forall x \forall y \forall z.[\text{parent}(x,y) \wedge \text{parent}(y,z) \rightarrow \text{grandparent}(x,z)].$$

我们说变量 x、y、z 在这里是全称量化的。该规则可以读作:"对于 x、y 和 z 的任何实例化,如果……那么……"。

11.1.8　存在量词

有些规则告诉我们,只有在变量的某些特定实例中才是真的。英语句子"some students like AI"就是这种情况。换句话说,不是所有的学生都喜欢这门课程,而是只有部分学生喜欢这门课程。存在量词 ∃ 的任务就是表达这个意思。给定的英语句子的形式如下:

$$\exists x.[\text{student}(x) \rightarrow \text{likes}(x,\text{AI})].$$

我们说变量 x 在这里是存在量化的。该规则可以读作:"至少存在一个 x,使得如果……那么……"。

11.1.9　量词的顺序

如果对句子中的多个变量进行量化,则对这些量化的列表进行"从左到右"的处理。要了解为什么这很重要,请考虑下面的表达式:

$$\forall p \exists h. \text{house}(p,h).$$

这个词告诉我们,"对于每个人来说,至少有一栋属于他的房子"。换句话说,每个人都有房子。[①]

然而,假设将量化的顺序颠倒如下:

$$\exists h \forall p. \text{house}(p,h).$$

从左到右阅读量词,我们意识到这个表达告诉我们,"至少存在一所房子属于每一个

---

① 注意,这种解释只是隐含的,因为表达式并没有指定 p 是人,h 是房子。

人"。这可能是市政厅该考虑的情况。

读者应该记得，改变量词表中的顺序可能会严重改变表达式的含义。

11.1.10　其他示例

为了说明上述概念，表 11.2 提供了一些简单英语语句与一阶逻辑等价语句的翻译。注意，这在很大程度上取决于工程师自己对谓词及其定义的选择。例如，在翻译"所有哺乳动物的大脑都很大"这个句子时，工程师已经决定，当且仅当 y 是 x 的大脑时，关系 brain(y,x) 为真。

除了表 11.2 中建议的规则外，还可以有其他表述。例如，第二条规则使用关系 teaches(x,AI)，假定谓词的真假可以从现有的知识库中推断出来。然而，也可以设想知识库列出了所有的课程，其中包括课程（AI），在这种情况下，工程师可能更愿意用下面的 3 个关系来代替（在该规则中）关系 teaches(x,AI)：

$$\text{teaches}(x,y) \wedge \text{course}(y) \wedge \text{equals}(y,\text{AI}).$$

表 11.2　简单英语语句的逻辑表达式示例

"所有哺乳动物的大脑都很大。"

$\forall x \forall y.[\text{mammal}(x) \wedge \text{brain}(y,x) \rightarrow \text{large}(y)].$

在这里，如果 y 是 x 的 brain，那么关系 brain(y,x) 就为真。

"没有哪个人工智能教授喜欢蜘蛛。"

$\forall x \forall y.[\text{professor}(x) \wedge \text{teaches}(x,\text{AI}) \wedge \text{spider}(u) \rightarrow \neg \text{likes}(x,y)].$

在这里，如果 x 喜欢 y，那么关系 likes(x,y) 就为真。

"有些教授结婚了。"

$\exists x.[\text{professor}(x) \rightarrow \text{married}(x)].$

"人们要么是生物学家，要么至少不喜欢某些动物。"

$\forall x \exists y.[\text{person}(x) \wedge \text{animal}(y) \rightarrow \text{biologist}(x) \neg \text{likes}(x,y)].$

读者可能会问，这些关系的顺序在这里是否是任意的？原则上是的，然而，稍后我们将看到，具体的顺序可能会严重影响自动推理过程中使用规则的程序的计算效率。

控制问题

如果你在回答下列任何问题时遇到困难，那么请返回阅读前文的相应部分。

- 函数和关系（在一阶逻辑中）的区别是什么？通过示例说明概念。
- 什么是原子？什么是逻辑表达式？
- 你对全称量词和存在量词了解多少？它们如何在逻辑表达式中指定？它们的顺序重要吗？

11.2　删除量词

初学者觉得量词不自然，很麻烦，很难习惯。好消息是：量词通常是可以避免的。逻辑学家会争辩说，删除它们会改变一些逻辑表达式的含义，即使只是轻微的改变。然而，注重实际的工程师会反驳说，只要不影响推理过程，知识库准确性的轻微损失是可以容忍的。

11.2.1 删除一些存在量词

假设我们想要将 John 有一所房子的信息输入到知识库中,使用关系 house(h,p),如果房子 h 属于人 p,则该关系为真。下面是带有存在量化变量的对应逻辑表达式:

$$\exists h.\,\text{house}(h,\text{John}).$$

为了避免存在量化,程序员决定将语句简化如下:

$$\text{house}(\text{SK},\text{John}).$$

在这里,SK 是分配给 John 的房子的名字。该名称是一个常量,因此必须大写。这两个陈述在逻辑上是等价的吗?不是。变量 x 的消失消除了量化它的需要。然而,简化的代价是语句的含义现在略有不同。修改后的规则可能仅适用于一个混凝土房屋,这里用 SK 表示;原来的规则则考虑到 John 有两所或两所以上房子的可能性。

不过,这种精确度上的小损失是可接受的。John 很可能只有一所房子。即使他有不止一所房子,若该数字没有进入任何推理过程,他房子的数量也是无关紧要的。在我们日常的讨论和争论中,这样的小错误很少起关键的作用。本着同样的精神,它们不太可能在人工智能编程中发挥关键作用。

11.2.2 存在量化向量

假设我们决定在知识库中输入这样一条信息:在我们感兴趣的领域中,每个人都有房子。读者应该还记得,在几页之前,这一情况是通过下面的语句表达出来的:

$$\forall p\,\exists h.\,\text{house}(h,p).$$

同样,通过假设每个人都有且只有一栋房子,可以去掉存在量词。这些房子可以用一个向量来表示,向量中的每个元素都是属于一个具体的人的房子:

$$\forall p.\,\text{house}(\text{SK}(p),p).$$

在这里,SK(p)是房子的向量,每个房子都由指针指向拥有它的具体人(在括号中)。不得不再次承认,修改后的语句与原来的语句并不完全等价。然而,准确性的降低可能是去掉存在量词的一个可以接受的代价。

11.2.3 经常被忽视的案例

在最后一段中,使用了一个常量向量。然而,这个小技巧在处理以下语句时是不合适的,因为这些语句的量词声明顺序与前面的语句不同:

$$\exists h\,\forall p.\,\text{house}(h,p).$$

读者应该还记得,在 11.1 节中提到过这个语句,它是一种告知程序存在一个属于每个人的房子的方式;例如,这可能是市政厅。因为这是一个单独的房子,所以只需要一个标量常数:

$$\forall p.\,\text{house}(\text{SK},p).$$

11.2.4 斯科勒姆化[①]

前面的例子帮助我们理解了删除某些存在量词的机制的本质。下面介绍一种称为"斯

---

① 这种方法是由挪威逻辑学家 Thoralf Skolem(1887—1963)提出的。在他的记忆中,教科书(包括本书)选择用 SK 来表示得到的常数。

科勒姆化"的技术的一般形式。考虑下面的关系式：

$$\forall v_1 \forall v_2 \cdots \forall v_n \exists x.[v_1, v_2, \cdots, v_n, x].$$

在这里，存在定量变量 x 前面有 n 个普遍定量变量 v_i。根据前面例子的思路，我们需要为这些变量的每一个值的组合提供一个常量。下面是前面的表达式经过斯科勒姆化后的样子：

$$\forall v_1 \forall v_2 \cdots \forall v_n \exists x.[v_1, v_2, \cdots, v_n, \mathrm{SK}(v_1, v_2, \cdots, v_n)].$$

可以看到，表达式几乎没有变化，只是存在定量变量 x 被一个 n 维常数数组所代替，其中每个条目对应 $i \in [1, n]$ 中 v_i 值的一个组合。

读者会注意到全称量化的变量 v_i 在存在量化的 x 之前。斯科勒姆化常量数组的维数与原始表达式中通用量词的维数相同。

另外请注意，本节开头的简单示例是这个一般公式的特殊情况。

11.2.5　删除剩余的存在量词

斯科勒姆化消除了大部分存在量词，但不是全部。幸运的是，实践经验表明，几乎所有经过斯科勒姆化的存在量词都可以很容易地被全称量词所取代。同样，这确实修改了给定表达式的严格逻辑意义。然而，和以前一样，这种改变几乎感觉不到，也很少影响随后的推理过程。

举例来说，下面的规则用简单的英语告诉我们，在每一门难度较大的课程中，至少有一名学生要付出大量的努力才能取得成功：

$$\forall c.[\mathrm{difficult}(c) \wedge \exists s.[\mathrm{takes}(s, c) \rightarrow \mathrm{requires\_work}(c)]].$$

稍加思考，读者就会同意，用全称量词替换存在量词在这里并不代表规则意义上的任何重大变化。下面是替换的结果：

$$\forall c. \forall s.[\mathrm{difficult}(c) \wedge \mathrm{takes}(s, c) \rightarrow \mathrm{requires\_work}(c)].$$

这一新规则表明，对于任何选修该课程的学生来说，该课程都需要大量的工作。从严格的逻辑角度来看，这一新的表述确实是一个小的修改。

然而，当该规则用于自动推理时，这种差异不太可能导致不同的结论。

11.2.6　∃消失的后果

我们已经看到，知识库中的大多数存在量词都可以通过斯科勒姆化来消除。那些在斯科勒姆化中幸存下来的存在量词几乎总是可以被全称量词所取代，而不会产生任何严重后果。这很好。我们已经处于一种情况下，即所有剩下的量词都是全称的。

但是有一个严重的后果。如果我们知道知识库中的所有变量都是全称量化的，那么根本就不需要指定量词！事实上，现在只需要写出没有任何量化的规则，并简单地假定它们对每个实例都有效，也就是普遍有效。顺便提一下，这就是为什么第 9 章中类似于语言 Prolog 的规则从来不需要量词。

控制问题

如果你在回答下列任何问题时遇到困难，那么请返回阅读前文的相应部分。

- 解释斯科勒姆化如何消除大多数存在量词。
- 为什么在斯科勒姆化中幸存下来的存在量词也可以被淘汰？一般来说，这种情况对可变量化意味着什么？

11.3 绑定、统一和推理

第 10 章中的肯定前项式和归结原则是在不需要变量的简化情况下解释的。现在让我们看看如何处理更现实的情况。首先,变量的引入要求我们探讨两个关键概念:绑定和统一。

11.3.1 绑定变量

假设要推理以下两条规则。第一条规则告诉我们,任何教授人工智能课程的人都是教授。第二条规则告诉我们,所有教授(在给定的知识库中的地址)都从大学领取工资。

$$teaches(x, AI) \rightarrow professor(x).$$
$$professor(y) \rightarrow paid\_by(y, University).$$

第一条规则的后项中有 professor(x),另一条规则的前项中有相似的东西。当我们说"相似的东西"时,我们的意思是两者是存在差异的。括号内的变量在一种情况下用 x 表示,在另一种情况下用 y 表示。但如果假定 $x=y$,那么这两种关系就成为同一种了,这样,这两种规则就可以被一起推理了。

假设 $x=y$ 将两个参数联系在一起。

11.3.2 绑定列表

在推理过程中,人工智能程序总是寻找可以进行肯定前项式或归结的规则对。通常,只有当相应地绑定它们的变量时,这两条规则才满足条件(如前一段所述)。

在整个推理过程中,通常必须建立许多绑定。然后将所有这些绑定收集到绑定列表中。假设,例如,建立了一些早期的推理过程,teaches(John, AI) 表示 John 教授人工智能课程。这将前面规则的前项 x 绑定到 John。然后可以看到,当下一步将 x 绑定到 y 时,推理过程可以证明 John 是由大学支付工资的,这是由上述第二条规则中的术语 paid_by(John, University)表示的,将其添加到绑定列表 σ 中,可得到以下结果:

$$\sigma = \{x = John, y = x\}.$$

在实际的应用程序中,绑定列表可能非常长。

11.3.3 嵌套关系的绑定

9.1 节末尾简要地提到了嵌套实参的存在:实参本身可以是具有自己实参的谓词。这种情况也必须考虑。假设想找到以下两个表达式的绑定:

$$father(Fred, brother(), x, Ann).$$
$$father(Fred, y).$$

第一个参数 Fred 在两个关系中有相同的值,第二个参数在两个关系中不同。绑定依赖于实际值应该相同的假设。如果绑定看起来像这样,则会出现这种情况:

$$\{y = brother(x, Ann)\}.$$

11.3.4 统一

建立所有必要绑定的过程称为统一。绑定可能比前面段落中的绑定复杂得多。统一的一般算法相当复杂，因为需要适应最多样化的嵌套类型。幸运的是，深度嵌套在今天已经不像上一代那么普遍了。因此，掌握整个统一技术不像以前那么紧迫了。

也许仅通过表 11.3 中的 3 个简单示例就足以说明基本原理。在计算机程序中对这种机制进行编码应该不会造成困难。

表 11.3　统一结果示例

下面的示例总是包含两个表达式 p 和 q，并为其建立绑定列表。

$p = \text{professor}(\text{Bill})$，　　　　　　$q = \text{professor}(x)$
绑定列表：$\{x = \text{Bill}\}$
$p = \text{teaches}(\text{Bill}, x)$，　　　　　　$q = \text{teaches}(y, \text{AI})$
绑定列表：$\{y = \text{Bill}, \text{AI} = x\}$
$p = f(x, y)$，　　　　　　　　　　　$q = g(y, a)$
绑定列表：$\{x = y, y = a\}$

请注意，对最后一个示例稍作处理后可能会产生另一种绑定方式：

$\{x = a, y = a\}$

11.3.5　使用变量的肯定前项式和归结原则

在包含变量的知识库中，基于肯定前项式和归结原则的推理机制与第 10 章中的简化上下文基本相同。唯一的不同之处在于，程序必须提供推理过程中的所有绑定。

因此，表 10.8 中的算法被修改了，这两条规则只有在被一个特定的绑定表 σ 统一时才能被推理。

推理规则的完整版本汇总于表 11.4 中。读者会注意到在两个程序的第三条规则末尾都有符号"$|_{\sigma}$"。

表 11.4　使用变量的推理程序

肯定前项式：假设第二条规则中的 d 和第一条规则中的 a_i 在约束表 σ 下统一。这就是模态的行为：

$$a_1 \wedge a_2 \wedge \cdots \wedge a_m \qquad\qquad\qquad \rightarrow b$$
$$c_1 \wedge c_2 \wedge \cdots \wedge c_n \qquad\qquad\qquad \rightarrow d$$

$$a_1 \wedge a_2 \wedge \cdots \wedge a_{i-1} \wedge a_{i+1} \wedge \cdots \wedge a_m \wedge c_1 \wedge c_2 \wedge \cdots \wedge c_n \rightarrow b|_{\sigma}$$

归结原则：假设第二条规则中的 d_j 和第一条规则中的 a_i 在绑定表 σ 下统一。下面是归结的行为：

$$a_1 \wedge a_2 \wedge \cdots \wedge a_m \qquad\qquad \rightarrow b_1 \vee b_2 \vee \cdots \vee b_k$$
$$c_1 \wedge c_2 \wedge \cdots \wedge c_n \qquad\qquad \rightarrow d_1 \vee d_2 \vee \cdots \vee d_l$$

$$a_1 \wedge a_2 \wedge \cdots \wedge a_{i-1} \wedge a_{i+1} \wedge \cdots \wedge c_1 \wedge c_2 \wedge \cdots \wedge c_n \rightarrow b_1 \vee b_2 \vee \cdots b_k \vee d_1 \vee d_2 \vee \cdots \vee d_{j-1} \vee d_{j+1} \vee \cdots \vee d_l|_{\sigma}$$

控制问题

如果你在回答下列任何问题时遇到困难，那么请返回阅读前文的相应部分。

- 什么是绑定列表？什么是统一？它们在推理技巧中扮演什么角色？
- 第 10 章中讨论的完全版本的肯定前项式和归结与简化版本的肯定前项式和归结有什么不同？

11.4 实用推理程序

11.3节的信息应该足以让任何人实现一个简单的自动推理程序。不过，为了更容易理解，让我们用一个简单的例子来说明推理过程。在此之后，我们将讨论与推理过程的计算成本相关的几个问题。

11.4.1 具体的例子

表11.5给出了一个简单的知识库，其中只包含3条规则。我们想让这个程序回答的问题是：某些课程是否困难。当将推理过程与第10章的算法进行比较时，我们可以看到现在的查询包含一个变量 y。表格显示了如何通过反向链的归结来回答查询，这种方法总是将 F 保留在右侧。

表 11.5 一个使用包含变量的知识库的推理过程示例

知识库：

1. T→new_course(AI).

2. T→tough_prof(Bill).

3. new_course(x) ∧ tough_prof(p)→difficult(x).

问题：

正式："Is course y difficult?"

非正式：?:-difficult(y)

步骤的顺序遵循的归结原则与反向链。

首先，在知识中加入与待证明内容相反的内容。

注意，最后一列列出了绑定关系。

	expression	source	bindings
a	difficult(y)→F	query	
b	new_course(x) ∧ tough_prof(p)→F	resolved：a,3	$x=y$
c	new_course(x)→F	resolved：b,2	$p=$Bill
d	T→F	resolved：c,1	$x=$AI

可以看到出现了矛盾，这意味着在给定绑定下原始查询是正确的。

绑定列表：$\sigma=\{x=y, p=$Bill$, x=$AI$\}$。

后处理后的绑定列表：$\sigma=\{y=$AI$, p=$Bill$\}$。

解释：如果这门课是 AI，并且这门课的教师是 Bill，那么这门课就很难。

表11.5还显示了发生归结的具体绑定。然后，程序在向查询返回其答案时使用这些绑定。在这个特定的例子中，程序将以 $y=$AI，$p=$Bill 进行响应。我们在第9章中遇到了类似性质的答案。

与前面一样，其中一列列出了要进行归结的规则对（例如，第二行包含：resolved：a,3）。该信息可用于更高级的系统，该系统能够告知用户如何准确地获得具体解决方案。这种解释通常用于20世纪80年代和90年代流行的专家系统。它们将在第16章中简要讨论。

11.4.2 多个解决方案

在自动推理的某些步骤中，可供选择的规则对（有时是许多不同的规则对）可能需要进行肯定前项式运算或归结运算。[①] 在给定的步骤中，应该选择哪一对规则对？哪一对规则对的查询处理速度最快？任何计划通过启发式搜索实现推理过程的程序员都应该考虑这个问题。在纯粹随机选择的情况下，这个过程很可能是昂贵的。

目前已经发明了许多技术，并成功地应用于工作程序中。其中许多技术依赖于如何制定规则、如何提出查询以及推理程序在决定如何进行时应使用何种启发式方法等建议。对所有这些技术和"窍门"的描述和分析很容易就能写满一整本书；此外，其中大多数技术和"窍门"都相当先进。因此，为了便于说明，这里仅介绍一些最基本的技术。

11.4.3   绑定数量

在表 11.6 的顶部，我们可以看到一个由 3 个谓词组成的规则前项。该规则涉及 AI 教师（该人用 x 表示）和教师的孩子 y。当试图用知识库中的另一条规则推导出该规则时，系统必须识别 x 和 y 这两个变量的许多绑定。有多少这样的绑定？使用表 11.6 中的数字进行计算。

表 11.6   变量绑定的数量取决于处理谓词的顺序

任务：查找以下规则前项的绑定：

$\text{professor}(x), \text{teaches}(x, \text{AI}), \text{father}(x, y) \rightarrow \cdots$

谓　　词	绑　　定
$\text{professor}(x)$	1000
$\text{teaches}(x, \text{AI})$	1
$\text{father}(x, y)$	6000
$\text{father}(\text{const}, y)$	2

从左到右处理谓词将产生 2000 个绑定。

如果将顺序改为 $\text{teach}(x, \text{AI}), \text{professor}(x), \text{father}(x, y)$，那么绑定的数量将下降到 2。

我们从第一个谓词 $\text{professor}(x)$ 开始。表 11.6 告诉我们知识库包含 1000 个教师实例。对于每一个，必须确定 x 是否教 AI。由于这是一个是或否的决定，因此这里只需要考虑一个绑定。这标识了一个具体的 x。对于每个 x，第三个谓词 $\text{father}(x, y)$ 建立了子元素 y。表 11.6 告诉我们，每个具体的父元素平均有两个子元素，这意味着两个绑定。因此，绑定的总数为 $1000 \times 1 \times 2 = 2000$。

假设改变谓词的顺序，如表 11.6 底部所示。现在从 $\text{teaches}(x, \text{AI})$ 开始。表格的第二行告诉我们只有一位教师在教授这门课。下一个谓词说这个人 x 是教师。同样，这是一个"是或否"的决定，因为绑定是通过对前一个谓词 $\text{teaches}(x, \text{AI})$ 的评估来建立的。最后，必须确定 x 的所有子元素。平均来说，有两个。因此，结合的总数为 $1 \times 1 \times 2 = 2$。

因此我们确信，绑定的总数取决于处理谓词的顺序。

11.4.4   从左边开始

上一段中的观察结果表明了一个具有成本衡量的谓词评价策略可能是什么样的。一个寻求成本最小化的自动推理程序可能会首先确定在规则前项中遇到的各个谓词的变量绑定

---

① 例如，对于表 10.6 中的知识库，流程可以通过归结规则 1 和 2 或归结规则 1 和 3 来启动。

数。一旦知道了这些数字,程序就可以确定哪种顺序能使绑定数量最小化。

不过,这种方法的实际应用可能并不容易。因此,更常见的方法是让程序总是从左到右处理谓词。这样一来提出谓词最有效顺序的责任就交给了程序员,而程序员可能比机器更了解绑定的数量。

表11.7中的伪代码总结了基于上述思想的搜索算法。

表 11.7　有序归结的伪代码

输入:知识库任务。

证明:q 为真。

1. 创建一个空列表 L,并在其中放入待证明项的否定项:$L=\{q\rightarrow F\}$。
2. 如果 L 包含 $T\rightarrow F$,则止于成功:q 已被证明。
3. 如果 p 中的第一个原子可以用知识库中的某个规则或某个 $p_1\in L$ 来归结,那么就这样做,并将结果添加到知识库中。
4. 如果不能用知识库或 L 中的任何规则归结 p,则从 L 中删除 p。
5. 若 $L=\varnothing$,以失败告终。否则,请执行步骤2。

11.4.5　加速推理过程

即使使用了反向链版本,基于归结原则的自动推理在计算成本上也是昂贵的。有鉴于此,人工智能专家开发了辅助技术来加快这一过程。下面简要介绍其中的两种技术,以便读者了解所采用的原理。

11.4.6　先行的策略

绑定变量时,检查涉及同一变量的其他条件(在前项中)是否至少有一个绑定。举例来说,考虑以下规则前项,它涉及教师的孩子正在上他或她父亲的课程的情况:

$$professor(x),father(x,y),teaches(x,z),studies(y),takes(y,z)\rightarrow\cdots$$

这些术语的绑定数量很多。有许多教师,他们平均每个人有两个孩子,一个教师可能教授几门课程,等等。在这里,所有这些绑定关系都不是最重要的。例如,在研究第二个谓词 $father(x,y)$ 时,可以忽略那些 $studies(y)$ 为假的子女 y。为了避免这些不必要的绑定,程序必须"向前看",考虑同一变量在前谓词的其余谓词中的绑定。

11.4.7　回跳

为了理解第二个"诀窍"的本质,我们再看一看前面段落中的前项:

$$professor(x),father(x,y),teaches(x,z),studies(y),takes(y,z)\rightarrow\cdots$$

假设程序按照前面的建议从左到右调查谓词;假设前3个谓词的求值目前已经建立了以下部分绑定列表:

$$\sigma=\{x=Bill,y=Eve,z=AI\}$$

此时,程序意识到 $studies(y)$ 是假的,因为 Eve 不学习。经典的爬山算法将回溯到前面的谓词,并对 $teaches(Bill,z)$ 中的 z 进行另一次绑定。然而,这并没有什么用,因为无论 z 的绑定是什么(无论 z 的父亲 Bill 教什么课程),$studies(Eve)$ 仍然是假的。在这种情况下,不仅要回溯到上一个谓词,而且要"跳"过这个谓词,一直跳到 $father(x,y)$,考虑 y 的另一个实例，也就是 Bill 的另一个孩子。这种方法称为"回跳"。

　　的确，这种情况在某种程度上是由程序员以一种尴尬的方式对谓词排序造成的，但是一个使用回溯的编写良好的推理程序可以处理它。

控制问题

如果你在回答下列任何问题时遇到困难，那么请返回阅读前文的相应部分。

- 为什么表 11.5 中的推理过程也包含一列变量绑定？
- 解释为什么需要探索的绑定数量取决于前置词中谓词的排列顺序。
- 概述本节提出的提高推理过程效率的策略。

11.5　熟能生巧

为了加深理解，不妨尝试以下练习、思考题和计算机作业。

- 考虑下列英语语句的逻辑含义，然后用一阶逻辑规则将其表达出来（可以对一个英语句子使用两条规则）。请确保使用了适当的量词。

  "有些课程很难。"

  "有些学生不选择热门课程。"

  "教师喜欢教授高级课程。"

  "有些计算机科学教师已婚。"

  "有些爬行动物有毒，在这种情况下它们不长。"

  "人们要么是生物学家，要么至少不喜欢某些动物。"

- 撰写一篇两页的文章，讨论数量词在一阶逻辑中的作用和意义，以及可以使用的在知识库中消除它们的程序。

- 统一以下几对表达式：

$$p = \text{likes}(x, y), \quad q = \text{likes}(\text{Bill}, \text{AI}).$$
$$p = \text{difficult}(\text{course}(\text{AI})), \quad q = x.$$
$$p = \text{uncle}(x, y), \quad q = \text{uncle}(\text{brother}(x, y), z).$$

- 用表 11.6 中的数字按以下顺序计算查询求值中涉及的绑定总数：

$$\text{father}(x, y), \text{teaches}(x, \text{AI}), \text{professor}(x).$$

- 自创一个例子来说明 11.4 节中介绍的前瞻性评价策略。解释为什么前瞻策略能够真正加速推理过程。

- 自创一个例子来说明 11.4 节中介绍的前瞻性评价策略。解释为什么前瞻性评价策略在这里有帮助。

- 使用互联网浏览器，找到另一种提高规则评价效率的方法。请用一页纸的篇幅对其进行描述。

11.6　结语

现在，读者已经知道如何实现能够进行自动推理的简单程序，即使这些程序还只是非常初级的形式。读者同时也了解了在使用命题演算分离或归结来进行推理时绑定变量的必要性。本章的新内容是引入了变量，以及在通过肯定前项式或归结进行推理时绑定变量的必要性。在现实的知识库中，大量可能的绑定和实例导致了可观的计算成本。对于通过"预测"绑定和实例化的数量来降低计算成本的方法进行了大量的研究。

自动推理程序可以返回一个使用变量的绑定列表。读者知道如何生成对第 9 章中查询的响应。当然，以专业的方式完成这项任务要比本章所介绍的复杂得多，而且需要程序员发挥很大的创造力。不过，基本原理现在应该相当清楚了。

本章所描述的推理过程仍然过于简单，无法满足现实领域的需求。例如，它们假定所有规则都是完全可靠的，而且知识库不存在任何形式的不确定性。在现实领域中，这种完美状态是罕见的。我们需要采取特别措施来处理人类知识的不完善性。这将是后面章节的主题。

学习了前 3 章的读者能够编写 Prolog 编译器吗？诚实的回答是："是，也不是。"我们的论述依赖于一个非常简化的 Prolog 版本。对于这一点，专注的读者现在可能已经准备好编写解释语言语句所需的软件，并对这些语句进行了某种基本的推理。尽管如此，完整的 Prolog 还有许多其他的功能，这里就不一一列举了。

第12章

表示知识的不同方式

一阶逻辑是知识表示和自动推理最常用的范式。但它并不是唯一的范式。还存在其他机制。其中最著名的可能是框架和语义网络,这两种方法彼此密切相关。虽然它们目前的流行程度与 20 世纪 90 年代相比相形见绌,但它们确实具有某些优势,人工智能专家绝对需要了解它们的存在。

本章将简要介绍这两种方法,并说明它们允许什么样的推论。读者将了解到它们的优缺点,并将对这两种方法在过去为何如此流行以及为何现在很少使用这两种方法有一定的了解。

12.1 框架和语义网络

除了规则和逻辑之外,最受欢迎的可能就是称为"框架"的范式。同样重要的是这种技术的图形等价物——语义网络。尽管这两种范式如今已不像过去那样流行,但了解它们的优缺点还是有好处的。

12.1.1 框架的具体例子

表 12.1 显示了一个非常简单的知识库,该知识库以 mammal、dog 或 fido 等框架表示。每个框架包含一个或多个插槽,例如,在哺乳动物的情况下包含 moving(移动)和 covered_by(被覆盖)。这些插槽可以用具体的值来填充。例如,这些值告诉我们,mammal 类的成员被毛发覆盖,并且会走路。用值来填充槽并不是强制性的,插槽可以是空的。

表 12.1 中的简单示例仅包含几个框架,其中没有一个框架的插槽超过 3 个。实际上,至少有数百个框架,其中一些框架可能有多个插槽。此外,有些插槽可以重复使用。例如,fido 是 dog 的实例,也是家养动物的实例,等等。为了反映所有这些属性,插槽 instance_of 可以在同一框架中多次使用,每次使用的超类都不同。

每个框架都有一个或多个插槽需要填充具体值。

如果缺少插槽或值,则实例从它所属的类继承相应的值。子类也继承其超类的值,除非另有指定。

mammal
　　moving：walks
　　covered_by：hair
dog
　　subclass_of：mammal
fido
　　instance_of：dog
dolphin
　　subclass_of：mammal
　　moving：swims
　　covered_by：scales
bird
　　moving：flies
　　covered_by：feathers
hen
　　subclass_of：bird
　　moving：walks
pipi
　　instance_of：hen

12.1.2　继承值

在表 12.1 中,mammal 框架中的一个空格表示运动特征:哺乳动物通过行走来移动。在 dog 框架中没有这样的插槽,但是后一框架的另一个插槽指定了 dog 是 mammal 的一个子类,在这个框架中移动插槽是可用的;它的值适用于所有的子类。我们说 dog 继承了上一级框架 mammal 的插槽值,因此它应该通过行走来移动。

在一个更大的知识库中可能包含另一个类,例如脊椎动物,而类 mammal 可能拥有 subclass_of 插槽,指定 mammal 是脊椎动物的一个子类。在这种情况下,mammal 将继承 vertebrate 的所有插槽值;同样,dog 将继承 mammal 和 vertebrate 的插槽值。

最后,请注意名为 instance_of 的插槽。它的含义与 subclass_of 的含义类似,都是继承值。

12.1.3　规则的例外

继承机制的一个优点是它提供了一种处理异常的自然方法。让我们通过一个简单的例子来说明这一点。表 12.1 中的框架包含了哺乳动物运动方式的信息:行走。然而,我们知道,尽管海豚是哺乳动物,却不会行走。在我们的知识库中,这一例外情况通过框架 dolphin 中的插槽 moving(其值为 swims)得到了解决。诚然,dolphin 是 mammal 的一个子类,但在其 moving 插槽中明确指定的值会优先于任何可能被继承的值。

一般来说,如果子类没有插槽,其值将从超类框架继承。此外,如果子类确实有插槽,但没有指定其值，那么继承机制仍然适用。通过这种方式，基于框架的知识表示法可以制定一般规则，同时允许例外情况。

12.1.4 语义网络

与基于框架的知识表示密切相关的是语义网络（Semantic Network，SN）的概念。一个这样的 SN 如图 12.1 所示。读者会注意到，这个 SN 表示的知识与表 12.1 中列出的框架完全相同。SN 的优点在于它以图形的形式直观地表示知识库。这些通常更容易解释和导航。

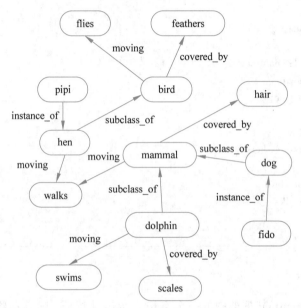

图 12.1　表示与表 12.1 中基于框架的知识库相同的知识的语义网络

在计算机程序中，SN 易于实现。也许最简单的方法是用三元组［start，edge_name，end］表示图中的每条边。当然，经验丰富的程序员可能会使用更高级的数据结构。

控制问题

如果你在回答下列任何问题时遇到困难，那么请返回阅读前文的相应部分。

- 框架是如何表示知识的？解释继承的含义，并评论它如何允许我们处理规则的异常。
- 什么是语义网络？它们与框架有什么关系？

12.2　基于框架的知识推理

通过框架和语义网络表示知识的好处之一是，在这些范式中，推理可以非常有效。有两个例子可以说明这一点。

12.2.1 查找实例的类

在基于框架的知识库中，最简单的任务可能就是找到对象的类。例如，对象 fido 并没有提供任何关于它被毛发覆盖的直接信息。然而,框架确实有一个插槽告诉我们它是狗的一个实例,而狗又是 mammal 的一个子类。对于后者,covered_by 插槽在这里是可用的。这只是拥有一个能够识别对象超类机制的众多情形之一。

表 12.2 中的伪代码总结了一种算法,它可以确定给定对象是否属于用户指定的 X 类。其原理很简单。如果对象包含 instance_of 插槽或 subclass_of 插槽,这些可以直接指向 X。或者,对象可以是一个类的实例或子类,而这个类本身可能是 X 的子类,如此递归。读者会发现通过盲搜很容易实现该技术。

表 12.2 确定给定对象是否属于给定超类的技术的伪代码

查询:instance(Object, X)。

解释查询:Object 是类 X 的实例吗?

1. 设 S_C 为 Object 中由 instance_of 插槽表示的所有类的集合。
2. 若 $S_C = \varnothing$,则停止并返回 NO。
3. 选择一些 $C \in S_C$,如果 $C = X$,则返回 YES。
4. 将 C 中的 subclass_of 插槽指示的所有类添加到 S_C 中。
5. 返回步骤 2。

12.2.2 找到一个变量的值

稍微高级一点的问题是如何确定一个在给定框架中没有被指定的特征的值。我们在几段前以 fido 的运动方式为例解释继承原理时遇到了这个问题。

表 12.3 中的伪代码总结了一种确定给定对象具体特征值的算法。这个原理与前一段的原理相似。第一种选择是在给定对象中直接提供特征值。如果做不到这一点,那么算法将尝试在对象所属的类或它的任何超类中找到特征。

表 12.3 在框架中建立插槽位值

查询:value(Object, P, v)。

解释查询:Object 中插槽 P 的值 v 是多少?

1. 如果 Object 的属性 P 的插槽包含一个值,则返回这个值。
2. 否则,设 S_C 为 Object 中 instance_of 所指向的所有类的集合。
3. 若 $S_C = \varnothing$,停止并返回 failure。
4. 选择一些 $C \in S_C$,如果它指定属性 P 的值,则成功停止并返回该值。
5. 否则,将 C 中的插槽 subclass_of 指示的所有类添加到 S_C 中。
6. 返回步骤 2。

12.2.3 语义网络中的推理

SN 和框架之间有明确的对应关系:对于任何基于框架的知识库,都可以创建等价的 SN;反之亦然。这意味着,在 SN 中进行推理时,可以使用表 12.2 和表 12.3 中的算法。

具体实现将取决于计算机程序如何表示 SN。图 12.2 用一个简单的例子图解地说明了目标值建立过程,其中的任务是确定 fido 的运动方式。

12.2.4 框架中推理的计算成本

快速查看一下最后两种算法,就会发现它们的计算成本与需要遍历的 SN 边的数量或

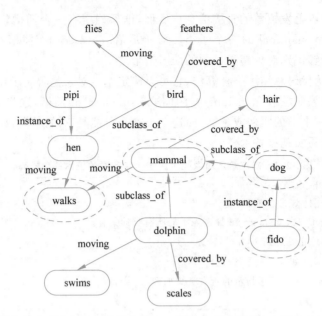

图 12.2　举例说明如何在语义网络中回答有关 fido 运动方式的问题。在对象 fido 中缺少 moving 插槽，在超类 dog 中也找不到这个插槽。然而，dog 的超类 mammal 确实有这个插槽，它的值 walks 被 fido 继承

多或少呈线性增长关系。这比在基于规则的系统中进行推理的成本要低得多（无论是通过肯定前项式还是通过归结）。这一观察结果为框架和 SN 曾经如此受欢迎提供了另一个原因。

控制问题

如果你在回答下列任何问题时遇到困难，那么请返回阅读前文的相应部分。

- 对于基于框架的知识库，总结确定对象是否属于特定类的技术，以及确定对象具体属性值的技术。
- 讨论在 SN 范式中实现这些技术的可能性。
- 在基于框架的知识库和 SN 中推理的计算成本是多少？

12.3　框架和 SN 中的 N 元关系

在 12.2 节的示例中，基于框架的表示法被证明是非常直观的，易于处理，并且很容易被 SN 可视化。然而，所有这些便利性都来自于我们的默许限制，即完全依赖于诸如 covered_by 插槽这样的简单属性。

在许多应用中，这还不够。知识的某些方面需要两个或更多参数的谓词，例如二元关系 parent(x,y) 和 bigger_than(x,y)，或者三元关系 between(x,y,z)（表示 y 位于 x 和 z 之间）。在这里，基于框架的表示法不再像前面的示例所承诺的那样优雅。

12.3.1　二元关系与框架

表 12.4 显示了用框架和插槽来表示二元关系的一种可能性。第一个框架表示一般的

bigger_than 关系。注意,这个框架的两个插槽中没有一个是具体的值。

第二个框架将一对 dolphin 和 hen 定义为刚刚定义的关系的实例。这个框架包含插槽 first 和 second,它们的值用于填充 bigger_than 的空插槽,而 dolphin_and_hen 就是 bigger_than 的实例。图 12.3 用 SN 直观地表达了同样的思想。重要的是,dolphin_and_hen 框架还可以包含其他 instance_of 插槽来表示 dolphin 和 hen 所满足的二元关系。例如,框架可以是某个 smarter_than 框架的实例。

可以看到,如果巧妙地设计相应的框架,那么二元关系可以用这种范式来表示。尽管如此,框架 bigger_then 所展示的机制在拥有成千上万二元关系实例的领域中并不实用。

12.3.2　基于二元关系的框架推理

一是要知道如何在给定的范式中表述知识;二是要知道如何在查询回答中使用这种知识表示。为此,框架的支持者开发了能够对框架和 SN 进行推理的算法,如表 12.4 和表 12.3 中的算法。然而,在所有知识都以一元谓词形式存在的领域中,这些方法的优雅性和计算效率都已大不如前。

表 12.4　一个展示如何在基于框架的知识库中表示二进制关系的示例。其思想是引入一个 dolphin_and_hen 是其实例的 bigger_than 的泛型关系

bigger_than
　　first：???
　　second：???
dolphin_and_hen
　　instance_of：bigger_than
　　first：dolphin
　　second：hen

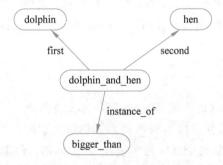

图 12.3　与表 12.4 中的框架对应的语义网络

在本书中,实现自动推理的更直接的方法可能是通过一个程序(以某种"幕后"方式)将框架转换为规则。

12.3.3　将二元关系转换为规则

表 12.4 中的框架很容易转换为经典谓词逻辑。这里有一种可能的方法来说明相应的事实。

$$T \to value(dolphin\_and\_hen, first, dolphin).$$
$$T \to value(dolphin\_and\_hen, second, hen).$$

$$T \rightarrow \text{instance\_of}(\text{dolphin\_and\_hen}, \text{bigger\_than}).$$

为了对这些事实进行推理，我们需要具体的规则（见下文）。

12.3.4   促进二元关系推理的规则

如果要在基于规则的推理中使用前一段中的 3 个事实（例如，通过归结进行处理），则需要一种在谓词逻辑框架中解释它们的机制。这里有一种可能性：

$$\text{value}(p, \text{first}, x), \text{value}(p, \text{second}, y), \text{instance}(p, r) \rightarrow \text{holds}(r, x, y).$$
$$\text{instance}(a, x), \text{instance}(b, y), \text{holds}(r, x, y) \rightarrow \text{holds}(r, a, b).$$

第一条规则将基于框架的知识库中的 instance_of 插槽转换为谓词逻辑。第二条规则规定了在什么情况下，可以说若对 x 和 y 是成立的，则对它们各自的实例也成立，这里用 a 和 b 表示（继承机制）。

12.3.5   N 元关系带来的困难

在三元关系中会遇到更大的困难，三元关系在一阶逻辑中是由带有 3 个参数的谓词来表示的，例如，$\text{between}(x, y, z)$。有经验的程序员肯定能找到用框架编码的方法，但这种机制必然比表 12.4 中的方法更笨拙。在自动推理中，使用这些表示法所带来的复杂性超过了框架的主要优点：简单和直观。

当 $n > 3$ 时，试图将 n 元关系扩展到 n 元关系会遇到更多的问题。这也是这个范式尽管曾经很流行，但现在却很少使用的原因之一。从积极的方面看，其支持者声称 n 元谓词可以避免（尽管并不总是），或者至少可以用一元或二元谓词重新表达，这可能是对的。

控制问题

如果你在回答下列任何问题时遇到困难，那么请返回阅读前文的相应部分。

- 描述在框架和 SN 中表示二元关系的简单方法。提供一些与本节不同的示例。
- 讨论 n 元关系带来的问题。它们如何影响这两种知识表示范式的效果？

12.4   熟能生巧

为了加深理解，不妨尝试以下练习、思考题和计算机作业。

- 选择你熟悉的领域，并以框架的形式为其创建知识库。确保该领域足够有趣，至少需要 20～30 个框架，每个框架最多包含 10 个插槽。绘制表示该知识库的 SN 的一部分。
- 提出在计算机程序中实现 SN 的具体机制。编写一个程序，对 SN 进行推理，并使用基于表 12.2 和表 12.3 的技术。
- 讨论将基于框架的知识库转换为规则的可能性。编写一个伪代码的技术，将执行这种转换。不要忘记输入（框架）必须用一种便于转换的数据结构来表示。
- 在 12.3 节的基础上，建议使用一种机制来实现一个程序，该程序能够从一些表示二元关系的框架的知识库中进行推理。
- 撰写一篇两页的文章，讨论用通用编程语言（如 C++ 或 Python）表示框架和 SN 的可能性。

- 在网上做一些研究(如维基百科),写一篇两三页的文章,关于软件包(从 20 世纪 80 年代开始),这些软件包旨在支持框架中的知识实现。

12.5 结语

在 20 世纪 80 年代甚至之后的一段时间里,许多人工智能专家期待知识表示和自动推理很快就会被框架和语义网络所主导。这些范式所具有的直观的清晰性、普遍的吸引力,以及相关推理机制的明显简单性和效率,进一步鼓励这些期待。

拥护者甚至开发了专门的编程语言来支持这些机制。也许这些语言中最著名的是 Brachman 和 Schmolze(1989 年)引入的 KL-ONE。他们的工作基于早些年几篇论文的结果。事实上,KL-ONE 不能与一篇科学论文或几个具体的作者或开发者联系在一起。许多科学家都参与了它的开发,这很好地说明了合作的好处。

不幸的是,实践经验很快揭示一元谓词只提供有限的机会来表示知识。有时几乎不可避免地,需要二元或三元关系。虽然一些支持者证明了在框架中建立 n 元关系是可能的,甚至可以对它们进行推理,但很快就清楚了,其缺点往往大于优点。

这两种机制的受欢迎程度逐渐减弱,让作者不得不考虑,它们目前的影响是否值得在教科书中用一整章的篇幅来介绍。最后,决定性的因素是其概念上的简单性和清晰性——谁知道呢——也许有一天会促使它们重新兴起,即使是以另一种面目出现。

第13章

自动推理道路上的障碍

成功的理论是一回事,但它的实际应用又是另一回事——在人工智能和其他领域都是如此。逻辑在自动推理中的潜力一度引发了不小的热潮。但是,要将这种潜力转化为令人信服的应用程序还有很多需要改进的地方。学者开始怀疑,理论上的预计忽略了一个重要的问题。

的确如此。世界并不像入门课程中的玩具场景那样简单。人类的推理是灵活的,容易摆脱逻辑的束缚。我们在日常生活中使用的许多规则在大多数时候是有道理的,但并非总是如此。有些规则是如此微妙,以至于逻辑显得毫无价值。在开始实现一个期望被称为"拥有智能"的程序之前,需要了解阻碍我们前进的障碍的性质。

本章探讨了一些最严重的问题,从而为不确定性处理领域提供动力,该领域将是后面章节的主题。

13.1 隐性假设

图 13.1 显示了放在桌子上的两个立方体 A 和 B。假设想编写一个程序,指示机器人将 A 从其当前所在的位置抬起,并将其放到 B 立方体上。这看起来非常简单,以至于很容易忽略,即使在这里,我们也依赖于默认的期望,我们认为这些期望是显而易见的,但机器需要被告知。

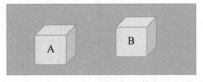

图 13.1 当编写程序让机器人将立方体 A 放置到立方体 B 上时,程序员假定立方体 B 将保持现在的位置,而被移动的立方体 A 将不再在原来的位置

13.1.1 框架问题

第一个假设是,当 A 被移动时,B 仍在原处。第二个假设是,一旦 A 被移动,它就将不

再在原来的位置上。你可能会觉得这两个假设不言自明,但为什么要这么做呢? 在任何图形软件的复制和粘贴操作中,被复制的对象即使在操作完成后也会留在原处。当编写程序让机器人将立方体 A 放置到立方体 B 上时,程序员假定立方体 B 将保持现在的位置,而被移动的立方体 A 将不再在原来的位置。

这两种假设都能满足机械工程师的早期直觉,但在许多实际应用中可能会产生误导。人工智能文献将其称为框架问题。

13.1.2　隐性假设

框架问题说明了在开发知识库时所面临的一个主要困难。我们想当然地想得太多,很容易忘记机器是哲学家的终极白板(blank slate),它无法做出任何孩子都认为显而易见的假设。

为了说明我们倾向于认为事物是理所当然的,不妨考虑一下真正司空见惯的东西: 礼仪规则。即使是中世纪社会也推崇良好的礼仪,一些涉及这一主题的手稿比印刷术还要古老。一份古老的手稿告诉读者,在大主教出席的正式晚宴上,他们不应该随地吐痰。

你明白了吗? 我向你发出挑战,请你给我找一本 21 世纪的礼仪书,里面会警告你不要有这方面的过失。之所以不提,是因为每个小学生都知道吃饭时不能随地吐痰。没有必要在教科书或知识库中明确说明这一点。

控制问题

如果你在回答下列任何问题时遇到困难,那么请返回阅读前文的相应部分。

- 解释人工智能所称的框架问题的两个基本方面。在什么情况下,这些方面不那么明显?
- 讨论基于知识的系统的作者可能忽略的其他隐性假设问题。提出与本节中提到的不同的例子。

13.2　非单调性

在赞赏逻辑的力量的同时,还需要意识到它的局限性。其中一个限制就是经典逻辑无法处理非单调性。

13.2.1　推理的单调性

亚里士多德逻辑的基础是一致性。假设知识库包含了涉及家庭关系各方面的规则。如果在这个知识库中加入一个新的事实或新的规则,那么我们期望这样修改后的知识库会得出与之前版本相同的关于家庭关系的结论(也许还会有一些新的结论)。

这一要求有时候称为经典推理的单调性:扩展现有的知识库不应该改变推理的结果,而应该通过新的技能来增强推理的结果。

13.2.2　母鸡会飞吗

在经典逻辑之外,单调性并不像理论家希望我们相信的那样常见。即使新的事实似乎与之前的假设相矛盾,日常讨论也是有意义的。

例如，我们知道母鸡不会飞。然而，如果有人告诉我们，有一只母鸡正坐在一架飞机上，我们就会承认这只母鸡会飞起来，而且我们不会把这种情况看作对先前信念的反驳。从理论家的观点来看，这个关于飞机上的母鸡的新增加的事实使推理变得非单调，因为我们现在所知道的导致了不同的预测。然而，我们并不认为新的事实会使以前的所有知识无效。

13.2.3　它们不会飞吗

在前面观点的基础上，我们可能决定在知识库中增加一条规则，即任何物体在飞机上都会飞行。这能消除所有困难吗？远非如此。当飞机在停机坪上等待时，上面的物体就不会飞行。

假设在知识库中添加这样一条新规则：即使在飞机上，非飞行物体也不会飞行，前提是这架飞机本身不飞行。即使有了这种改进，我们仍然可能无法得出正确的结论。例如，无聊的乘客可能会把母鸡扔来扔去——在这种情况下，即使飞机不飞，母鸡也会飞。

13.2.4　一般情况

处理这种情况的早期尝试建议程序员明确说明正常情况是假定的。例如，我们知道大多数鸟都会飞。尽管可能存在例外情况，工程师仍可将这部分知识具体化如下：

$$\text{bird}(x) \wedge \text{normal}(x) \rightarrow \text{fly}(x) \tag{13.1}$$

换句话说，"正常的鸟会飞"是任何人都会做出的默认假设。当然，要使这个假设有意义，知识库必须包含关于哪些鸟是"正常"的信息；例如，指出 $\text{T} \rightarrow \text{normal}(\text{eagle})$ 的事实。在母鸡的例子中，缺少类似的事实，封闭世界假设意味着母鸡不正常，式(13.1)的前项不满足。因此母鸡不会飞。

13.2.5　异常情况

同样的规则可以用下面的方式重新表述，这通常更方便：

$$\text{bird}(x) \wedge \neg \text{ab}(x) \rightarrow \text{fly}(x) \tag{13.2}$$

这条规则规定，除非异常情况，否则鸟类是会飞的。其解释与第一条规则基本相同，不同之处在于工程师计划在知识库中输入哪些事实。在第二种表述中，我们期望知识库包含 $\text{T} \rightarrow \text{ab}(\text{hen})$，这意味着 $\neg \text{ab}(\text{hen})$ 是假的，规则的结果 $\text{fly}(\text{hen})$ 也是假的。母鸡不会飞。如果没有指定"例外"事实，那么封闭世界假设的结果是 $\text{ab}(x)$ 被认为是假的，这意味着 $\neg \text{ab}(x)$ 被认为是真的。

13.2.6　选择哪个版本

从封闭世界假设中可以得出一个有用的指导原则。假设在给定的应用领域中，大多数鸟类都是正常的。那么我们倾向于只选择 $\text{ab}(\text{hen})$ 的罕见情况，将例外作为默认值。这使得式(13.2)优于式(13.1)。

第一条规则只适用于有一小部分物体是正常的情况。然而，在事物的本质中，例外的情况是罕见的。因此，第一种规则不如第二种规则实用。

13.2.7　理论、假设和扩展

处理异常的更复杂的方法是将知识库分为理论、假设和扩展。

让我们举例说明这 3 个概念。在表 13.1 的顶端,我们看到一个由 4 条规则组成的非常简单的理论。在这个理论的下面,有两个假设。然而,分析表明,只有第二个假设与理论一致;因此,第一个假设可以忽略。与理论一致的假设构成了理论的外延。

表 13.1 一个理论的例子、一个假设的列表和一个推广

以下 4 条规则构成一个理论:

$mammal(x) \wedge \neg ab(x) \rightarrow walk(x).$

$whale(x) \rightarrow mammal(x) \wedge \neg walk(x).$

$T \rightarrow mammal(Fred).$

$T \rightarrow whale(Moby).$

原则上,该理论允许以下假设:

$T \rightarrow \neg ab(Fred).$

$T \rightarrow \neg ab(Moby).$

扩展是与给定理论相一致的所有假设的集合。在我们的例子中,扩展只能包含两个假设中的一个:

$T \rightarrow \neg ab(Moby).$

另一个假设与理论不一致。

上述原则要求系统能够检查知识库的一致性,从而帮助工程师规范 ab 谓词。

13.2.8 多个扩展

当首次提出这种方法时,分析假设和扩展的想法似乎很有吸引力。然而,早期的乐观主义并没有使表 13.1 中的简单例子存活下来。科学家们意识到,同一理论往往允许两个或更多的外延,每个外延都与给定理论一致,但与其他外延相互矛盾,甚至相互排斥。由于不可能同时使用其他扩展,因此必须进行某种选择。但如何选择,采用什么标准呢?所有关于例外和非单调性问题会因此而消失的希望很快就破灭了。

13.2.9 多值逻辑

其他处理现实世界错综复杂问题的尝试很快浮出水面。其中最有前途的是多值逻辑的思想。例如,一种可能性是,除了 true 和 false 之外,允许第三个值 unknown。在几个多值逻辑系统出现后,人们系统地探讨了它们的性质。回顾过去,所有这些方法的主要困难在于,理论家发现它们很有吸引力,而实践者却不这样看。

13.2.10 框架和语义网络

第 12 章讨论了关于例外的另一个想法:基于框架的知识库和语义网络。读者应该还记得,继承如何使创建在子类或实例中被指定为例外的属性变得容易。对于一元谓词,该方法被证明是优雅且易于实现的。不幸的是,这种优雅和轻松在试图建立 n 元关系时变得不那么明显了。

控制问题

如果你在回答下列任何问题时遇到困难,那么请返回阅读前文中的相应部分。

- 解释推理中单调性的概念。为什么自动推理中的非单调性难以在一阶逻辑中解决?
- 本节讨论的谓词 $normal(x)$ 和 $ab(x)$ 是如何解决这个问题的?概述基于扩展的解

　　决方案的原理。这种方法的主要局限是什么？
- 你还知道其他处理非单调性的方法吗？

13.3　Mycin 的不确定性因素

　　读者开始明白，人类的知识充满了例外、不确定性、不一致性甚至矛盾，关键信息很容易缺失。在创建知识库时，如何处理所有这些不便呢？早期在逻辑学框架内（见 13.2 节）所做的努力只取得了有限的成功。

　　为了寻找替代方法，许多专家将注意力转向了数值方法。结果证明，这些方法更有成效，因此它们很流行。

13.3.1　不确定性处理

　　人类的推理在面对非单调性时不会遇到重大困难：当新信息到来时，大脑会找到一种方法将其与先前的知识相协调。经典逻辑发现了这个问题。尽管有不少基于逻辑的尝试被报道，但没有一个（也许除了基于框架的知识之外）能够产生足以说服科学和工程界的现实应用。

　　渐渐地，越来越多的专家开始怀疑是否必须在经典逻辑之外寻找解决方案。他们的答案称为不确定性处理。

13.3.2　Mycin 的确定性因素

　　也许最早尝试处理不确定知识的计算机程序就是 Mycin。它所提供的解决方案简单而高效！每个事实或规则（用 p 表示）都分配了一个确定性因子 $CP(p)$，其任务是量化工程师对 p 为真的信心。

　　确定性因子是区间 $[1,1]$ 中的一个数字，其中 $CF(p)=1$ 表示"肯定是"，$CF(p)=-1$ 表示"肯定不是"，而 $CF(p)=0$ 被解释为完全不知道 p 的真值。其他值量化了不确定性的程度。例如，从 $CF(p_1)=0.8$ 和 $CF(p_2)=0.6$，可以推断出 p_1 比 p_2 更确定。

13.3.3　一组事实和规则的真相

　　假设 $p=p_1,p_2,\cdots,p_n$ 是一组事实和规则，并假设它们中的每一个的确定性因子 $CF(p_i)$ 是已知的。p 为真（即所有 p_i 为真）的确定性由下式获得，该公式将整个集合的确定性与其最弱环节的确定性标识为

$$CF(p)=\min\{CF(p_1),CF(p_2),\cdots,CF(p_n)\} \tag{13.3}$$

相反，至少有一个 p_i 为真，这一确定性就等同于该集合的"最大合取"的确定性：

$$CF(p)=\max\{CF(p_1),CF(p_2),\cdots,CF(p_n)\} \tag{13.4}$$

13.3.4　否定的确定性

　　我们用 $\neg p$ 表示 p 的否定。若 $CF(p)$ 是 p 为真的确定性，则 p 的否定为真的确定性与 $CF(p)$ 相反：

$$CF(\neg p)=-CF(p) \tag{13.5}$$

13.3.5　数值举例 1

假设对于 p_1、p_2、p_3，已经提供了以下确定性因子：$CF(p_1)=0.4$，$CF(p_2)=-0.1$，$CF(p_3)=0.9$。由此，得到以下确定性因素：

$$CF(p_1 \wedge p_2 \wedge p_3)=\min\{0.4,-0.1,0.9\}=-0.1$$
$$CF(p_1 \vee p_2)=\max\{0.4,-0.1\}=0.4$$
$$CF(p_1 \wedge \neg p_3)=\min\{0.4,-0.9\}=-0.9$$

13.3.6　确定性因素和肯定前项式

假设 p 的确定性因子为 $CF(p)=a$，规则 $p\to q$ 的确定性为 $CF(p\to q)=b$。

若 $a\leqslant 0$，则 $CF(q)=0$（完全未知），这反映了我们的直觉，即若规则的前项被认为"相当不真实"，则该规则不适用。

若 $a>0$，则命题 q 为真的确定性因子为两个确定性因子的乘积：

$$CF(p)=a \cdot b \tag{13.6}$$

13.3.7　数值举例 2

用 p 表示一个学生努力学习的陈述，用 q 表示这个学生将通过考试的陈述。假设规则"如果学生努力学习，那么他将在考试中取得成功"的确定性为 $CF(p\to q)=0.8$。如果对约翰努力学习的确定性为 $CF(p)=0.7$，那么其考试成功的确定性如下：

$$CF(p)=0.7$$
$$CF(p\to q)=0.8$$
$$CF(q)=0.7\times 0.8=0.56$$

13.3.8　结合证据

在自动推理中，有时可以通过不同的论证思路得出一个具体的结论。例如，约翰能够考试成功，不仅是因为他努力学习，还因为他聪明，也许还有其他原因。因此，在量化约翰的成功机会时，推理软件需要一种机制来综合来自这些来源的证据。

下面是 Mycin 处理该问题的方法。假设有两条论证思路 a_1 和 a_2，假设按照 a_1 得到的确定性系数的值是 x，按照 a_2 得到的确定性系数的值是 y。Mycin 对这两条论证路线所证实的结论的确定性如下：

$$CF(a_1,a_2)=\begin{cases} x+y-xy, & x,y>0 \\ x+y+xy, & x,y<0 \\ \dfrac{x+y}{1-\min\{|x|,|y|\}}, & \text{其他} \end{cases} \tag{13.7}$$

13.3.9　直观的解释

这些公式给人一种临时拼凑的感觉，但它们都有一些看似合理的考虑因素作为支撑。例如，第一个公式 $x+y-xy$，是由概率论中已知的观察得出的。图 14.1（参见第 14 章）显示了两个相交的集合 X 和 Y。假设想确定它们的并集的大小。如果简单地将 X 的大小和

Y 的大小相加,那么它们的交集 $X \cap Y$ 的面积将被计算两次。因此,只有当从 X 和 Y 的面积总和中减去这个"交集"区域的一次计算时,才能确定正确的大小。同样的推理方法适用于概率,也适用于确定性因素。

如果 x 和 y 都是负的,那么 $x+y$ 也是负的,因此必须将双重计数的交集相加(它作为负数出现了两次)。

最不明显的(也是最特别的)第三个公式,用于两种论点相互冲突的情况:一个有积极的确定性因素,另一个有消极的确定性因素。在这里,支持这个公式的最有说服力的论据似乎是相当不科学的:"它已经成功了这么多次。"

13.3.10　数值举例 3

假设一个结论有两个论证思路。其中一个论证的确定性为 $CF(a_1)=0.5$;另一个论证的确定性为 $CF(a_2)=0.8$。我们看到两个确定性都是正值,因此使用第一个公式:

$$CF(a_1, a_2) = 0.5 + 0.8 - 0.5 \times 0.8 = 0.9$$

注意,两种论证的结合所得出的结论的确定性要高于两种相互独立的论证的确定性。

13.3.11　数值举例 4

现在考虑两种推理的确定性符号相反的情况 $CF(a_1)=0.5, CF(a_2)=-0.6$。在这种情况下,使用第三个公式:

$$CF(a_1, a_2) = \frac{0.5 + (-0.6)}{1 - \min\{|0.5|, |-0.6|\}} = \frac{0.1}{0.5} = 0.2$$

在这种情况下,可以看到结论的确定性落在两个相互独立的论点的确定性值之间。

13.3.12　两种以上的选择

将从其他来源获得的确定性结合起来的公式只考虑两条可能的行,这里用 a_1 和 a_2 表示。在有两项以上的行 $(a_1, a_2, \cdots, a_n)$ 的情况下,最简单的处理方法就是"一步一步来"。首先计算一对 a_1 和 a_2 的确定性系数。然后将计算得到的结果 $CF(a_1 \cdot a_2)$ 与结果 $CF(a_3)$ 相结合,再与新的结果 $CF(a_4)$ 相结合,以此类推。

13.3.13　理论基础

如前所述,操纵 Mycin 确定性因子的规则相当直观,缺乏坚实的数学基础。诚然,它们在许多应用中都取得了成功。尽管如此,具有数学头脑的学者一直怀疑是否应该开发出更可靠的方法。他们提出的替代方案将在接下来的章节中讨论。

控制问题

如果你在回答下列任何问题时遇到困难,那么请返回阅读前文中的相应部分。

- 确定性因素是什么? 它可以获得什么价值? 这些价值是如何解释的?
- 如何计算合取和析取的确定性因子? 否定的确定性因素是什么?
- 在肯定前项式过程中如何处理确定性因素?
- 在两种或以上的推理得出相同结论情况下,如何结合确定性因素?

13.4 熟能生巧

为了加深理解,不妨尝试以下练习、思考题和计算机作业。

- 提出一些例子,说明人类倾向于依赖 13.1 节中提到的各种隐性假设。你的例子应该与本章的不同。讨论这些隐性假设经常被忽视的原因,以及为什么它们有时难以进入知识库。
- 根据 13.2 节的解释,举例说明人类的非单调推理能力。同样,你的例子应与本章中的例子不同。
- 提供一个领域的例子,在这个领域,由于我们的专业知识具有不可避免的不确定性和不完整性,因此几乎不可能把可靠的知识库放在一起。
- 考虑以下知识库:

$$
\begin{aligned}
T \rightarrow a, \quad &\text{CF} = 0.9 \\
T \rightarrow b, \quad &\text{CF} = 0.8 \\
a \rightarrow p, \quad &\text{CF} = 0.4 \\
b \rightarrow p, \quad &\text{CF} = 0.3
\end{aligned}
$$

p 的确定性因子是多少?

- 假设可以通过三行论证 a_1、a_2、a_3 得出一个结论。假设这些论证行被评估为具有确定性 $\text{CF}(a_1)$、$\text{CF}(a_2)$ 和 $\text{CF}(a_3)$。你如何将所有这些价值组合成一个最终的确定因素?

13.5 结语

最早讨论框架问题的似乎是海斯(Heyes,1973 年)。相比之下,对推理的非单调性后果的发现并不能归功于某一个人。大约在同一时期,有许多科学家都认识到了这些缺陷。金斯伯格(Ginsberg,1987 年)的论文集或许是有关这些思想早期历史的最佳信息来源。

对这些困难的认识严重打击了人们对一阶逻辑在人工智能中未来作用的乐观预测。沾沾自喜的日子一去不复返了;归结原则也不再是灵丹妙药。到了 20 世纪 90 年代,科学界已经认识到,事情远没有那么简单,要想实现自动推理,还有很多工作要做。

这一挑战促使许多研究小组寻找可行的解决方案。攻击主要从两方面进行。一方面是依靠高级逻辑。这包括 13.2 节中提到的假设/扩展,以及许多使用多值逻辑和其他范式的尝试。然而,这些建议大多过于复杂,无法付诸实践,对人工智能的进一步发展影响有限。

另一方面侧重于不确定性处理的数值方法。最早的成功案例是 20 世纪 60 年代末爱德华·费根鲍姆(Edward Feigenbaum)的确定性因素的发展。该因素被用于开创性的 Mycin 项目。对其他数值范式的研究也紧随其后:概率论、模糊集理论等。最后,这些数值方法被证明比那些基于逻辑的方法更有效。

接下来的章节将重点讨论作者认为最具影响力的不确定性处理范式。

第14章

概 率 推 理

虽然通过令人信服的实验证明了Mycin方法的力量,但其确定性因素的成功引起了一些严重的问题。另一方面,由于缺乏理论基础,其即时性很容易受到批评。假设开发了一种更扎实的方法,使用一种从数百年历史的概率理论中得出的公式,结果会不会比Mycin更好?受到这些论点鼓励的研究产生了新一代的推理系统,并在贝叶斯信念网络中达到了顶点。经过一些基本概率概念的简要修改后,本章概述了贝叶斯推理的本质,然后解释了贝叶斯网络的原理,说明了它们在简单数字示例上进行实际使用的可能性。

14.1 概率论(修改版)

为了避免不必要的混淆,先对这个范式的基本术语进行简单修改。

14.1.1 概率信息来源

概率理论致力于量化某件事发生的可能性。有时,可能性是由专家估计得出的,比如"我相信明天有70%的概率下雨"。在其他情况下,可能性可以从已知的物理情况中推导出来,比如我们说翻转的硬币有50%的概率正面朝上。然而,最典型的情况是与相对频率有关。如果重复一个试验100次,并在40次试验中观察到X,则可以得出结论,X发生的可能性为40%。当然,即使这样,也只是一种估计,因为另一组100个试验可能会得出不同的值。

14.1.2 单位间隔

为了方便计算,概率通常被缩放到[0,1]区间(也称为单位区间)。这意味着,比如,75%的概率被指定为0.75。这种约定简化了计算。

14.1.3 联合概率

图14.1中的矩形代表一个宇宙。这个宇宙包含两个子集X和Y,每个子集都以圆形的形式存在。为了确定在宇宙中随机选择的点属于X的概率,我们将X圆的面积除以矩

形的面积。计算随机选择的点属于 Y 的概率也是类似的。

X 和 Y 的交集 $X \bigcap Y$ 代表一个随机选择的点同时属于 X 和 Y 的情况。X 和 Y 的联合概率是通过将交集的面积除以矩形的大小来确定的。我们用 $P(X,Y)$ 表示这个概率,读作"Y 和 X 同时发生的概率"。

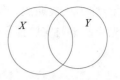

图 14.1　条件概率和联合概率的说明

14.1.4　数值举例

为了说明,表 14.1 给出了联合概率的例子。在最上面,给出了两个事件(包括它们的否定)的所有可能组合的概率。表格还提醒我们如何使用这些联合概率来计算 x 和 y 的概率。例如,x 要么与 y 结合,要么与 $\neg y$ 结合(没有其他可能性)。这意味着 $P(x) = P(x, y) + P(x, \neg y) = 0.13 + 0.47 = 0.60$。

表 14.1　基本概率示例

表 14.1 显示了两个事件 x 和 y 以及它们的否定形式同时发生的概率。

	y	$\neg y$
x	0.13	0.47
$\neg x$	0.22	0.18

例如,x 和 y 同时发生的概率为 $P(x, y) = 0.13$,而 x 和 $\neg y$ 同时发生的概率为 $P(x, \neg y) = 0.47$。回想一下如何计算事件 x 和 y 的概率:

$$P(x) = P(x, y) + P(x, \neg y) = 0.13 + 0.47 = 0.60$$
$$P(y) = P(x, y) + P(\neg x, y) = 0.13 + 0.22 = 0.37$$

最后,注意表中的条目总和为 1:
$0.13 + 0.47 + 0.22 + 0.18 = 1.00$

14.1.5　条件概率

如果将交集的大小除以 X 圆的大小,就可以得到属于 X 也属于 Y 的条件概率。用 $P(X|Y)$ 表示这个概率,并称为"X 给定的情况下 Y 的概率"。

条件概率和联合概率根据以下公式有关联:

$$P(X, Y) = P(X \mid Y)P(Y) = P(Y \mid X)P(X) \tag{14.1}$$

无论 X 和 Y 在参数中的顺序如何,联合概率的值都是相同的。因此,式(14.1)中的两个公式是等价的。

14.1.6　更一般的公式

在 3 个集合 X、Y 和 Z 的情况下,式(14.1)被推广为

$$P(X, Y, Z) = P(X \mid Y, Z)P(Y \mid Z)P(Z) \tag{14.2}$$

读者将很容易制定一个更加通用的方程式来解决 4 个或更多数据集的问题。

14.1.7　罕见事件:m 估计

假设已经进行了 10 次试验,$N_{all} = 10$。假设在这 10 次试验中,事件 x 被观察到 3 次;正式地说,$N_x = 3$。这样的小数量显然不能支持关于概率的普遍结论。

然而，我们可能有理由怀疑，在没有实验验证的情况下，x 的概率为 20%，用 $\pi_x = 0.2$ 表示，称为先验期望。使用参数 m（其作用将在后面解释），我们引入了所谓的 m 估计，一个将先验期望与实验证据相结合的公式：

$$P(x) = \frac{N_x + m\pi_x}{N_{\text{all}} + m} \tag{14.3}$$

当 $N_x = N_{\text{all}} = 0$ 时，注意到 m 估计值与先验期望相同，$P(x) = \pi_x$。相反地，在许多试验的情况下，N_x 和 N_{all} 的值将占主导地位，使得可以忽略 m 和 $m\pi_x$，此时 m 估计值接近于 x 的相对频率，即 N_x / N_{all}。

14.1.8　通过 m 来量化信心

参数 m 的作用是控制公式对实验证据的敏感度。当 m 值较大时，表明先前的期望值 π_x 较为可靠，此时需要大量证据（即较大的 N_x 和 N_{all} 值）才能推翻它。相反，当 m 值较小时，表明先前的期望值有所怀疑，只需少量实验观察便可推翻它。

14.1.9　数值举例

当抛硬币时，可以合理地期望硬币正反面概率各为 50%，即 $\pi_{\text{tails}} = 0.5$。假设决定检验这一先验期望。我们抛了 4 次硬币，观察到只有一次正面朝上。基于相对频率的经典方法给出 $P(\text{正面朝上}) = 1/4 = 0.25$。另一方面，当 $m = 2$ 时，m 估计会得到以下结果：

$$P(\text{tails}) = \frac{1 + 2 \times 0.5}{4 + 2} = 0.33$$

读者会同意，相对频率所建议的 25% 相比，这 33% 更接近现实。

对于先验期望值 $\pi_{\text{tails}} = 0.5$ 有很高的信心，表现为更高的 m 值，例如 $m = 50$。在这种情况下，m 估计的计算结果如下：

$$P(\text{tails}) = \frac{1 + 50 \times 0.5}{4 + 50} = 0.48$$

我们观察到这个高置信度情况（由 m 的高值所示）导致的概率估计更接近先前的期望。

控制问题

为确保理解这个主题，请尝试回答以下问题。如果有问题，那么请返回阅读前文中的相应部分。

- 总结概率估计的经典方法。
- 解释联合概率和条件概率之间的区别。写下显示二者如何相关的方程式。
- 解释 m 估计的原理。用户如何控制公式对先验期望 π 可靠性的置信度？

14.2　概率与推理

经过对基本概念的回顾，下面继续讲解将它们应用于自动推理中的机制。

14.2.1　家庭关系领域的例子

第 9 章的简单规则始终有效：如果 Bill 是 eve 的父母，则 eve 是 Bill 的后代，不允许有任何例外。但在现实中,许多规则只是捕捉某些普遍趋势,而不是"永恒的真理"。然而,它们仍然非常有道理! 以下两个规则就是这种情况:

$$\text{if } old(x) \text{ then } has\_children(x)$$

$$\text{if } young(x) \text{ then } single(x)$$

第一个规则在大部分情况下是正确的;第二个规则则是非常常见的。这种类型的不完美是现实知识库中许多规则的典型特征。常识缺乏经典数学的稳定性,但是人们认为这些规则是可信的,出现从中得出可靠结论并不困难。我们希望在自动化推理中实现相同的目标。

14.2.2 规则和条件概率

假设在已知的老年个体中,有 90% 有子女。这可以表示为条件概率 P(有子女|老年)=0.9。

同样地,我们可能已经确定年轻人单身的概率为 P(单身|年轻)=0.3。这个数字可能是从相对频率或 m 估计(见 14.1 节)获得的。

14.2.3 依赖事件和独立事件

前面段落的两个 if-then 规则反映了相关事件之间的依赖关系。因此,第一个规则表明一个人是否要生孩子取决于他或她的年龄。

这类依赖关系可以很容易地通过图形表示。图 14.2 展示了一个领域,其中 5 个事件 $A \sim E$ 由箭头表示的规则(依赖关系)相互关联。例如,D 依赖于 A 和 B,但不依赖于 C,因为 C 没有指向 D 的箭头。同样,可以看出 D 与 E 无关(也没有箭头)。

事实上,某个 Y 与 X 无关意味着 Y 的可能性与 X 是否被观察到无关。换句话说,X 的存在不影响 Y 的概率。在概率世界里,这种独立性可以用以下公式描述:

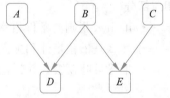

$$P(Y \mid X) = P(Y) \tag{14.4}$$

图 14.2 中的箭头可以被赋予代表条件概率的数字。如果从 X 到 Y 的箭头不存在,那么这告诉我们 Y 与 X 是独立的。回到图 14.2,可以声明例如 $P(D|E)=P(D)$,意思是给定 E,D 的概率等于 D 的概率。[①]

图 14.2 描述了 5 个事件之间的依赖关系。例如,D 依赖于 A 和 B,但不依赖于 C 或 E

14.2.4 贝叶斯公式

自动推理中处理概率所需的最有价值的工具是著名的贝叶斯公式。该公式可以简单地从式(14.1)导出,由此可知

$$P(Y \mid X)P(X)$$

贝叶斯公式是通过将两边都除以 $P(X)$ 得到的,即

$$P(Y \mid X) = \frac{P(X \mid Y)P(Y)}{P(X)} \tag{14.5}$$

---

① 这一规则将在 14.3 节中使用。

14.2.5 贝叶斯公式和概率推理

用 H 表示一个假设，比如一个病人患有某种医学问题，用 E 表示可用证据，可能是病人的症状。最后，用 $P(H|E)$ 表示在证据 E 存在的情况下，假设 H 为真的概率。有了这些符号，贝叶斯公式就具有以下形式：

$$P(H \mid E) = \frac{P(E \mid H)P(H)}{P(E)} \qquad (14.6)$$

以简单易懂的语言讲解，当给定 E 时，假设 H 正确的概率与 $P(E|H)$ 成正比，其中，$P(E|H)$ 表示在 H 正确的情况下，出现 E 的概率。然后，该数字与 H 出现的概率相乘，并除以 E 出现的概率。这些概率可以通过相对频率或 m 估计获得。

14.2.6 选择最有可能的假设

假设存在一组假设 $H_1 \sim H_n$。在观察到证据 E 的情况下，我们希望决定哪个假设最有可能是正确的。为此，将式(14.6)分别应用于每个 H_i，即

$$P(H_i \mid E) = \frac{P(E \mid H_i)P(H_i)}{P(E)} \qquad (14.7)$$

一旦知道了所有这些值，就只需选择概率最高的假设。

实际上，我们不需要计算概率。因为分母 $P(E)$ 对于所有假设来说是相同的，可以忽略它，只需选择分子 $P(E|H_i)P(H_i)$ 值最高的假设即可。

控制问题

为了确保理解这个主题，请尝试回答以下问题。如果有问题，那么请返回阅读前文中的相应部分。

- if-then 规则与条件概率的概念有何关系？
- 什么是依赖事件和独立事件？
- 推导贝叶斯公式并讨论它为自动推理提供的基本可能性。

14.3 信念网络

考虑一个知识库，它由一组事实和规则组成，每个事实和规则都以 14.2 节中讨论的量化概率的方式进行。在推理过程中，这些概率需要在整个推理过程中进行传播，以便系统响应的确定性可以被量化。在概率的上下文中广泛使用的机制称为信念网络。

14.3.1 信念网络概述

再来看一下图 14.2。可以看到一个贝叶斯信念网络，涉及 5 个布尔变量，其中一些彼此依赖（如 D 依赖于 A 和 B），而另一些彼此独立（如 D 不依赖于 C）。实际上，信念网络可能代表了事实 A、B 和 C，以及一组规则，如 $A \wedge B \rightarrow D$。5 个变量的任何值（真或假）的组合都定义了一个具体的情况。

在本章的背景下，规则是概率性的。通过了解事实和规则的概率，并使用贝叶斯公式，我们可以计算任何情况的概率。

图 14.2 中的链接与相关规则的概率相关联。例如,D 依赖于 A 和 B,这定义了规则 $A \wedge B \rightarrow D$。前提中的两个变量 A 和 B 可以是真或假。为了使信息完整,需要 4 个概率,每个概率代表不同的值组合。

14.3.2 数值举例

表 14.2 提供了给定信念网络所表示的事实和规则的概率的示例值。注意,该表只包含"正向"事实和结论的概率,例如 $P(A)$ 或 $P(D|A \wedge B)$。而"负向"事实,例如 $P(\neg A)$ 或 $P(\neg D|A \wedge B)$,可以如下获得:

$$P(\neg A) = 1 - P(A) = 1 - 0.1 = 0.9$$
$$P(\neg D \mid A \wedge B) = 1 - P(D \mid A \wedge B) = 1 - 0.7 = 0.3$$

即使所有这些具有相同的结果,概率 $P(D|A \wedge B)$,$P(D|A \wedge \neg B)$,$P(D|\neg A \wedge B)$ 和 $P(D|\neg A \wedge \neg B)$ 不一定总和为 1。[①] 一个初学者可能会觉得这很出乎意料。

表 14.2　前一张图片的信念网络的完整概率集(示例)

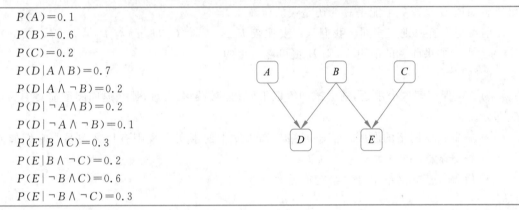

$P(A)=0.1$
$P(B)=0.6$
$P(C)=0.2$
$P(D|A \wedge B)=0.7$
$P(D|A \wedge \neg B)=0.2$
$P(D|\neg A \wedge B)=0.2$
$P(D|\neg A \wedge \neg B)=0.1$
$P(E|B \wedge C)=0.3$
$P(E|B \wedge \neg C)=0.2$
$P(E|\neg B \wedge C)=0.6$
$P(E|\neg B \wedge \neg C)=0.3$

14.3.3 具体情况的概率

我们将情境定义为信念网络布尔变量的任何具体组合。使用表 14.2 中的数字来计算所有变量都为真的情境的概率。

考虑到式(14.2)对于多个变量的联合概率的解释,我们意识到相应的公式将如下所示(为了"缩短"公式,将连接符"$\wedge$"表示为逗号","):

$$P(A,B,C,D,E) = P(E \mid A,B,C,D)P(D \mid A,B,C)P(C \mid A,B)P(B \mid A)P(A)$$

此公式中的一些术语可以简化。例如,由于 E 与 A 和 D 无关,可以写为 $P(E|A,B,C,D)=P(E|B,C)$。相应地简化其他术语,得到以下结果:

$$P(A,B,C,D,E) = P(E \mid B,C)P(D \mid A,B)P(C)P(B)P(A)$$

右侧项中的术语值可在表 14.2 中获得。具体地,可以获得以下内容:

$$P(A,B,C,D,E) = 0.3 \times 0.7 \times 0.2 \times 0.6 \times 0.1$$

[①] 两个概率已经超过 1,这是不可能的。举个例子,假设 A 代表"勤奋",B 代表"聪明",D 代表"成功"。在这种情况下,$P(D|A \wedge B)=0.9$,而 $P(D|\neg A \wedge B)=0.5$。这两个概率的和已经超过了 1。

14.3.4　结论的概率

假设知道 A 是假的，而 B、C 和 E 都是真的。使用相同的信念网络，我们想知道 D 是真还是假。最简单的方法是比较 D 和 $\neg D$ 的概率。

表 14.2 的信念网络表明 D 仅依赖于 $A \wedge B$。这引导出以下公式：

$$P(D \mid \neg A, B, C, E) = P(D \mid A, B) = 0.7$$

要得到相反的情况，即 D 错误的情况，只需要将它计算为 D 正确概率的补集即可：

$$P \neg (D \mid \neg A, B, C, E) = P(\neg D \mid A, B) = 1 - P(D \mid A, B) = 1 - 0.7 = 0.3$$

可以看到，考虑到 A、B、C 和 E 的值，D 为真的概率要高于 D 为假的概率。

14.3.5　B 是真的吗

同样地，我们可以研究给定信念网络中任何一个变量的概率。所涉及的变量不必出现在任何结果中，同样可以出现在一些前提中。例如，假设 A、D 和 E 是真的，C 是假的，我们可能想知道 B 是否更可能是真的还是假的。

前者与后者原则上相同。我们只需要比较 $P(A, B, \neg C, D, E)$ 与 $P(A, \neg B, \neg C, D, E)$ 的大小。如果前者的值更大，则 B 更可能是真的。

控制问题

为了确保理解这个主题，请尝试回答以下问题。如果有困难，那么返回阅读前文中的相应部分。

- 解释信念网络的原则。信念网络与知识库中的事实和规则有什么关系？它们如何被分配概率？
- 解释在信念网络中计算给定情况的概率的机制。

14.4　处理更现实的领域

简单的玩具场景适用于讲解基本原理。另一方面，它们往往忽略了在实际应用中遇到的某些困难。让我们看看其中的一些。

14.4.1　更大的信念网络

图 14.3 展示了一个信念网络，它只比之前的网络稍微大一些。虽然仍然相当简单，但已经提供了一个更灵活的视角来了解所有条件概率的计算方式。例如，假设知道 C 和 D 是真的，而 A 是假的，则可以通过以下公式从网络图中轻松推导出 G 为真的概率：

$$P(G \mid C, D, \neg A) = P(G \mid C, D) P(C \mid \neg A) P(D \mid \neg A)$$

采用适当的数据结构，程序员可以轻松自动构建任何合理概率的公式，而不仅仅是这一个。

非常常见的情况是，某些与公式相关的变量的值（true 或 false）是未知的。在这种情况下，程序可能会启动对话框，询问用户提供这些值。如果用户不知道这些值，一个可能的选择是考虑所有的选择。例如，如果在先前的公式中 A 的值不知道，并且用户无法提供它，程序可以分别计算 A 为 true 和 A 为 false 的情况下的 $P(G)$。结果的差异可能很小。

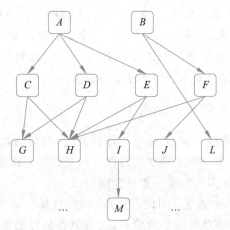

图 14.3 一个相对较大的网络,拥有较高数量的相互依赖的布尔变量

14.4.2 看不见的原因和漏洞节点

另一个问题是信念网络可能是不完整的;它可能会忽略一些重要的关系。在现实中,不可能知道众多变量之间的所有依赖关系。回到图 14.3,可以想象 G 不仅取决于 C 和 D,还取决于这里未包括的其他变量。工程师可能怀疑存在其他 G 的原因,但无法明确识别它们。这是有时被称为隐形原因的问题。

解决不可见因素的实用解决方案之一就是引入所谓的泄漏节点。工程师只需将所有未知原因结合成一个“人工创建”的单一原因,例如用 X 表示。这个 X 就是泄漏节点。然后,概率 $P(G|C,D)$ 被替换为 $P(G|C,D,X)$。

14.4.3 需要太多的概率

在图 14.3 中,可以看到 C 取决于单个变量 A。为了实现前面一节中概率推理所述的功能,用户必须提供对于 A 的两个值的条件概率:$P(C|A)$ 和 $P(C|\neg A)$。

同样的图表表明,G 取决于两个变量 C 和 D。由于它们中的任何一个都可以有两个值,因此用户必须提供 4 种组合的概率:$P(G|C \wedge D)$、$P(G|C \wedge \neg D)$、$P(G|\neg C \wedge D)$ 和 $P(G|\neg C \wedge \neg D)$。最后,可以看到 H 取决于 4 个变量 C、D、E 和 F。在这种情况下,用户必须提供 16 个概率,分别对应 4 个变量的真/假值的每种组合。

可以看到,即使是在相对较小的信念网络中(见图 14.3),也需要提供相当多的值。然而,实际的信念网络比这里的图形要大得多。为了为推理系统提供所有必需的信息,必须输入大量数字。这可能并不总是可能的。至少,这可能不现实,因为有太多的值无法得知。

14.4.4 朴素贝叶斯

最后一段提醒我们,如果某个变量 X 依赖于其他 N 个变量,则需要知道 2^N 个条件概率,即每种真/假值的组合各一个。这不仅是不切实际的,而且可能是完全不可能的。通常使用的解决方案依赖于这样一种假设:每个变量都是相互独立的。

假设系统涉及 N 个事件,$X_1, X_2, \cdots, X_N$,并且对于每个事件,我们知道它的概率为 $P(X_i)$。如果所有这些事件两两独立,则它们同时发生的概率如下计算:

$$P(X_1 \wedge X_2 \wedge \cdots \wedge X_N) = P(X_1)P(X_2)\cdots P(X_N)$$

在这样的背景下处理布尔变量，它们中的每一个都获得两个可能的值中的一个。因此，对于每个变量 X_i，需要两个概率：$P(X_i)$ 和 $P(\neg X_i)$。这意味着，对于 N 个变量，需要 $2N$ 个概率，这比一般情况下需要的 2^N 个概率少得多。

14.4.5 朴素贝叶斯假设是否有害

许多变量之间都相互关联。例如，体重与体积有关，薪资与年龄和教育有关。因此，一般来说，相互独立的假设最多只能是现实的近似。接受这个假设很少能够得到充分的证明，我们称之为朴素的假设——因此称为朴素贝叶斯假设。

尽管如此，优点可能胜过缺点。因此，有没有别的选择？如果不假设变量之间相互独立，则必须在计算中包括许多条件和联合概率，这些值在最好的情况下只能估算，并且有时非常不准确。因此，只能用不精确（甚至可疑的）数字进行精确的计算。在这种情况下，得到的结果甚至比朴素贝叶斯算法获得的结果更不可靠。这个论点的有效性已经被许多现实实验证实。

而且朴素贝叶斯计算成本要低得多。

14.4.6 否定概率（提醒）

假设已经获得了以下条件概率：$P(X|A)=0.8$ 和 $P(X|B)=0.6$。在概率推理中，通常需要知道否定结果的条件概率，即 $\neg X$。这些可以计算如下：

$$P(\neg X \mid A) = 1 - P(X \mid A) = 1 - 0.8 = 0.2$$
$$P(\neg X \mid B) = 1 - P(X \mid B) = 1 - 0.6 = 0.4$$

14.4.7 $P(X|A_1 \vee A_2 \vee \cdots \vee A_n)$ 的概率是多少

这里，X 的真相可能源自 n 个可能原因之一，即 $A_1 \sim A_n$ 的真相。假设这些原因相互独立，基于概率理论，可以通过以下方式获得 X 的概率：

$$P(X \mid A_1 \vee A_2 \vee \cdots \vee A_n) = 1 - P(\neg X \mid A_1)P(\neg X \mid A_2)\cdots P(\neg X \mid A_n)$$

$$(14.8)$$

需要记住的是，方程的右侧会从 1 中减去所有原因否定概率的乘积。

14.4.8 具体事件的概率

本节的主要目的是展示如何计算可能由多种原因引起的某一事件 X 的概率。在计算过程中，使用了方程式(14.8)。

上一段中方程的右边从所有个体原因导致的 $\neg X$ 的概率乘积中减去了 1。然而，并非所有这些概率都被使用，只需要那些对应原因 A_i 为真的概率。

14.4.9 数值举例

假设已经获得了以下条件概率：$P(X|A)=0.8$ 和 $P(X|B)=0.6$。除了已知的两个原因 A 和 B 外，所有其他（未知的）原因都被总结在一个泄漏节点 L 中，条件概率为 $P(X|L)=0.7$。下面是 X 的否定的条件概率：

$$P(\neg X \mid A) = 1 - 0.8 = 0.2$$
$$P(\neg X \mid B) = 1 - 0.6 = 0.4$$
$$P(\neg X \mid L) = 1 - 0.7 = 0.3$$

在 A 和 L 都为真,而 B 为假的情况下,可以得到以下结果:

$$P(X) = 1 - P(\neg X \mid A)P(\neg X \mid L) = 1 - 0.2 \cdot 0.3 = 0.96$$

注意,右侧忽略了 $P(\neg X \mid B)$ 这一项。这与之前所说的一致:忽略那些前提为假的项(在这里是 B)。

14.4.10 这些概率从哪里来

到目前为止,我们忽略了所有这些概率的来源问题。我们默认这些值可以通过在现实世界中观察到的相对频率的估计,或者通过 m 估计来得到。有时这确实是可行的。

虽然超出了本书的范围,但可以顺便提到,这些概率通常是通过机器学习技术获得的,最常见的是依赖于神经网络和深度学习技术的技术。

控制问题

为了确保理解这个主题,请尝试回答以下问题。如果有问题,那么请返回阅读前文中的相应的部分。

- 讨论实际规模领域处理时面临的挑战。
- 解释"隐形原因"和"泄漏节点"。对于每一个概念,还要讨论其背后的动机。
- 在这里如何使用朴素贝叶斯假设?总结其优缺点。

14.5 Dempster-Shafer 理论:使用权重代替概率

概率论是数学中一个成熟的领域,在许多人工智能应用中被广泛应用。不过,经典概率论对自动推理的某些方面建模仍不够充分。这就是为什么有时会提倡使用另一种替代方案:Dempster-Shafer 理论。在这里仅介绍一些它的基本思想。

14.5.1 动机

假设你看到了一张风景照片,并被问及它是哪个季节拍摄的。由于答案不明确,你可能会回答类似于"这看起来像春天"。当被追问你有多么确定时,你可能会澄清道,"我有 70% 的把握这是春季景色。"

剩下的 30% 怎么办呢?按照机械的方法,它们将被平均分配到剩下的 3 个季节——夏季、秋季和冬季,每个季节分配 10%。但这是否符合你的想法呢?实际上不是。你不认为在每个季节发生的可能性是相同的。你将 70% 的概率给了春季,因此使剩下的 30% 成为"我不知道"。除非你得到其他信息,例如场景的地理位置,否则你无法变得更加自信。例如,南方看起来像春季的季节可能实际上是北方的夏季。

将剩下的 3 个季度分别分配 10% 是具有误导性的,因为这不是你说的。均匀分配 30% 代表了对并未存在的信息进行人为的归属。

14.5.2 权重而非概率

DST 理论是为了应对这种情况而发明的。在这种方法中,概率被分配给集合而不是单个事件。因此，在风景照片的例子中，70％被分配给单一元素集合{spring}，30％被分配给整个四季集合：{spring,summer,fall,winter}。为避免混淆，这些"概率"（70％和30％）称为权重。

这些权重必须相加为1——就像经典概率框架中的概率一样。

14.5.3　辨识框架

假设存在一组相互独立且完全穷举的命题，共有 n 个：

$$\Theta = \{\theta_1, \theta_2, \cdots, \theta_n\} \tag{14.9}$$

在风景照片的例子中，区分框架由4个季节组成。这些季节在某种意义上是互斥的，因为一年中的任何一天只属于其中一个季节。它们也是穷尽的，因为一年只有这4个季节，没有其他季节。前面提到的权重被分配到给定区分框架的子集中。

14.5.4　单例和组合实例

在认知框架中，任何一个成员 θ_i 被称为单例。由一个以上的单例组成的子集（例如 $\{\theta_2, \theta_4\}$）被称为组合实例。

在逻辑陈述和规则的世界中，命题适用于单例和组合实例。例如，这样一个组合命题可以陈述"照片是在夏季或秋季拍摄的"。所有命题的数量由透视框架的子集数量确定：如果它包含 $|\Theta|$ 个单例，那么所有可能的命题的总数是 $2^{|\Theta|} - 1$（这里忽略空集）。

控制问题

为了确保理解这个主题，请尝试回答以下问题。如果有问题，那么请返回阅读前文中的相应的部分。

- 为什么当我们想要量化不确定性时，概率理论有时显得不充分？
- DTS的权重与经典概率之间的主要区别是什么？
- 解释辨别框架、单例和组合实例等术语。

14.6　从权重到信念和可信度

了解了权重的含义，我们准备好进入DST用于量化不确定性和未知程度的机制：信念和可信度的概念。

14.6.1　基本信念分配

鉴别框架 Θ 已确定，DST假定该框架的每个子集 $A \subseteq \Theta$ 都被分配了一个权重值 $m(A)$。对于某些子集（或许是大多数），其权重可以为零，即 $m(A)=0$，但任何权重都不可能是负数（就像概率不能为负数一样）。

对于分配在给定辨识框架内的权重集合，我们将使用"基本信念分配"（Basic Belief Assignment，BBA）这个术语。

14.6.2　任何BBA的基本特性

一个空的子集的权重为零，$m(\varnothing)=0$。此外，在BBA中的权重必须相加为1，就像概率论中的情况一样：

$$\sum_{A \subseteq \Theta} m(A) = 1 \tag{14.10}$$

用 $\overline{A}$ 来表示 A 的补集（因此 A 的补包含所有单例集合，这些集合在 Θ 之外）。A 和 $\overline{A}$ 的权重之和不得超过 1：

$$m(A) + m(\overline{A}) \leqslant 1 \tag{14.11}$$

例如，$m(\{\text{春季},\text{夏季}\}) + m(\{\text{秋季},\text{冬季}\}) \leqslant 1$。这个总和允许小于 1 的原因是有些权重可能必须分配给 Θ 的其他子集。

14.6.3　相信某个命题

假设对命题的信念有一个特定的区分框架，例如 4 个季节，再假设我们有一个分配给框架子集的权重的 BBA。分析一个组合命题，例如由集合 $A = \{\text{春季},\text{夏季}\}$ 定义的命题。我们对照片是否在这两个季节中拍摄有多少信心（多少信仰）？

答案不仅取决于被分配给 $\{\text{春季},\text{夏季}\}$ 的权重，还取决于被分配给 $\{\text{春季}\}$ 和 $\{\text{夏季}\}$ 的权重。形式化地表达，对命题 A 的信念定义如下：

$$\text{Bel}(A) = \sum_{B \subseteq A} m(A)$$

14.6.4　命题的可信度

除了信念之外，DST 还操作可信度。再次令 $\overline{A}$ 为 A 的补集。假设已经计算了 A 的信念。A 的可信度则定义如下：

$$\text{Pl}(A) = 1 - \text{Bel}(\overline{A})$$

14.6.5　不确定性由两个值量化

不同于概率论，DST 通过一对值来表达不确定性。具体而言，针对每个集合 A，不确定性由区间 $[\text{Bel}(A), \text{Pl}(A)]$ 来确定。

14.6.6　数值举例

考虑以下的识别框架：

$$\Theta = \{a, b, c\}$$

假设 BBA 已分配了以下权重（忽略这些值的解释）：

$$m\{a\} = 0.6$$
$$m\{a, b\} = 0.3$$
$$m(\Theta) = 0.1$$

假设任务是确定对 $A = \{a, b\}$ 的不确定性。已知可信度是 A 所有子集的权重之和。在这里的情况下，A 有两个非零权重的子集，即 $\{a\}$ 和 $\{a, b\}$。我们还看到 $\overline{A} = \{c\}$。因此，A 和 $\overline{A}$ 的可信度计算如下：

$$\text{Bel}(A) = m\{a\} + m\{a, b\} = 0.6 + 0.3 = 0.9$$
$$\text{Bel}(\overline{A}) = \text{Bel}(\{c\}) = m\{c\} = 0$$

从这里开始，A 的可信度是 $\text{Pl}(A) = 1 - \text{Bel}(\overline{A}) = 1$。

在所给出的识别框架和 BBA 的范围内，信念和可信度这两个值定义了一个区间$[0.9, 1]$，描述了我们对 A 的信心。

控制问题

为了确保理解这个主题，请尝试回答以下问题。如果有问题，那么请返回阅读前文中的相应部分。

- 解释 BBA 的含义。你了解它的基本属性吗？
- 写下 DST 用于计算信念和可信度的公式。

14.7　DST 证据组合规则

Dempster-Shafer 理论最有趣的特点或许在于：它可以将来自不同信息源的证据进行组合。

14.7.1　多个权重转移的源头

假设有两个不同识别框架：Θ_1 和 Θ_2，每个框架都有自己的 BBA（分配给子集的权重）。我们想知道它们的知识来源有多不同，它们是否兼容，或者它们是相互矛盾的。

14.7.2　冲突的级别

用 B_i 表示识别框架一的子集，即 $B_i \subseteq \Theta_1$，用 C_j 表示识别框架二的子集，即 $C_j \subseteq \Theta_2$。两个识别框架之间的冲突（及其伴随的 BBA）由以下公式确定：

$$K_{1,2} = \sum_{B_i \cap C_j = \varnothing} m(B_i)m(C_j) \tag{14.12}$$

注意，总和是在所有这样的集对 $[B_i, C_j]$（其中一个来自 Θ_1，另一个来自 Θ_2）中进行的，这些集对有空交集。

总的来说，$K_{1,2} < 1$ 表示，这些不相交集合的权重较低，因此可以假设这两个来源不互相矛盾，因此可以结合在一起（见下文）。

如果冲突度更高，$K_{1,2} \geqslant 1$，则两个来源的冲突程度已经达到了无法将它们合并的程度。

14.7.3　组合法则

考虑两个识别框架 Θ_1 和 Θ_2 及它们的 BBA。假设它们之间的冲突被定义为 $K_{1,2} < 1$，这使我们能够组合证据。我们希望用两个来源中的权重信息来确定个体的权重。

权重集 A 通过以下公式计算：

$$m(A) = (m_1 \oplus m_2)(A) = \frac{\sum\limits_{B_i \cap C_j = A} m_1(B_i)m_2(C_j)}{1 - K_{1,2}} \tag{14.13}$$

这里，求和是针对这样的一对集合（一个来自 Θ_1，另一个来自 Θ_2），它们的交集是 A 的。术语"$(m_1 \oplus m_2)(A)$"可理解为"通过组合来自两个信息源的证据获得的 A 的权重"。

注意，分母的值与两个来源之间的冲突水平有关。冲突程度（$K_{1,2}$）越大，分母的值（$1 - K_{1,2}$）就越小，权重也就越高。

重要的是，如果 $K_{1,2} > 1$，则冲突非常严重，两个源无法组合。读者肯定会注意到在这种情况下,分母将为负数,这意味着分配的权重也会是负数,这是不允许的(权重必须始终为正数)。

14.7.4 数值举例

表 14.3 的上部介绍了两种知识来源。为了简便起见,它们都采用相同的识别框架,但它们在给个体子集分配权重的方式上存在差异。由于两种基本信任分配函数之间的冲突较小,$K_{1,2}=0.18<1$,我们意识到可以将它们组合在一起。

表 14.3 数值举例:两个识别框架之间的冲突,以及 DST 的证据组合规则的应用

假设两个知识来源依赖于相同的识别框架:$\Theta=\{a,b,c\}$。这两个来源在分配权重的方式上有所不同:

$$m_1\{a\}=0.6$$

$$m_1\{a,b\}=0.3 \qquad m_2\{a\}=0.7$$

$$m_1(\Theta)=0.1 \qquad m_2\{b,c\}=0.3$$

只有一对不相交的集合是由权重分配产生的,其中一个来自第一来源,另一个来自第二来源:第一来源中的 $\{a\}$ 和第二来源中的 $\{b,c\}$。因此,这两个来源之间的冲突水平确定如下:

$$K_{1,2}=m_1\{a\}m_2\{b,c\}=0.6\times0.3=0.18$$

因为 $K_{1,2}<1$,所以得出结论,这两个源可以组合。

假设想要结合这两个来源来确定集合 $\{a\}$ 的权重。为此,必须找到所有满足 $B_i\bigcap C_j=\{a\}$ 的一对集合。这里有 3 种这样的情况——请参见下面公式的分子:

$$m\{a\}=\frac{m_1\{a\}m_2\{a\}+m_1\{a,b\}m_2\{a\}+m_1(\Theta)m_2\{a\}}{1-K_{1,2}}$$

利用两个 BBA 中的具体数字,得到了 $\{a\}$ 的权重如下:

$$m\{a\}=\frac{0.42+0.21+0.07}{1-0.18}=0.853$$

对于其他集合,如 $\{b\}$,计算方法类似。

表 14.3 的底部显示了如何获得集合 $\{a\}$ 的"合并"权重。注意,这个权重比 $m_1\{a\}$ 或 $m_2\{a\}$ 都要高。这是因为 $m_1\{a\}$ 和 $m_2\{a\}$ 往往会互相增强。另外,$m_1\{a,b\}$ 和 $m_1(\Theta)$ 也会增加总体权重。

14.7.5 不止两个来源的情况

经常需要将不仅两个,而是 3 个或更多的 BBA 组合起来。在这种情况下,通常的做法是分步进行。例如,假设想要合并 4 个索引为 1、2、3 和 4 的源。首先,将 m_1 与 m_2 组合,得到 $m_{1,2}$。在下一步中,将 $m_{1,2}$ 与 m_3 组合,得到 $m_{1,2,3}$。最后,将 $m_{1,2,3}$ 与 m_4 组合,得到 $m_{1,2,3,4}$。不可否认,这种方法可能需要完成大量计算。

14.7.6 BBA 通常是什么样的

回到风景照片的例子中,我们说:"我 70% 肯定这是春天的风景。"这意味着以下的权重分配:

$$m_1\{\text{spring}\}=0.7$$

$$m_1(\Theta)=0.3$$

另一个专家可以说:"我有 90% 的把握确定这不是冬天。"这意味着以下权重分配:

$$m_2\{\text{spring},\text{summer},\text{fall}\}=0.9$$

$$m_2(\Theta) = 0.1$$

再然后又有一个专家会给出一个权重分配。这通常是 BBA 的典型形式。

控制问题

为确保理解这个主题，请尝试回答以下问题。如果有问题，那么请返回阅读前文中的相应部分。

- DST 如何量化两个 BBA 之间的冲突程度？
- DST 的组合规则是什么？在什么条件下可以应用它？写出公式并解释其各项术语。
- 如何结合来自 3 个或更多来源的证据？

14.8　熟能生巧

为了加深理解，不妨尝试以下练习、思考题以及计算机作业。

- 假设在图 14.3 中，A 为假，C 和 D 为真。编写计算 $\neg G$ 条件概率的公式。
- 使用相同的图形，编写计算 C 和 B 为假，所有其他变量都为真的概率的公式。
- 如何利用相同的图回答问题"D 比 $\neg D$ 更可能发生"？假设我们知道所有其他变量都是真实的。
- 针对一个应用领域，创建一个信念网络来描述其变量之间的内在依赖关系。
- 什么是使用泄漏节点背后的动机？举一个与本章中不同的例子说明其用法。
- 解释朴素贝叶斯假设原理。它何时被使用？它的优点和缺点是什么？
- 撰写一篇两页的论文，比较 Mycin 的原则和信念网络的原则。在你看来，这两个范式的优势和劣势各是什么？
- 回到表 14.3。通过结合这两个来源，计算 $\{b\}$ 的权重。基于第一个来源（位于表格顶部左侧的那个），计算 $\{a, b\}$ 的信念和可信度。
- 撰写一篇一页的文章，讨论与传统概率相比，DST 的优势。在文章中，还需要说明你认为应该使用传统概率的情况。

14.9　结语

概率推理与信念网络的核心是由 18 世纪著名的英国数学家和哲学家贝叶斯发现的一条同名定理。信念网络（也称为贝叶斯网络或贝叶斯信念网络）的概念由 Judea Pearl 发展而来，他在经典论文（1986 年）中介绍了自己的想法。自那以后，这种范式就成为最具影响力的处理不确定性的方法之一。

对信念网络需要程序员输入过多的条件概率（其中大多数是主观或推测性的）的批评并不完全公平。在基于 Mycin 的系统中，必须输入的确定性因素数量也很大，而且同样具有主观性。此外，可以通过使用神经网络领域的技术以自动化方式获得所需概率。当然，这些技术更适合在机器学习教科书中介绍。

将权重分配给事件集合而不是将概率分配给单个事件的想法最初由 Dempster（1967 年）提出，但直到 Shafer（1976 年）才发展成为一个完整的理论。这个范式通常称为 Dempster-Shafer 理论，以表彰两位学者的贡献。与经典概率技术相比，DST 的应用范围较小，但这可能会在未来发生变化。了解它的存在是很好的。

第15章

模　糊　集

经典逻辑更喜欢使用明确定义的概念,而人们的日常交流则不同。大部分时间,我们依赖于那些含义不太明确的词语。实际上,当我们说 Bill 长得高时,我们到底在想什么? 而每个学生都是聪明或不聪明的,没有中间状态吗? 这些概念定义不清,但我们很少遇到处理它们的重大困难。如果人类可以做到这一点,为什么计算机不能呢? 因此,这些是模糊集理论诞生时的考虑因素。

本章将介绍模糊集合框架背后的动机,然后解释其基本原则,最后展示如何在自动化推理程序中利用这些原则。应注意模糊集与概率理论之间的差别。本章将通过简单的例子说明了基本概念。

15.1　现实世界概念的模糊性

让我们先澄清所指的模糊概念,并指出为什么人工智能对它们如此感兴趣。

15.1.1　清晰概念和模糊概念

数学家和科学家喜欢使用明确定义的概念,如整数、氢、老虎或星期一。从人工智能的术语来看,这些术语很明确。对于一个明确的概念,总是可以决定一个给定的对象是否是它的代表;一个给定的原子是否是氢;明天是否是星期二。

然而,在我们日常的话语中,这并不是很常见。我们似乎主要处理的是那些意义在直觉上很清晰,但远非明确的概念。比如阳光明媚的日子、聪明的政治家、有才华的学生或者无聊的电影等。这些概念是模糊的、不清晰的。许多学生都被认为在某种程度上是有才华的,或大或小,但很少是破格的才华。在我们所谈论的大部分话题中都可以观察到同样的情况——然而,我们很少遇到重大困难!

在不引起混淆的情况下,期望智能计算机程序能够用类似的模糊术语进行推理似乎是合理的。

15.1.2　堆的悖论

古代哲学家们意识到了这个问题。为了对抗亚里士多德逻辑(限制了清晰概念的逻辑），他们提出了以下反例：如果把一千块石头放在同一个地方，那就是一个堆。假设拿走了一块石头，那余下的东西仍然是个堆吗？

当然是，但是假设你再拿走一块，再拿走一块，一直这样下去，直到最后只剩下两三块石头。毫无疑问，这已经不再是一个堆了。这就是这个问题的难点：到底在什么时候这个堆不再是个堆了呢？

读者很容易找到其他例子，如秃头男人、昂贵的房子、富有的女人等。一些词汇，如little（少量的）、many（许多的）或 hot（热）不可避免地引起了堆悖论的出现。我需要从一个摇滚明星的头发中拔掉多少根头发才能让他被认为是秃头呢？卖家需要降价多少钱才能让我们认为这个房子不再昂贵？

所有这些例子都说明了模糊的概念。

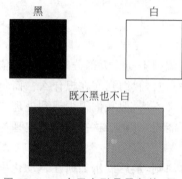

黑   白

既不黑也不白

图 15.1　一个正方形是黑色的，另一个是白色的。其余的两个正方形只有较小或较大程度的黑色或白色

15.1.3　视觉示例

图 15.1 包含 4 个正方形。其中一个是黑色的，另一个是白色的，另外两个是灰色的，这意味着它们既不是白色也不是黑色，但它们都具有一定程度的两种极端颜色。重要的是，每个正方形的属性程度不同。左下角的正方形肯定比右下角的正方形更黑。

15.1.4　另一个例子

假设一位工程师将温暖的房间定义为其华氏温度落在区间[70,80]之内。低于下限的温度被认为是冷的，高于上限的温度被认为是热的。

这是一位传统程序员可能会做的事情，但对于我们其他人来说，这种定义过于严格和不灵活。我们不至于如此教条主义，认为 69.5 度是冷的，而 70 度就已经是温暖的了。我们实际的想法更倾向于在温度范围内设定一些过渡区域。这种情况下，我们可以合理地说，"69.5 度处于冷和暖之间的边界上。"

控制问题

为确保理解这个主题，请尝试回答以下问题。如果有问题，那么请返回阅读前文中的相应部分。

- 提出一些清晰概念的例子和一些本质上模糊的概念的例子。
- 什么是"堆悖论"，为何说它与模糊概念有关？你能提供一些类似性质的其他例子吗？

15.2　模糊集成员资格

既然我们已经理解了模糊现象的性质，现在可以着手看看如何通过计算解决这一问题。

15.2.1　隶属度

在经典数学中，每个对象要么是集合的成员，要么不是。模糊集合理论更加灵活。根据前一节的观察，每个对象都以一定程度属于集合。实际上，对象 x 被赋予一个数字 $\mu_A(x)$，

来量化该对象在集合 A 中成员的隶属度。按照惯例,成员隶属度受单位间隔的限制:

$$0 \leqslant \mu_A(x) \leqslant 1$$

具体数值的解释如下:

$\mu_A(x) = 1$ 表示 x 明显属于 A。

$\mu_A(x) = 0$ 表示 x 绝对不属于 A。

$0 < \mu_A(x) < 1$ 表示 x 在某种程度上属于 A。

$\mu_A(x)$ 的值越大,表示 x 属于 A 的程度也越高。

15.2.2 黑色矩形

让我们使用图 15.1 中的 4 个正方形来说明隶属度。假设 A 被定义为黑色正方形的集合。对于左上角的正方形,$\mu_A(x) = 1$,对于右上角的正方形,$\mu_A(x) = 0$。至于剩下的两个(底部行),可以假设左边的那个有 $\mu_A(x) = 0.7$,右边的那个有 $\mu_A(x) = 0.5$,因为它的"黑色更少"。

这个例子还展示了模糊集中的一种具体特点。也就是说,隶属度倾向于是主观的。在实际应用中,这很少是一个问题。然而,重要的是值之间的相互关系应该反映出基本的现实。在我们的例子中,方块越暗,隶属度越高。

当然,我们也可以选择定义白色方块集合 B 的隶属度,这时方块越白,隶属度 $\mu_B(x)$ 就越高。

15.2.3 有才华的学生

指派成员程度最简单的方法是手动完成,与表 15.1 中所示的情况一样,每个个体都与一个具体的值相关联,可能是由一位了解学生的教授输入的。[①]

表 15.1　最简单的成员度分配方式是手动进行,通过为每个单个对象分别输入值

在表中,每个个体都被分配了他或她在聪明学生集合中的隶属度。

x	bob	jim	eve	jane	fred	pete	⋯	jill	⋯
$\mu_{\text{smart}}(x)$	0.8	1.0	1.0	0.7	0.1	0.0	⋯	0.9	⋯

这张表告诉我们,jim 和 eve 肯定很聪明,但是 pete 绝对不是聪明的。至于其他人,他们的智商被分级:$\mu_{\text{smart}}(\text{fred}) = 0.1$ 表示 fred 是否属于聪明学生的群体是有疑问的。至于 jill,她比 fred 聪明得多,但只比 jane 聪明了一点。

15.2.4 高个子

另一种定义模糊性的方式是通过图 15.2 左侧所示的分成 3 个区域的身高(x 轴)定义具有成员度量的高个子概念。在这里,工程师使用了一条分段线性函数,将身高域分成 3 个区域。左侧的一个区域标记为 $\mu_{\text{tall}}(x) = 0$(绝对不高),右侧的一个区域标记为 $\mu_{\text{tall}}(x) = 1$(绝对高),而在中间,成员度量随着身高增长而线性增长。

很容易为相反的概念(即矮个子)定义隶属函数。该函数将始于 $\mu_{\text{small}}(x) = 1$ 的区域,

---

① 再次强调,这种情况下具体的角度是主观的。另一位教授可能会有不同的看法,可能会提出其他的看法。

然后逐渐下降，最终以 $\mu_{\text{small}}(x) = 0$ 的区域结束。

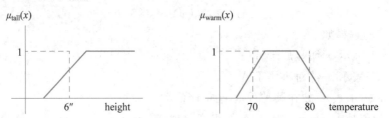

图 15.2　对于每个人（左）和每个房间（右），分别通过分段线性函数定义其对于高个子和温暖房间的隶属度

15.2.5　温暖的房间

下一个概念又稍微复杂一些。如果房间不冷，也不热，那么它就是温暖的。这种情况在图 15.2 右边的分段线性函数中表示。

在这里可以看到 5 个不同的区域。其中两个将过低或过高的温度赋值为零成员资格。中间区域的 $\mu_{\text{warm}}(x) = 1$，表示明显温暖的房间。最后，该函数有两个过渡区域，其中随着温度的增加，成员资格隶属度线性增加或减少。

15.2.6　$\mu_A(x)$ 函数的其他常见形状

成员函数不必是分段线性的。图 15.3 显示了一些流行的非线性替代方案。解释类似于分段线性函数。一些专家发现这些连续函数更具直观吸引力。

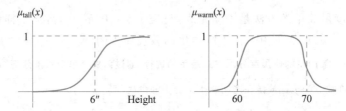

图 15.3　定义隶属度的函数不必是分段线性的。在流行的替代方案中，应用了 S 形和高斯函数及其各种组合和改进形式

15.2.7　$\mu_A(x)$ 的值来源

隶属度的具体值（或计算它们的函数）来源于哪里？最简单的方法是采访专家，专家会提供他或她的主观看法，就像表 15.1 中的聪明学生一样。为了减少主观性，可以采访一组专家，然后取其个人意见的平均值。

更复杂的方法将通过提取和处理数据库中可用的信息来自动构建 $\mu_A(x)$。例如，学生的智力水平可以从他或她的成绩、课外活动等方面推导出来。

最终，模糊集理论在控制系统的实际应用中，有时会根据它们从环境中得到的反馈来优化它们的行为。

控制问题

为了确保理解这个主题，请尝试回答以下问题。如果有问题，那么请返回阅读前文中的相应部分。

- 说明模糊集理论中隶属度的概念。它们如何被解释？
- 讨论通过数学函数定义隶属度的可能性。通常使用哪些典型函数？
- 评论隶属度和定义它们的函数的可能来源。

15.3　模糊性与其他范式的比较

第一次接触模糊集理论时，常常会引发其与概率理论之间的关系问题。非模糊概念是否真正解决了无法通过传统方法处理的问题？这个问题确实值得我们关注。

15.3.1　一个清晰事件发生的概率

概率本质上与明确的事件和变量有关。例如，我们可以问：“抛硬币出现正面的可能性是多少？”在此情况下，结果显然是明确定义的：要么是正面，要么是反面，没有中间。这使我们能够计算实验结果，然后通过相对频率确定它们的概率。

15.3.2　特征的范围

在某些领域中，结果并不是那么明确。因此，在上一节中我们看到的例子涉及某种属性的程度，而不是其可能性。经典概率理论不能轻易地说，“这个班级的学生有多大可能是聪明的？”因为每个个体的聪明程度是不同的。这意味着聪明的学生不能像我们数出抛硬币结果那样计算。

15.3.3　模糊值的概率

然而，已经有人尝试量化模糊变量的概率。例如，我们可能会问，“在核物理学中是否比历史课中更有可能出现聪明学生？”为了回答这样的问题，我们需要一种计算模糊值的机制（类比于计算清晰值）。15.5 节将解释一种可能的解决方案。

这并不意味着模糊集理论可以被概率论取代。相反，用于计算模糊变量概率的机制仍然是模糊集理论的特殊方面。

15.3.4　模糊概率

经典概率论涉及数字。例如，我们可以说抛一枚硬币正面朝上的概率是 50%。然而在日常谈话中，我们很少依赖具体的数字。我们可以说“比尔在这次考试中失败的可能性不大”，或者“约翰很可能很快结婚”。“不大可能”或者“很可能”是语言变量，它们的本质是模糊的。它们代表了概率陈述的模糊性。

15.5 节将讨论处理语言变量及其计数的操作。

控制问题

为确保理解这个主题，请尝试回答以下问题。如果有问题，那么请返回阅读前文中的相应部分。

- 讨论清晰事件的概率和模糊属性的程度之间的差异。
- “模糊值的概率”这个术语是什么意思？相比之下，“模糊概率”又是什么？

15.4 模糊集合运算

15.2 节介绍了对象在集合中隶属度的概念。这有助于我们建立模糊命题，例如"bill 很聪明"。假设我们决定通过逻辑操作来组合这样的命题，那么如何量化结果复合语句的模糊程度？

15.4.1 模糊逻辑

大家都知道经典逻辑如何评估复合逻辑陈述，例如"A 和 B"或"C 和（A 或 B）"。它们的真或假可以通过简单规则或真值表轻松确定。

然而，假设原子命题 A、B 和 C 是模糊的，如"john 长得高"和"bill 敏捷"。john 属于高个子人群的程度和 bill 属于敏捷人群的程度通过成员度来确定：$\mu_{\text{tall}}(\text{john})$ 和 $\mu_{\text{quick}}(\text{bill})$。在这种情况下，我们如何评估复合语句的真实性和虚伪性？

15.4.2 合取

让我们从合取开始。如果用 $\mu_A(x)$ 表示 x 在 A 中的隶属度，用 $\mu_B(x)$ 表示 x 在 B 中的隶属度，则 x 在 $A \bigcap B$（两个集合的交集）中的隶属度是两个值中较小的那一个，即

$$\mu_{A \cap B}(x) = \min\{\mu_A(x), \mu_B(x)\} \tag{15.1}$$

x 在 N 个集合的交集中的隶属度的公式易于推广到两个及以上集合的情况。具体而言，x 在交集中的隶属度是个体隶属度中最小的一个。

与其谈论交集，不如通过逻辑"合取"方式表达相同的意思："x 属于 A 且 x 属于 B。"

15.4.3 析取

另一种重要的操作是或运算。如果用 $\mu_A(x)$ 表示 x 在 A 中的隶属度，用 $\mu_B(x)$ 表示 x 在 B 中的隶属度，则 x 在 $A \bigcup B$（两个集合的并集）中的隶属度是两个值中较大的那一个，即

$$\mu_{A \cap B}(x) = \max\{\mu_A(x), \mu_B(x)\} \tag{15.2}$$

x 在 N 个集合的并集中的隶属度的公式很容易推广到两个集合以上的情况。具体而言，x 在 N 个集合的并集中的隶属度是其个体隶属度中最大的一个。

可以通过逻辑析取的方式表达相同的意思，而不是用它们的并集："x 属于 A 或 x 属于 B。"

15.4.4 否定

在经典集合论中，说 x 不属于 A 就意味着 x 属于 A 的补集。在模糊集理论中，x 在 A 的补集中的隶属度由以下公式得出：

$$\mu_{\bar{A}}(x) = 1 - \mu_A(x) \tag{15.3}$$

读者会注意到，在模糊集理论中，x 可以同时以一定程度属于 A 和 $\bar{A}$。在经典集合论中，这当然是不可能的。

15.4.5　图形说明

图 15.4 展示了先前段落中介绍的概念：集合交集代表逻辑 AND，集合并集代表逻辑 OR。x 的取值沿水平轴绘制，成员度数沿垂直轴绘制。A 的函数是一个三角形，B 的函数是一个梯形。

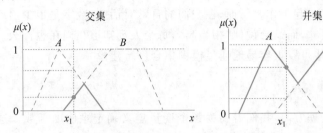

图 15.4　展示了如何确定元素 x 在集合 A 和 B 的隶属度，以及如何确定 x 在这两个集合的交集和并集中的隶属度

在左边，我们看到模糊集合理论如何处理交集：对于每个 x 值，始终考虑成员隶属度较小的那个，例如在 x_1 的情况下，它在交集中的成员隶属度由黑色圆点标出。

在右边，我们看到模糊集理论如何处理并集：对于每个 x 值，始终考虑两个隶属度中的较大值，例如在 x_1 的情况下，它在并集中的成员隶属度由一个黑色的圆点突出显示。

15.4.6　数值举例

考虑表 15.1 中聪明学生的模糊集合和图 15.2 左边的高个子的模糊集合。对于后者，如果 x 是身高，则当 x 小于 5.5 英尺（1 英尺＝0.3048m）时，$\mu_{tall}(x)=0$，当 x 大于 6.5 英尺时，$\mu_{tall}(x)=1$；对于两个阈值之间的值，将使用 $\mu_{tall}(x)=x-5.5$，例如，得到 $\mu_{tall}(6)=0.5$。

假设 Bob 身高为 5.8 英尺，这意味着他在高个子集合中的成员度为 $\mu_{tall}(Bob)=5.8-5.5=0.3$。表 15.1 给出了他在聪明学生集合中隶属度为 $\mu_{smart}(Bob)=0.8$。他在既聪明又高的学生集合中的隶属度为 $\min(0.8,0.3)=0.3$，而他在聪明或高的学生集合中的隶属度为 $\max(0.8,0.3)=0.8$。他在非高个子学生集合中的隶属度为 $1-\mu_{tall}(5.8)=1-0.3=0.7$。

15.4.7　复杂表达

对更复杂表达式的隶属度评估可以简化为简单的数学运算，不会引起任何困难。例如，假设 Bob 在勤奋学生集合中的隶属度为 $\mu_{diligent}(Bob)=0.9$，并假设想知道他在以下表达式定义的集合中的隶属度（他要么不勤奋，要么聪明且高大）：

$$(\text{small} \wedge \text{tall}) \vee \neg \text{diligent}$$

使用前文中的数值，得到以下数值：

$$\max\{\min(0.8,0.3),(1-0.9)\}=\max(0.3,0.1)=0.3$$

控制问题

为了确保理解这个主题，请尝试回答以下问题。如果有问题，那么请返回阅读前文中的相应部分。

- 将确定集合的并集、交集以及补集中成员隶属度的公式记下来。

- 逻辑与(AND)与集合的交集相对应的方式是什么？逻辑或(OR)与集合的并集相对应的方式是什么？取反(negation)与集合的补集相对应的方式是什么？

15.5 计算语言变量

科学家和数学家与数字一起工作。然而，在我们的日常对话中，数字是很少出现的。我们不会说 Bob 有 6 英尺 2 英寸，而是会说他"相当高"，每个人都知道我们在想什么。换句话说，我们使用语言变量。这些可以很容易地通过模糊集合进行建模。

15.5.1 语言变量的例子

在模糊集的语言变量处理方面，我们需要为每个变量定义确定隶属度函数。这些函数可以是三角形、梯形或图 15.3 中的曲线形状。它们的定义域可以重叠：以 Bob 身高 6 英尺 2 英寸为例，他的身高可以用以下值来描述：

$$\mu_{\text{very-tall}}(\text{Bob}) = 0.9$$
$$\mu_{\text{tall}}(\text{Bob}) = 1.0$$
$$\mu_{\text{average}}(\text{Bob}) = 0.7$$
$$\mu_{\text{rather-short}}(\text{Bob}) = 0.0$$

15.5.2 语言变量的主观性

隶属度往往是主观的。幸运的是，在实际应用中，$\mu_{\text{tall}}(\text{Bob}) = 1.0$ 和 $\mu_{\text{tall}}(\text{Bob}) = 0.9$ 之间的差异很少起到重要的作用，所以主观性很少成为问题。当然，各值之间的相互关系必须是合理的。如果给 $\mu_{\text{tall}}(\text{Bob})$ 和 $\mu_{\text{short}}(\text{Bob})$ 赋予高值，而给 $\mu_{\text{average}}(\text{Bob})$ 赋予很小的值，这将是很奇怪的。

15.5.3 上下文依赖

隶属度通常取决于上下文。在医生和律师的社群中，"高收入"这个术语有一个解释，而在建筑工人中有另外一个解释。在富裕国家和贫穷国家，符合该标准的程度将会不同。甚至它们的值在不同时期也可能有所变化：在 19 世纪的美国，2000 美元代表了一年的丰厚收入，而如今则不然。

15.5.4 计算模糊对象数量

在经典集合论中，"集合 A 有多大"的问题通过计算集合的成员数量来回答。在模糊集合的背景下，我们将会对成员度量进行求和。如果用 $S(A)$ 表示集合 A 的大小，则可用下面的公式计算其值：

$$S(A) = \Sigma_i \mu_A(x_i) \tag{15.4}$$

在这里，$\mu_A(x_i)$ 表示第 i 个对象 x_i 属于集合 A 的隶属度。

15.5.5 数值举例

假设有 5 个学生：Bob、Jim、Eve、Jane 和 Fred 坐在教室里。在前面的表 15.1 列出了他们分别对聪明学生集合的隶属度：0.8、1.0、1.0、0.7 和 0.1。使用方程式(15.4)，可以确认教室里聪明学生的数量是 0.8+1.0+1.0+0.7+0.1=3.6。

注意，对模糊对象的计数不一定会得出整数。

15.5.6 更高级的例子

考虑一个旅行社的人工智能程序。在考虑一个度假胜地的利弊时，顾客想知道，"靠近海滩有很多高层建筑吗？"

这个陈述涉及与该地区建筑物相关的两个语言变量：高层建筑和靠近海滩。由于两个要求要同时满足（逻辑与），个体的成员度受到最小函数的影响。例如，假设建筑物 A 属于高层建筑，其隶属度为 0.7，并且它靠近海滩的隶属度为 1.0。在这种情况下，该建筑物以最小隶属度(0.7,1.0)=0.7 满足这两个条件。

表 15.2 总结了该过程。计算从一个表格开始，该表格总结了每幢建筑物在高层建筑物集合中的隶属度和靠近海滩建筑物集合中的隶属度。这些值可能是从用户指定的函数中获得的，例如图 15.2 和图 15.3 中建议的函数（见 15.2 节）。

表 15.2 两个概念的隶属度是度假村建筑的特征：高层和靠近海滩。有很多这样的建筑吗？

度假村中的每座建筑都被分配了对这两个集合的隶属度。

x	# stories	$\mu_{\text{high}}(x)$	distance	$\mu_{\text{close}}(x)$
A	6	0.7	100	1.0
B	9	1.0	300	0.7
…	…	…	…	…
Z	5	0.4	500	0.4

这是同时满足两个条件的建筑物数量。

$$N = \Sigma_i \min[\mu_{\text{high}}(x), \mu_{\text{close}}(x)] = \min[0.7, 1.0] + \min[1.0, 0.7] + \cdots + \min[0.4, 0.4] \cdots$$

然后将 N 的结果提交给一个计算 N 在 many 中隶属度的函数。下面是一个可能的结果。

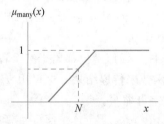

从图表的垂直轴上读取隶属度。

对于每座建筑物，该程序同时计算两个集合中的隶属度（使用最小函数），然后将隶属度相加以获得隶属度和。然后，将此隶属度的和传递给确定该数字的隶属度的函数，其中一个可能性显示在表 15.2 的底部。注意，这个最后的函数可能需要更复杂，以反映多个不同环境中"许多"(many)的含义。在一个地区中被视为很多的，在另一个地区可能只是少数。

控制问题

为了确保理解这个主题，请尝试回答以下问题。如果有问题，那么请返回阅读前文中的相应部分。

- 提供一些语言变量的示例。为什么我们需要在 AI 程序中考虑它们？

- 解释一下计算由语言变量描述的物体的机制。

15.6 模糊推理

现在我们已经掌握了基础知识，下面继续讨论如何在自动推理中使用模糊逻辑的问题。从某种意义上说，这并没有什么新鲜的。这里使用与以前相同的 if-then 规则。唯一的问题是如何通过规则传播模糊的不确定性。

15.6.1 模糊规则

规则基本上与之前的规则相同，唯一的区别是现在它们涉及前几节中的模糊和语言变量。为了说明，考虑以下例子：

$$\text{if } smart(x) \text{ then } successful(x)$$

规则告诉我们，聪明的学生往往会取得成功。对于任何 x，成员在成功集合中的隶属度与成员在聪明集合中的隶属度相同：$\mu_{successful}(x) = \mu_{small}(x)$。

$$\text{if } very\_tall\{(x)\} \text{ then } good\_in\_basketball(x)$$

在这里，x 在优秀篮球球员集合中的隶属度与 x 在高个子人群集合中的隶属度相同。

15.6.2 更加真实的规则

如果前提条件具有两个或更多个连带条件，那么前提条件的隶属度是条件中最小的隶属度。为了说明这一点，考虑以下规则：

$$\text{if } few\_rebellions\_students(c) \text{ and } many\ smart\ students(c)$$
$$\text{then } class\_moderately\_good(c)$$

这是我们确定类别 c 在中等好的类别集中的隶属度的方法。首先，决定每个学生在叛逆集合中的隶属度。在下一步中，确定有多少这样的学生（参见 15.5 节，计算语言变量），然后将该数量通过模拟 few 的函数。我们用 $\mu_{FRS}(c)$ 表示结果，其中 c 表示班级，FRS 代表 few rebellions students（少数叛逆学生）。

用同样的方法评估第二个条件。任何学生都属于某个程度上聪明的集合。统计这些学生，然后通过模拟"许多"功能的函数来传递结果。这里用 $\mu_{MSS}(c)$ 来表示结果，其中 c 代表班级，MSS 是许多聪明学生的首字母缩写。

先前项的隶属度是 $\min\{\mu_{FRS}(c), \mu_{MSS}(c)\}$。这也是 c 属于中等好类别集合的隶属度。

15.6.3 用模糊规则推理

假设知识库还包含以下规则：

$$\text{if } interesting\_topic(c) \text{ then } class\_moderately\_good(c)$$

评估前提条件时，还可以得到该类别在中等好的类别中的隶属度。由于在前面出现了具有相同结论的规则，因此需要一种方法来结合这两个值。

用符号 $\mu_{MG}^{(1)}(c)$ 来表示前面获得的隶属度，用 $\mu_{MG}^{(2)}(c)$ 来表示这里获得的隶属度。由于每个规则都给出了该类别被认为尚可接受的不同理由，因此将两个隶属度求和是有意义的。

$$\mu_{MSS}(c) = \mu_{MG}^{(1)}(c) + \mu_{MG}^{(2)}(c) \tag{15.5}$$

当然,隶属度必须在单位区间$[0,1]$内。如果式(15.5)中的总和超过上限,则设置$\mu_{\mathrm{MG}}(c)=1.0$。

15.6.4 传播隶属度

一个现实的知识库至少会有数百个这样的规则。一些规则的结果出现在其他规则的前提条件中。最终,知识库可以看作类似于第 14 章用于表示信念网络的图。不同之处在于,这里处理的是模糊性,而不是概率。可以看到,隶属度的传播更容易。

15.6.5 模糊控制

本章概述的原则被应用于所谓的模糊控制。在这个背景下,任务不是回答用户的查询,而是建议某个输出量的值。例如,基于在技术过程中进行的各种测量,控制系统要决定是否增加温度和/或压力,以及增加多少。

然后,输入变量被模糊化,也就是将数值转换为语言值。这使得可以使用类似于人类操作员在潜意识中使用的模糊规则。然后,输出采用另一个语言变量的形式,例如"温度急剧上升"。这个输出接着通过一个称为去模糊化的过程转换为具体的数字。

由于本书讨论范围有限,故不再讨论进一步的细节。

控制问题

为了确保理解这个主题,尝试回答以下问题。如果有问题,那么请返回阅读前文中的相应部分。

- 解释模糊规则的原理。它们如何被解释和评估?
- 简要讨论由模糊规则组成的知识库的原理。隶属度如何被组合和传播?

15.7 熟能生巧

为了加深理解,不妨尝试以下练习、思考题和计算机作业。

- 传统集合论、模糊集理论和概率论之间的概念差异是什么?为什么这 3 种范式不可互换?相比之下,它们有什么共同之处?
- 简要讨论流行说法"压垮骆驼背上最后一根稻草"与 15.4 节中提到的堆悖论的关系。
- 15.3 节提到,人们已经试图找到模糊概率的数学模型。从实际角度来看,这意味着模糊模型可以用来描述高度可能或相对不太可能的语言概率。请撰写一篇两页的论文,描述一个具体的机制来实现这一目标。同时提供数值举例以说明该观点。
- 使用模糊集理论,分析以下具有语言变量的表达式:"在工程学或科学中,聪明且勤奋的学生更常见吗?"识别相关的语言变量并提出评估它们的机制。
- 总结模糊推理的原则。提供一个小的模糊知识库,说明主要观点。这些规则的隶属度如何在网络中传播?
- 15.6 节展示了两个具有相同结果的规则。由于这些结果是通过不同的参数获得的,该节建议应将这两个获得的隶属度相加。提出一个场景,使得在这两个值中取最小值或最大值更合适。

15.8　结语

模糊集理论诞生于 Lotfi Zadeh 在 1965 年发表的传世之作中。起初，他的想法并未引起太多关注。然而，在 20 世纪 70 年代，知识基础系统和自动推理专家发现了传统逻辑的局限性，尤其是在处理语言变量时。Zadeh（1975 年）证明了他的模糊集理论可以以非常自然的方式处理这些变量。从那时起，人们对这个范式的兴趣开始迅速增长。

另一个推动力由 Mamdani（1977 年）提供，他提出了一种用于处理模糊规则的简单机制。不久之后，学者找到了在自动控制中应用模糊推理的方法。成功的工业应用报告只是时间问题。其中一个著名的例子是 20 世纪 80 年代为一些日本地铁系统开发的控制系统，其中使用模糊逻辑来控制加速、刹车和停车。一些教科书还喜欢提到 20 世纪 90 年代日本相机的应用实例。

今天，模糊集不再像它们过去那样热门。在 20 世纪的最后几十年里，这个理论是一个划时代的发明；现在它已经得到了广泛的认可，甚至可以说是司空见惯的。正在寻找有吸引力的研究课题的博士生会去其他地方寻找，数学家不再期待突破性的发现，资助机构也不太愿意为此投入资金。或许这是不可避免的。一些早期的主张和预测是如此大胆，以至于除了奇迹之外的任何结果都会引起失望。然后，像往常一样，过热之后就是一个冷却期。

这样说来，模糊集理论是有用的。模糊控制的应用特别令人印象深刻。此外，对于建模语言变量的能力也很吸引人。底层概念的简单性和直观吸引力很可能确保这种理论不会被很快遗忘。

第16章

专家系统的优点和缺点

自动推理和不确定性处理研究的主要受益者是专家系统技术，这是人工智能的一个早期成功案例。这个想法是为了模仿人类对重要背景知识的依赖。

典型的解决方案是将精心设计的知识库与推理技术相结合，以回答用户的问题。通常情况下，知识以 if-then 规则的形式表达，尽管语义网络和基于框架的表示法也值得一提。语义网络和基于框架的表示法是重要的选择。现有知识的不完善程度使用前几章中的一些范式来量化：确定性因素、概率和模糊集。产品的一个重要部分是它能够解释专家系统的推理，并具有与用户进行准智能对话的能力。

本章简要概述了专家系统历史上的一些关键时刻以及从早期产品的实验中收集到的一些经验。

16.1 早期探索：Mycin

Mycin 是最古老的专家系统。它在 1969 年提出的早期版本成为一个重磅炸弹，迅速激发了许多人工智能先驱者的工作热情。20 世纪 70 年代，一些研究小组对广泛的应用领域进行了实验，提出了改进措施，并积累了经验，帮助这些有前途的新工具建立了声誉。

16.1.1 实现

该程序是用 Lisp 语言实现的，这种编程语言的开发考虑到了人工智能的特殊需要。Mycin 知识库的早期版本由数以百计的 if-then 规则组成，其缺陷由第 13 章中讨论的确定性因素来弥补。然而，很快就出现了更快、更宏大的知识库。

16.1.2 预期的应用范围

广泛的实验很快证明了 Mycin 成功诊断特定疾病的能力，包括菌血症和脑膜炎。为此，Mycin 还可以提出选择抗生素的建议。据说它的诊断性能与人类专家的诊断相比。尽管其声誉良好，但该工具在实际中没有使用过。

16.1.3 早期关注

为什么不鼓励医生定期使用新工具？早期的障碍在于对道德和法律性质的关注。这是反对者的主要论点。假设医生根据软件的建议开出药物。如果该诊断证明不正确，甚至可能带来一些不良的后果，那么由谁负责？是医生还是程序员？可能发生诉讼的前景使其被认为是没有吸引力的。

今天，我们对事物的看法有所不同。如果 Mycin 现在首次被引入，而不是在 AI 初期的典型氛围中，那么它将被仅仅视为一种可能提供争论和灵感的建议工具。最终做出决定将是医生的责任。在软件首次演示之后进行的激烈讨论中，这似乎并不明显。

16.1.4 早期希望

一些学者认为，专家系统不应为比计算机程序表现更好的高素质专家服务。相反，这一论点提出了，新技术可能在医生很少见，或者根本无法服务的地区很有用。第三世界国家的大片地区受到天灾、流行病和内战的困扰。在急需的时候，通常没有训练有素的医生——在那种情况下，装备小型计算机的护士可能比根本没有帮助更好。

然而，据该作者的看法，这个想法并没有过于超出关于科学会议的非正式讨论的范畴。

控制问题

为了确保理解这个主题，请尝试回答以下问题。如果有问题，那么请返回阅读前文中的相应部分。

- 何时引入第一个专家系统，其主要应用领域是什么？它采用了什么样的知识库？这个知识库有多大？它如何处理不确定性？
- 讨论与新技术有关的一些早期希望和问题。

16.2 后续发展

Mycin 的成功以及它启发的热情讨论导致了活动的爆发。在几年之内，出现了数十个专家系统，其中许多人试验了知识表示和理性的各种新机制，许多人探索了新的应用领域。这些经验被证明是无价的。一步一步地，人工智能将自己确立为一个可能增强计算机潜力的领域。

16.2.1 另一个医学系统

医学仍然是感兴趣的主要领域之一。也许 20 世纪 80 年代最令人印象深刻的专家系统是 Caduceus。它的作者打算以 Mycin 的成功为基础，但要进一步发展需要突破一个严重的限制。即是说，他们发现该工具的能力范围十分狭窄，这是不自然的：只能识别少数细菌。人类专家从未如此专业化。他们知道得越多，就越容易地将这些已知的知识添加到自己的知识库中，从而越容易发生新的挑战。真正的专家系统应表现出类似的多功能性。

Caduceus 不是可以诊断某些疾病，而是可以诊断数百种疾病。这个广泛的范围使其成为当时最知识丰富的专家系统，这是新技术扩展的峰值之一。基于 Mycin 指出的发展方向，Caduceus 展示了专家系统的真正潜力。

16.2.2 发展前景

许多学者对 Mycin 造成的不确定性因素的临时性质感到不舒服。由第 14 章的介绍可知，通过提供替代方案，Prospector 的作者更喜欢在其系统中实施概率的推理原则。据报道该工具帮助发现了大钼矿石的丰富沉积物。这是一个真正的胜利。

然而,在这一成功之后,并没有出现类似成就的报告,这使得钼的发现不如预期的那样令人信服。虽然尽管 Prospector 的作者无疑做了一项伟大的工作,但可以想象,他们无意中在知识库中输入了一些他们已知的信息,而这些信息不应该向程序明确说明。比如说,"我想知道你是否能找到我藏在裤子左边口袋里的手表。"然而,这种猜测和怀疑从未被证实过,这种保留意见不应减损 Prospector 的伟大成就。通过开创推理的概率方法,这个专家系统确立了自己作为一个宝贵里程碑的地位。

16.2.3 数以百计的专家系统

在 20 世纪 80 年代和 90 年代的某个时期,不同的研究小组开发了数以百计的专家系统,每一个都有不同的应用领域、每个人都有不同的推理引擎可供支配。例如,Dendral 处理分子化学,R1 帮助工程师配置复杂的计算机系统,而 Mistral 则监测大坝的安全。一些其他系统可为先进的工程问题提供渐进式的解决方案,诊断学生的行为,处理语音识别的挑战,甚至是向面临意外情况的机器人提供建议。

16.2.4 过高期待的风险

这个领域变得很时髦,人们的期望值也很高。许多学者认为,人工智能已经达到了一个阶段,机器将变得真正智能并能够在各行各业提供建议,世界已经迈过了一个新技术时代的门槛。在类似的情况下,每一次都是如此,激动的心情催生了一些预言,从后来者的角度看,这些预言如果不算荒谬,也是过于天真的。

当然,其中有些是机会主义的。为了吸引政府为他们的研究提供资金,科学家们有时会夸大他们的预期。公平地说,突破是令人印象深刻的,许多人真诚地相信一些伟大的事情正在发生。

16.2.5 怀疑主义

俗语说:物极必反。对过度兴奋的惩罚就是失望。这也是发生在专家系统上的事情。不加批判的乐观主义被证明是适得其反的,最后也确实适得其反。世纪之交的时候,人们对该领域的态度算得上是冷淡的。

那些认为 Mycin、Caduceus 或 Prospector 只是迈出长征第一步的人,徒劳地等待着具有可比性的进展。悲观主义者开始怀疑这些系统达到了有史以来所能实现的最大限度。他们还发现了根本性的瓶颈——创建并微调非常大的知识库所带来的困难。一旦超过一定的规模和复杂程度,困难就会激增。

16.2.6 现状

但该技术并没有消失,它只是使用了一种新的伪装。专家系统或基于其原理的程序不再是独立的软件包,而是被纳入更广泛的系统中。这方面的例子很容易找到。例如,许多为他们的课程准备 PowerPoint 演示文稿的人已经熟悉了被称为"设计"的功能。这个功能提供了格式化建议,帮助他们将文本转换为图表或其他可视化形。这些建议是通过类似于专家系统中使用的规则获得的。类似的工具已经被用在卫生保健设施中,如计算机程序引导护士通过诊断和治疗建议,这些建议以前是由医生负责的。

今天,没有人认为这种软件是专家系统的尖端应用。世界已经改变。曾经那么炙手可热的技术不再构成具有说服力的卖点。

控制问题

为了确保理解这个主题,请尝试回答以下问题。如果有问题,那么请返回阅读前文中的相应部分。

- 你知道哪些专家系统？说说它们在哪些应用领域最受欢迎？
- 总结一下专家系统在 20 世纪 80 年代和 90 年代流行的主要原因。为什么它们后来不再流行了？

16.3　一些经验

在专家系统大行其道的时代,许多科学家都在用专家系统做实验,并积累了大量的实践经验。下面列出其中一些最重要的经验。

16.3.1　5 分钟到 5 小时规则

当选择一个合适的应用领域时,经验表明应避免两个极端:一个是太容易的问题,另一个是太难的问题。作为一个准则,曾经被提及的是 5 分钟到 5 小时的规则。人类能在 5 分钟内解决的问题太简单了,不值得任何专家级的系统开发者关注。既然如此简单,为什么还要费心呢？在这个范围的另一端,人类专家不能在几个小时内解决的问题可能是非常困难的。以至于试图创建一个专家系统来处理这些问题的做法很可能从一开始就注定要失败。该程序要么开发成本太高,要么使用起来太不可靠。

16.3.2　瓶颈：知识库

根据具体的应用,也许多达 90% 的工程师的所有努力将被用于知识库的开发,这是遇到最多困难的地方。首先是如何在与现场专家漫长的访谈过程中获得所需的知识,然后是如何将人类的理解和直觉转化为 if-then 规则(或其他形式主义)。但其中最大的挑战是对概率、确定性因素或隶属度的微调,以使软件对内容广泛的用户查询给出正确的答案。

相比之下,自动推理机制的实施是相对容易的。即使涉及复杂的不确定性处理方式,自动推理机制的实施也相对容易。归结或者命题演算分离方式甚至可以通过经典的搜索技术来实现,并通过一些辅助功能来加快进程。

16.3.3　通信模块

早期的先驱者主要集中在知识表示和推理上。然而,实践者很快意识到,大量的工作必须致力于开发与用户交流的编程模块。在这个交流过程中,系统将要求用户提供与给定查询相关的额外事实以使知识库中的正确规则能够被识别。

特别重要的是有必要实施一个解释模块。问题是,除非有令人信服的论据支持,否则用户不太可能相信系统的建议。出于这个原因,用户应该在对话过程中的任何时刻都有提出问题的机会,并且系统应该有能力解释一切。

在 20 世纪,实现通信和解释模块需要大量的编程工作。今天,这就更容易了。我们不仅可以依靠各种高级 GUI 软件,而且即使是刚毕业的大学生,也比他们在编程领域工作过许多年的父辈和祖辈有更多的经验来编写这些程序。交互式程序是少见的。

16.3.4　优雅降级

第一批基于规则的专家系统的一个弱点是,一个微小的不精确性常常会产生灾难性的后果。当你与人类专家交谈时,如果说的话不够准确,专家很容易纠正;即使他或她不这样做,这个不准确也不可能导致完全崩溃或者无意义的决定。相比之下,早期的计算机专家系统非常教条。

这一经验导致了后来称为"优雅降级"的要求的提出。优雅降级的要求是,系统发生故障的方式应该是"优雅的":一个小错误不应该导致荒谬的行为。

控制问题

为了确保理解这个主题,请尝试回答以下问题。如果有问题,那么请返回阅读前文中的相应部分。

- 讨论实施功能性专家系统的主要模块的困难。
- 解释"优雅降级"一词的含义。

16.4　熟能生巧

为了加深理解,不妨尝试以下练习、思考题和计算机作业。

- 建议一个适合专家系统技术的应用领域。知识库将由什么组成？所需的知识来自哪里？你喜欢什么样的不确定性处理机制？
- 在维基百科上搜索有关成功的专家系统的信息,如它们采用的原则,以及它们适用的领域。撰写一篇两页的论文,并说明你所学到的东西。
- 撰写一篇一页的论文,讨论专家系统的历史作用、它们失去知名度的原因,以及未来恢复的机会。

16.5　结语

专家系统的早期动机是由 Edward Feigenbaum 提供的。他有时被称为"专家系统之父"。他在 20 世纪 60 年代末开始发表他对这项技术的想法。后来,他参与了 Dendral 的开发,并合作开发了其他一些系统,包括著名的 Mycin。后者通常与 Shortliffe 和 Buchanan (1975 年)的名字联系在一起,其他学者也参与了它的开发。Bobrow、Mittal 和 Stefik (1986 年)深入讨论了关于 Caduceus 的经验。

对这项技术的热衷期跨越了整整一代人。不幸的是(尽管可能是不可避免的),未能兑现夸大的承诺导致了这样一个反高潮。在这样一个反高潮中,相关技术在 21 世纪基本上是毫无进展的;而人工智能研究的其他方向已经获得了突出地位,并主导了该领域。专家系统的热潮已经过去了。然而,其基本原理已被引入现代软件包,而不是在现在有些过时的标签下进行销售。

第17章

超越核心人工智能

智能行为不能被简化为问题解决和推理。如果一个智能体不能解释它所处的环境运作的环境,或者它不能用与自然语言类似的方式进行交流,又或者它不能从其错误中学习,那么它很难被称为智能。

本书的作者非常赞同这些观点。然而,他认为计算机视觉、自然语言处理和机器学习的研究到现在已经从核心人工智能中获得了一定程度的独立性,具有了自己的发展方向。这也适用于另一个在最近的教科书中流行的领域:智能体技术。

尽管如此,完全忽视它们就好像它们从未存在过一样,也是不恰当的。本章向读者粗略地介绍了这些学科所要完成的任务,以及它们在过去是如何运用经典人工智能的方法、算法和技术的。

17.1 计算机视觉

从人工智能的早期开始,科学家们就一致认为,一个智能体(如机器人)应该能够在其环境中定位。很多时候,定位是指具有分析和解释视觉信息的能力。

17.1.1 图像及其像素

一幅数字图像由大量称为像素的小点组成。[①] 黑白图像中的每个像素都指定了黑暗的程度。为此,它使用一个$[0,255]$区间的整数(1 字节),其中 0 表示全白,255 表示全黑(也可以相反)。

图 17.1 说明了这一点。右边是一张人脸的图片。由小矩形表示的区域由左边的矩阵表示。可以看到,与黑色曲线相对应的像素被标记为较高的数字。注意,这些数字不是严格的 255 或 0。这是由现实中不可避免的噪声造成的。

在现实中,整个图片可以用 $1000 \times 1000 = 10^6$ 像素甚至更多来表示。

---

① 像素这个词是图片元素的简称。

12	13	211	212	13	12	23	11	10
10	11	245	239	78	38	34	09	08
13	14	75	225	330	98	52	68	20
26	14	75	220	234	17	64	68	20
14	14	175	20	230	228	13	68	20
11	14	75	30	130	228	214	68	20
10	11	45	96	98	286	215	219	08
22	13	14	17	13	12	08	209	10

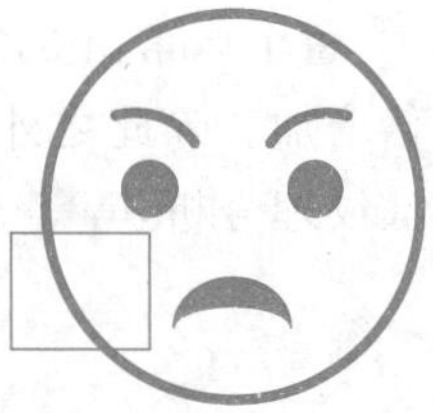

图 17.1 具体图像的数字版本由一个巨大的像素矩阵组成，每个像素都有一个整数，用一个整数来量化黑暗度。左边的矩阵描述了右图中的小方块

17.1.2 去除噪声

古典计算机视觉的第一步是去除噪声。一个简单版本的技术，称为卷积，用其邻近区域的平均值替换每个像素的值。因此，在第二行中，右起第二个像素的当前值是 9。卷积的重新计算方法如下：

$$\frac{23+11+10+34+9+8+52+68+20}{9}=26$$

同样的校正被应用于整个图像中的每个像素。

17.1.3 边缘检测

下一步是要确定那些相邻像素的值有明显差异的位置。因此，在第一行中，12 和 13 的值后面是 211，这表明黑暗度急剧增加。由 12 和 13 代表的几乎白色的区域之后是几乎黑色的像素 211 和 212。12 和 13 所代表的几乎是白色的区域，后面是几乎是黑色的像素 211 和 212。这种陡峭的梯度显示了边缘的变化。事实上，在右边的图片中，可以看到情况确实如此。

17.1.4 连接边缘

一旦这些微不足道的边缘被识别出来，下一步就是要把它们连接起来。从而形成线条。许多边缘将被隔离，也许代表图片中的噪声。在图片中。其他的确实形成了线条，然后可以组合成特定的形状。然后将这些形状与计算机内存中的类型化物体模型进行比较。

那么，这就是由明显无意义的整数组成的原始矩阵如何能够逐渐被解释为（“一张桌子前面的椅子”），甚至可能被推理出来（“这是一个需要避开的障碍物”）。

17.1.5 纹理

观察不同材料的图片，观察者会很容易区分金属和纺织物。例如，纺织物很容易被区分的原因是，它们的表面有不同的纹理。专门研究计算机视觉的科学家们已经开发了将整数矩阵转换为高级特征的方法，帮助他们识别特定类别的质地。

其中最受欢迎的此类特征是小波（如 Gabor 小波）。还有统计学的其他特征，如光强度的标准偏差、梯度等。

17.1.6 颜色

在彩色图像中，每个像素由 3 个整数表示，每个整数都代表一种颜色：红、蓝、绿。这使分析的数据量成倍增加。除此之外，彩色图像使用了其他和黑白图像相同的分析程序：边缘检测、模型比较、纹理分析，等等。

17.1.7 分割

另一种分析方法是在图像中确定感兴趣的特定区域。因此，在图 17.2 中，一个区域包含一栋房子，另一个区域是一棵树，还有一个区域是一朵花。某些较小的区域包含房子的窗户和门。为了识别这些片段，我们采用了图像处理和计算机视觉技术的组合，包括边缘检测、纹理分析和颜色辨别。

图 17.2　在分割过程中，计算机程序识别特定的兴趣区域。在这张图片中，一个区域包含了房子，另一个区域是树，还有一个区域是一朵花

17.1.8 场景解释

在这些初步步骤之后，该程序将所有关于边缘的信息结合起来、物体、颜色、纹理和图片三维模型中的区域的所有信息。接下来是试图识别图片真正代表的内容。例如，对图 17.2 中图片的分析可能会告诉我们，"房子旁边有一棵树"。

17.1.9 现代方法

三代计算机视觉专家的努力将前文所述的技术推向了完美。前面几段所述的技术，在许多场合取得了令人印象深刻的结果。然而，如今的情况已经发生了变化。机器学习领域的最新进展（特别是基于人工神经网络的深度学习）已被证明是如此强大，以至于它们有时在人脸识别等任务中的表现超过了人类主体。

在不需要边缘检测或纹理分析的情况下就能实现如此高的识别性能这一事实，使得一些观察家预测（也许是仓促的）经典的计算机视觉技术即将消亡，只有将来才能知道这种预测是否合理。

控制问题

为了确保理解这个主题，请尝试回答以下问题。如果有问题，那么请返回阅读前文中的相应部分。

- 总结边缘检测的原理。它的用途是什么？
- 什么是纹理？它在计算机视觉中起什么作用？
- 什么是分割和场景解释？

17.2　自然语言处理

智能体的智能行为的另一方面是能够用用户自己的语言（如英语）与人类用户进行交流。无论是口语还是书面。开发能够进行这种交流的软件是一个领域的任务，该领域简称自然语言处理（Natural Language Processing，NLP）。

17.2.1 信号处理

如果目标是解释口头语言（而不是文本），那么任何 NLP 系统面临的第一个任务都是将模拟信号转换为音素和单词。该程序必须检测音素开始的时刻，然后通过描述音素的特征来描述接下来短暂时期的信息。最简单的特征是谐波的系数，但通常会使用更复杂的特征。

在这之后，人们必须将这些信号与存储在计算机内存中的特定模式进行比较。每个音素可以由一个或多个这样的模式来代表。一旦确定了音素，就必须将它们组合成单词。这可以通过对照字典检查给定的音素序列来完成。如果该序列不代表任何已知的词，则会尝试使用最相似的词。

这项信号处理任务是 NLP 研究中最先进的方面。

17.2.2 句法分析（解析）

仅有文字是不够的。大多数时候，话语的真正含义是通过以下方式传达的各个词之间的连接方式。这些关系是由语法（在我们的语境中称为句法）表示的。我们知道，一个句子的开头通常是一个主语，接着是动词，然后是宾语。这个顺序传达了意义。以下两个句子说明了这一点：

"Fred called Jim."

"Jim called Fred."

经典的 NLP 依赖于许多句法规则，这些规则用所谓的增强转移网络（Augmented Transition Network，ATN）来表示。ATN 用于解析句子的特殊图形。因此在上面提到的主语-动词-宾语结构中，ATN 规定主语可以以定冠词或不定冠词开头，后面跟一个名词；或者，第一个词可以是一个名字、一个代词，等等。

分析还需要一个专门的词汇表的帮助，该词汇表为每个单词规定了语法条件。例如，词汇表将包含这样的信息：goes 是第三人称单数，现在时态。同样地，went 是过去式，而 houses 是复数。

17.2.3 语义分析

句法代表语法和结构，而语义则是指含义。要弄清每个词的准确含义可能并不容易。毕竟，我们知道同一个词在不同的语境中往往有不同的含义。

17.2.4 歧义

最困难的挑战之一是消除歧义。这个过程被称为消除歧义。正如我们所知，同一个词可能有两个或多个含义。

此外，同一个记录信号可能表示几个发音相似的单词中的一个。在过去，哪一个是正确的，是根据该词的上下文确定的。

例如，cardinal 可以指一个教会官员，一种鸟，甚至可能指摇滚乐队或足球俱乐部，摇滚乐队或足球俱乐部，更不用说数学中的基数了。这些含义中哪一个含义是正确的，取决于上下文。一篇报道梵蒂冈近期事件的报纸文章中的 cardinal 不太可能是指一只鸟。在社交网络的背景下，其含义的范围也可以通过个人最近的网络浏览历史来缩小。在许多情况下，最终的决定可以得到背景知识的帮助，包括本书在自动推理中使用的 if-then 规则。

17.2.5　语言生成

比语言理解更具挑战性的是生成语法正确的句子。在一个高级的应用中，用户向计算机提交了某个文本(也许是一篇报纸文章或一份法律文件)，并希望机器能够返回该文本的摘要，最好是用体面的英语或其他语言书写。在专家系统的背景下，我们希望软件能够解释其结论。这意味着，在回答问题的过程中所使用的 if-then 规则列表必须被转换为可以传达给人类用户的形式。最后，在自然语言之间的自动翻译中需要语言生成这个功能。

确实存在能够生成语言的技术，但是这些技术太先进了，难以被包括在一篇介绍性文章中。

17.2.6　现代方法：机器学习

目前的努力在很大程度上已经偏离了解析和推理。增强的转移网络和词库已经不像以前那样时髦了。也许现在最广泛使用的 NLP 是诸如电话处理软件等应用。在这里，正确识别孤立的词(出生日期、地址等)通常被认为是足够的。这基本上消除了对解析或语义分析的需要。语言的生成在这里也非常简单：只需预先录制一些单词或句子(如"你的地址是什么？")。

对于更具挑战性的应用，最近在循环神经网络方面取得的进展被证明是非常有价值的——特别是称为长短时记忆的技术。这些有时还需要一个称为隐马尔可夫模型的数学领域的协助。然而，所有这些技术都远超核心人工智能的范畴。

控制问题

为了确保理解这个主题，请尝试回答以下问题。如果有问题，那么请返回阅读前文中的相应部分。

- 在 NLP 的范围内，总结信号处理、句法分析和语义分析的作用。对消除歧义一词的理解是什么？
- 什么是语言生成？哪里需要它？

17.3　机器学习

一个在同一位置反复犯同样错误的棋手，很难被称为聪明。一个总是上当受骗的牌手也不会被人欣赏。换句话说，如果没有学习能力，那么智慧是不可想象的。事实上，甚至会有人提出这样一种说法："没有学习就没有智慧！"

17.3.1　知识获取：人工智能的瓶颈

在 20 世纪 70 年代和 80 年代初，人工智能界逐渐认识到了专家系统的主要困难：所需的知识从哪里来？许多人认为，知识库将由那些在与现场专家进行广泛访谈后获得足够理解的工程师来建立。在现实中，只有当 if-then 规则的数量可控时，这才是现实的。对于更具挑战性的应用，需要制定数以千计的规则，并对所有这些确定性因素、概率进行微调。所有这些确定性因素、概率或隶属度，至少可以说是令人信服的。

首先,工程师和现场专家之间的沟通并不容易。例如医生发现逻辑性的表述是机械化的,这令人感到遗憾。在医生的世界里,很多东西都取决于直觉和在多年研究过程中获得的洞察力和大量的实践经验。让医生感到震惊的是,人工智能专家一直在混淆一些关键性的知识,任何一个刚从医学院毕业的学生都认为这些是基本的知识,而工程师却毫无头绪。在这种情况下,读者可能会想起13.1节谈到的那些看起来很明显的隐性假设,而专家没有把它们传达给计算机。

17.3.2 从实例中学习

人们非常善于从实例中学习,这一观察导致了一个在20世纪80年代获得广泛关注的想法。也就是说,如果不能手工创建知识库,那么为什么不探索通过精心选择的例子来间接创建呢?

为了说明这一点,表17.1显示了一组6个训练实例,每个实例由3个特征值 a、b 和 c 描述,并被分为两类,即好的和坏的。从这些例子中,机器学习技术的目的是导出必要的知识,并在一个适当的数据结构中进行编码。

**表17.1　6个训练实例的旁边是一棵决策树,决策树是从训练实例中导出的。下面是4条
if-then 规则,这棵树可以被翻译成这些规则。这里,t 代表真,f 代表假**

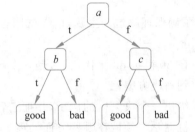

	a	b	c	class
1	t	t	t	good
2	f	t	t	good
3	f	t	f	good
4	t	f	f	bad
5	f	f	f	bad
6	f	t	f	bad

$$a \wedge b \rightarrow good$$
$$\neg a \wedge c \rightarrow good$$
$$a \wedge \neg b \rightarrow bad$$
$$\neg a \wedge \neg c \rightarrow bad$$

当然,在现实中,训练集将由成千上万的例子组成,这些例子可以很容易地用几十个特征来描述。

17.3.3 规则和决策树

从例子中导出的知识可以获得各种形式。表17.1中显示了一些最流行的形式。右上角是一棵决策树,下面是 if-then 规则。可以注意到,这套特殊的规则是决策树的直接翻译结果,其中 t 值被解释为真,f 值被解释为假。

许多技术已经被开发出来,用于决策树的有效归纳与/或规则,并将其转换为 Prolog 程序。其他技术试图优化这些程序,甚至可以根据新的例子来完善知识库。

17.3.4 其他方法

除了决策树和规则,机器学习还研究了其他知识表示方法。在那些被发现对人工智能

最有益的范式中，我们可以提到存储各种概念的典型原型的方法，贝叶斯网络中使用的概率，以及人工神经网络。这些方法最近变得如此流行，几乎主导了机器学习这个领域。

17.3.5　旧机器学习的普遍理念

在 20 世纪 90 年代，许多科学家都相信，机器学习是实践经典人工智能搜索的最好方法。在决策树、规则和神经网络的应用就证明了这一点。另外，依靠逻辑的好处似乎也是不言而喻的——甚至在归纳 Prolog 程序的归纳中也是如此，也就是说，机器学习领域几乎符合人工智能的所有发展方向。

17.3.6　如今的机器学习

后来，这种共识逐渐消失，并让位于不再与传统人工智能产生共鸣的技术和机制。21 世纪机器学习中最流行的框架（隐马尔可夫模型、神经网络、深度学习、长短时记忆和其他数字方法）似乎与人工智能的符号操作和逻辑方法没有什么关系。从理论上讲，它们可以作为搜索的例子进行训练，但这种尝试在某种程度上被认为是人为的。

更重要的是，该领域不再关心专家系统的知识归纳问题。在机器学习的摇篮中蕴育了这一雄心壮志。从那时起，世界已经改变。今天的机器学习追求的是不同的目标。

控制问题

为了确保理解这个主题，请尝试回答以下问题。如果有问题，那么请返回阅读前文中的相应部分。

- 在 20 世纪 80 年代，什么是开发现实专家系统的主要困难？科学家们希望在哪里找到解决方案？
- 给出一个决策树的例子，并把它转换成 if-then 规则。
- 机器学习领域在哪些方面偏离了传统的人工智能领域？

17.4　智能体技术

另一个值得在此至少简单提及的话题是智能体技术领域。在某一时期，许多人工智能专家认为，智能体势必共享某些功能和架构属性，应该对这些属性进行研究和分析，然后在实现功能性人工智能程序时采用。

17.4.1　为什么选择智能体

在本书中，智能体这个词被使用了很多次，主要是因为作者发现这个词的用途非常广泛。事实上，每当我们试图在解决问题的背景下解释人工智能的技术和机制时，就会想到智能体的概念。

然而，从程序员的角度来看，这个术语已经获得了非常具体的含义。事实证明，它有助于以一种统一的方式将智能程序的许多功能正式化。

17.4.2　框架

图 17.3 说明了这个通用的想法。智能体与所谓的环境（从广义上讲，甚至可以是人类

用户)互动。通过感知,智能体接收关于环境当前状态的信息。智能体通过图片中所说的思考来处理这些信息。这将导致选择一个行动,智能体通过该行动对环境采取行动。

商议可以包括只是在查询表中找到适当的行动。然而,更有趣的是,行动是通过自动推理、搜索,甚至是一些基于群体智能的分析而获得的。

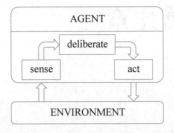

图 17.3 人工智能智能体的基本架构

控制问题

为了确保理解这个主题,请尝试回答以下问题。如果有问题,那么请返回阅读前文中的相应部分。

- 什么是智能体? 我们为什么需要这个术语?
- 解释人工智能软件中采用的典型智能体的整体结构原理。

17.5 结语

如果老一辈的人工智能学者听说计算机视觉和自然语言处理等领域有一天会被排除在人工智能入门教科书之外,他们会感到惊讶。对他们来说,这些技能与任何智能行为都是不可分割的。年轻的科学家似乎坚持不同的观点。对他们来说,基于搜索和推理的经典方法几乎已经死亡,并在很大程度上被深度学习技术所取代。这种演变似乎是不可阻挡的。从过去十年或二十年的发展来看,毫无疑问,天平已经向新技术倾斜。

在机器学习中,这虽然也是事实,但只限于某些程度上。实际上,一些经典的任务不容易由神经网络来完成。如果想让机器从原始数据中导出 if-then 规则(诚然,这样的应用已经不是当今的主流,并且也已经过时了),但这种曾经如此强烈的兴趣是很可能再次兴起的。

智能体技术在世纪之交吸引了很多人的注意。该技术是吸引人的,它们很有用,不过还是属于编程技术,并不真正属于核心人工智能技术。

第18章

哲 学 思 考

工程师只想开发能够解决困难问题的计算机程序,而哲学家想更深入地挖掘,希望知道是什么让某种行为变得智能。一旦答案具体化,就有理由问:真正的智能机器会不会被开发出来?本书讨论的是技术,而不是哲学。不过,即使是最实际的读者也可能想了解两个主要的想法。第一,图灵测试,解决的是如何识别智能的问题。第二,约翰·塞尔的中文房间,提醒我们注意的事实是,表面上的智能行为还不能作为意识的证明。

18.1 图灵测试

早在 20 世纪 40 年代末,学者就在思考智能机器是否会被创造出来。为此,似乎有必要知道如何识别这种情况的发生。香农建议,当国际象棋的世界冠军被计算机击败时,最终的测试将被通过。然而,更微妙的是,艾伦·图灵提出了一个有趣的想法。

18.1.1 图灵的基本方案

图 18.1 说明了这一原理。你坐在 1 号房间里,而另一个房间里要么是一台智能机器,要么是另一个人。你的任务是弄清楚是人还是机器。为了找出答案,你可以发送打字的问题,对方会回答并发回,也是以打字信息的形式。

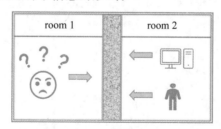

图 18.1 一个智能体应该能够识别它是与机器还是与人进行交流

图灵认为,这些答案将使你能够区分机器和人类。其规定是,在我们的思维中,有一些东西是计算机程序无法模仿的;如果它能模仿,那么它就可被称为具有智能。

18.1.2 其他应用

上面的基本情景还是太简单了。假设你问：“π 的第五位是什么？”如果你在一秒内收到正确的答案，你可能会得出结论，只有机器才能这么快成功。如果回答需要更长时间，或者回答不正确，那么你可能是在和人类打交道。[①]

如果允许 2 号房间的测试者作弊，给出故意不正确的答案来误导我们，那么情况就变得复杂。例如，计算机可能会说 π 的第五位是 0.5，假设这是一个不想被打扰的无聊的人的轻视态度。

图灵认为，即使在这种情况下，答案的性质迟早会暴露出答案的来源是机器，无论控制机器的程序员采用多少技巧。

18.1.3 打破图灵测试

早在 20 世纪 60 年代中期，计算机程序 ELIZA 似乎通过了测试，即那些与它对话的人认为他们在采访一个人。这个想法简单得令人不寒而栗。用户的查询被与一组关键词进行比较。如果在查询中发现了关键词，程序就会调用一些规则，帮助它创造一个看起来很聪明的回应。

如果关键词失败了，ELIZA 就会通过预设的一般性回答来回避问题，比如，“让我休息一下，这是一个我想避免的话题。”或者，如果你问，“你对自由主义运动有什么看法？”程序会选择最后一个词，即运动，并回答，“你的运动到底是什么意思？”无论哪种回答都显得非常人性化，许多参与者确实被误导了。

后来，其他这样的程序也被引入，其中一些功能是如此强大，以至于几乎使图灵的想法失效了。这只是提醒我们，今天看起来不可能的事情，明天就可能被解决，甚至可能很快被嘲笑。尽管如此，该测试仍然得到了不间断的关注。每隔一段时间，就会有关于这个主题的比赛来见证图灵的天才。更复杂的程序要接受更复杂的测试；但许多专家认为，没有一个程序能真正通过测试。

控制问题

为了确保理解这个主题，请尝试回答以下问题。如果有问题，那么请返回阅读前文中的相应部分。

- 描述图灵测试的一般情况。
- 提供一些问题的例子。解释一下这些答案如何帮助你区分人类和机器。
- 第一个通过图灵测试的程序叫什么名字？它采用了什么“技巧”？

18.2 中文房间和其他意见

图灵的方法是务实的，因为它提出了一种测试机器智能的方法。机器是否真的有智慧，还是只是看起来有智慧，是另一个问题。一些思想家表示严重怀疑，认为计算机程序或执行程序的机器永远不会对任何事物拥有真正的理解。也许他们的论点中最著名的是约翰·塞尔的中文房间。

---

① 当时没有计算器来帮助人类解答问题。

18.2.1　Searle 的基本设想

考虑在一个封闭的房间里,有一个完全不会中文的人。房间里有一大堆索引卡片。每张卡片包含两个中文句子:一个是问题,另一个是答案。如图 18.2 所示,有人在门下塞了一张纸,上面写着一个中文问题。房间里的人找到写有这个问题的索引卡,并从上面复制出建议的答案。然后把写有答案的纸塞回门缝里。

图 18.2　在一个封闭的房间里,一个人有可能在一个巨大的文件系统中找到一个用中文写的任何问题的书面答案。而且他可以在不理解任何一个中文单词的情况下返回这个答案

从理论上讲,可以想象,这个文件系统大到足以包含每一张索引卡,用于回答任何人可能提出的任何问题。因此,这个人将总是提供正确的答案——房间外的人不会怀疑他对语言的掌握。一个真正的人可能无法迅速找到正确的索引卡,但计算机程序会在一秒内找到。

18.2.2　这个人是否懂中文

这个人不懂中文。他甚至没有试图弄清向他提出的问题的性质。他唯一的活动是找出问题中的字符与门缝中的纸片上的字符一致的卡片。当然,这并不构成理解。

这个场景巧妙地说明了人工智能的局限性。一台每秒能够进行数百万次操作的计算机可以迅速返回一个困难问题的解决方案,但这样做并没有真正洞察问题的本质,没有任何理解的痕迹。

18.2.3　哲学家的观点

哲学家倾向于将智力与意识联系起来(工程师不这样做)。他们指出,人类的状况不能脱离我们的欲望和愿望,不能脱离我们对痛苦和幸福的感觉,不能脱离在达尔文进化的漫长岁月中获得的无数本能。机器没有这些东西。计算机的行为不太可能是由情感或欲望驱动的,我们也从不期望它感到尴尬、愤怒或悔恨。

许多哲学家认为,计算机只有被赋予典型的人类特征,才能变得像人一样。

18.2.4　下棋程序带来的启示

第 4 章的结束语提到了一个重要的历史里程碑:1997 年,程序 Deep Deep Blue[①] 击败

---

① 两次出现的 Deep 不是打错的。该程序的第一个版本是 Deep Blue。后来它被改进并以修改后的名称 Deep Deep Blue 呈现。

了世界象棋冠军卡斯帕罗夫,从而通过了香农的测试。然而,对许多科学家来说,这一成功只是重新提出了一个老问题:如何识别智能?解决问题的表现是否足够?机器通过评估每一步棋的数十亿个棋盘位置来实现其棋力。大师几乎不可能考虑超过几十个棋盘位置,但他只以微弱的差距输了。怀疑论者可能会把 Deep Deep Blue 的经验视为塞尔的"中文房间"的变种,机器调查的数十亿个位置中的每一个都构成问题/答案索引卡中的一个。

有人甚至会说,大量浪费的数字计算提供了证据,证明机器是非常愚蠢的。在这种情况下,香农的测试并不比图灵的测试更强大。① 如果接受纯粹的力量可以使人成功的说法,那么我们就有理由问:机械数字计算的终点在哪里,真正的智能又从哪里开始?

18.2.5　图灵对神学保留意见的回应

毫不奇怪,即使从宗教的角度来看,智能机器的难题也被仔细研究过。神学家认为,只有人类应该被赋予灵魂和推理能力,这是上帝的决定。对此,图灵提出了他著名的口无遮拦的反驳,认为这种说法会不公平地限制全能者的权力。如果选择把灵魂放在大象身上,神学家会不会质疑上帝的能力?如果能把灵魂放在大象身上,为什么不能放在机器上?

18.2.6　弱人工智能与强人工智能

本节的主要内容可以浓缩为两个术语。一台机器可能表现得好像它是智能的(而实际上并不是),这一概念称为弱人工智能假说。这对工程师来说是很重要的,这也能够满足具有实践精神的人工智能科学家的野心。

有一天人们可能会开发出一种真正会思考的机器,这一概念称为强人工智能假说。读者已经感觉到,对强人工智能假说的探索更多属于哲学家、神学家,也许还有科幻小说家的领域。

控制问题

为了确保理解这个主题,请尝试回答以下问题。如果有问题,那么请返回阅读前文中的相应部分。

- 总结一下"中文房间"隐喻的实质。塞尔提出这个比喻的目的是什么?
- 当一个计算机程序在国际象棋中击败世界冠军时,一些学者认为这一壮举并不能真正证明机器的智能。他们的观点是什么?
- 你对哲学家和神学家提出的保留意见了解多少?
- 强人工智能假说和弱人工智能假说这两个词是什么意思?

18.3　工程师角度

人工智能产品是否真的具有智能,以及它们是否可能形成自己的意识,这个问题似乎每隔几年就会重新出现。不久前,一些媒体甚至组织了关于人工智能相关伦理问题的讨论。与会者提出了关于赋予机器类似于动物权利的紧迫性的论点和反驳。有些人甚至走得更

---

① 公平地说,游戏编程的最新进展越来越接近人类的方法,因为它们广泛地依赖于由相对较新的强化学习和深度学习领域的技术所引起的模式识别。

远——预测未来的智能机器人将有权在总统选举中投票。当然，所有这些都是基于这样的假设：18.2 节中的强人工智能假设是能实现的。

18.3.1 实践性

在一个寻求开发有用工具的工程师眼中，所有这些讨论都是无关紧要的。我们想要的是开发能够解决不知道算法的问题的计算机程序。无论这个想法看起来多么有吸引力，这与创造智能生物的尝试都没有太大关系。作者希望本章已经向读者传达了主要困难的本质：我们不确定什么是智能；在弄清楚这个问题之前，我们不太可能实现它。

18.3.2 人们是否应该担忧

人工智能程序的力量不断增强，引发了与劳动相关的问题。在过去的几代人中，机器不断接管烦琐和无须资质的工作。现在它们是否会开始取代工程师、医生和一般的高技能专业人士？

作者并不那么悲观。回顾工业革命的早期阶段。许多工作确实消灭了；但是，我们不再看到机器的发明本应导致的大规模失业。相反，工人们已经从繁重的劳作中解放出来，可以转而从事更安全的工作。事实上，新的工作类型也被创造出来了！

在 20 世纪 60 年代和 70 年代，计算机开始接管大量的行政工作，但它们并没有造成行政人员的大规模失业。最新的技术将产生类似的后果。人工智能不会取代人类专家；它将协助他们，提高他们的效率，甚至很可能产生新的工作类型。

18.3.3 增强人类智慧

人工智能科学家和工程师并不想用机器取代人类智慧。他们的重点是解决困难的问题。在这一点上，他们经常依靠与人脑非常不同的机制。这种差异实际上是有益的。读者会记得从国际象棋编程中得到的一个重要教训：将这两种方法结合起来，通过运行人工智能程序的强大计算机来尝试增强人类智慧，可能会有很多收获。

18.3.4 现有人工智能的局限性

在未来很长一段时间内，创造力可能仍然是人类的优势领域。尽管最近在人工智能领域取得了突破性进展，但计算机仍然很难和人类相比。

鳄鱼能骑自行车吗？如果不能，请解释原因。任何一个 8 岁孩子都会哈哈笑着告诉你：爬行动物的腿太短了，这个动物不可能保持平衡，它的身体与自行车的座位适应性很差，等等。但即使是最复杂的计算机程序，也一定会很艰难地通过这个测试。

找到其他的例子是很容易的。火车头能读报纸吗？飞机能挥动机翼吗？相扑运动员能跳柴可夫斯基《胡桃夹子》中的主角吗？任何一个小学生都会很高兴地教育你，但计算机会很费劲。机器可能会凭借我们在自动推理章节中知道的封闭世界假设给你一个正确的答案。即便如此，它也无法用令人信服的论据来支持这一论点，更不用说在这个基础上增加一些幽默感了。

控制问题

为了确保理解这个主题，请尝试回答以下问题。如果有问题，那么请返回阅读前文中的相应部分。

- 我们是否应该关注强人工智能假说的支持者的目标？智能计算机程序会不会像蒸汽动力机器取代 19 世纪工人的工作一样，取代受过教育的专业人士的工作？
- 本节对增强人类智慧的可能性有什么说法？
- 提出一些人工智能程序可能很难解决任务。使用与本节中提到的不同的例子。

18.4 结语

图灵（1950 年）以"模仿游戏"的名义推出了他的传奇性测试。它的流行很快带来了各种修改版本，然而，在本书的背景下，这些版本并不重要。第一个击败原始图灵测试的程序 ELIZA 是由 Weizenbaum（1966 年）提出的。中文房间的论证是由塞尔（1980 年）提出的，尽管据说类似的想法是由俄罗斯思想家德内普洛夫在更早的时候独立提出的。①

随着人工智能的成就越来越令人印象深刻，它们不可避免地吸引了媒体和一般公众的注意。狂热的兴奋让人们在质疑和发出可怕的警告的同时，也产生了过度乐观的预测。工程师最好准备好面对危言耸听者和梦想家的争论。

---

① 这就是他们所说的。然而，本书作者不知道德内普洛夫在哪篇具体的论文或书籍中发表了上述观点。

参 考 文 献

[1] Applegate D L, Bixby R E, Chvatal V, et al. The Traveling Salesman Problem[M]. New Jersey: Princeton University Press, 2007.

[2] Axelrod R. The Evolution of Cooperation[M]. New York: Basic Books, 1984.

[3] Bobrow D G, Mittal S, Stefik M J. Expert systems: perils and promise[C]. Communications of the ACM, 1986, 29(9): 880-894.

[4] Brachman R J, Schmolze J G. An Overview of the KL-ONE Knowledge Representation System[C]. Readings in Artificial Intelligence and Databases, Morgan Kaufmann, Massachusetts, 1989: 207-230.

[5] Bratko I. Prolog Programming for Artificial Intelligence[M]. London: Pearson Education, 2001.

[6] Chakraborty U K. Computational Intelligence in Flow Shop and Job Shop Scheduling [M]. Tiergartenstraße: Springer Nature, 2009.

[7] Colmerauer A, Roussel P. The Birth of Prolog[J]. ACM Digital Library, 1996, 38: 331-367.

[8] Dempster A P. Upper and Lower Probabilities Induced by A Multivalued Mapping[J]. Annals of Mathematical Statistics, 1967, 38(2): 325-339.

[9] Dorigo M. Optimization, Learning and Natural Algorithms[D]. Milano: Politecnico di Milano, 1992.

[10] Fikes R E, Nilsson N J. STRIPS: A New Approach to the Application of Theorem Proving to Problem Solving[J]. Artificial Intelligence, 1971, 2(3-4): 189-208.

[11] Gambardella L M, Dorigo M. Ant-Q: A Reinforcement Learning Approach to the Traveling Salesman Problem [C]. Proceedings of ML-95, Twelfth International Conference on Machine Learning, Morgan Kaufmann, 1995: 252-260.

[12] Gardner M. The Fantastic Combinations of John Conway's New Solitaire Game "life"[J]. Scientific American, 1970, 223(4): 120-123.

[13] Ginsberg M. Readings in Non-monotonic Reasoning[M]. California: Morgan Kaufmann, 1987.

[14] Ginsberg M. Essentials of Artificial Intelligence[M]. California: Morgan Kaufmann Publishers, 1993.

[15] Hart P, Nilsson N J, Raphael B. A Formal Basis for the Heuristic Determination of Minimum Cost Paths[J]. IEEE Transactions on Systems Science and Cybernetics, 1968, 4(2): 100-107.

[16] Hayes P. The Frame Problem and Related Problems in Artificial Intelligence [M]. Edinburgh: University of Edinburgh Press, 1973.

[17] Holland JH. Adaptation in Natural and Artificial Systems[M]. Michigan: University of Michigan Press, 1975.

[18] Karaboga D, Baturk B. A Powerful and Efficient Algorithm for Numerical Function Optimization: Artificial Bee Colony (ABC) Algorithm[J]. Journal of Global Optimization, 2007, 39: 459-471.

[19] Kennedy J, Eberhart R. Particle Swarm Optimization [C]. Proceedings of IEEE International Conference on Neural Networks, ICNN-95, 1995: 1942-1948.

[20] Kirkpatrick S, Gelatt Jr CD, Vecchi M P. Optimization by Simulated Annealing[J]. Science, 1983, 220: 671-680.

[21] Kowalski R A. The Early Years of Logic Programming[J]. Communications of the ACM, 1988, 3: 38-43.

[22] Lindenmayer A. Mathematical Models for Cellular Interaction in Development [J]. Journal of

Theoretical Biology,1968,18: 280-315.

[23] Mamdani E H. Application of Fuzzy Logic to Approximate Reasoning Using Linguistic Synthesis [J]. IEEE Trans,Computers,1977,26: 1182-1191.

[24] Martello S,Toth P. Knapsack Problems: Algorithms and Computer Implementations [M]. New Jersey: Wiley-Interscience,1990.

[25] Minsky M. Steps Toward Artificial Intelligence [M]. In: Luger G F (Ed.) Computation And Intelligence-Collected Readings,Massachusetts: MIT Press,1961.

[26] Pearl J. Fusion,Propagation and Structuring in Belief Networks[J]. Artificial Intelligence,1986,29: 241-288.

[27] Rechenberg I. Evolutionsstrategie: Optimierung Technischer System Nach Principien der Biologischen Evolution[M]. Stuttgart: Frommann-Holzboog,1973.

[28] Robinson J A. A Machine-oriented Logic Based on the Resolution Principle[J]. Journal of the ACM, 1965,12: 23-41.

[29] Rozsypal A,Kubat M. Using The Genetic Algorithm to Reduce the Size of A Nearest-Neighbor Classifier and to Select Relevant Attributes[C]. Proceedings of the 18th International Conference on Machine Learning,Williamstown,2001: 449-456.

[30] Searle J. Minds,Brains and Programs[J]. Behavioral and Brain Sciences,1980,3(3): 417-457.

[31] Shafer G. A Mathematical Theory of Evidence[M]. New Jersey: Princeton University Press,1976.

[32] Shannon C. Programming a Computer for Playing Chess[J]. Philosophical Magazine,1950,41(314): 256-275.

[33] Shortliffe E H,Buchanan B G. A Model of Inexact Reasoning in Medicine [J]. Mathematical Biosciences,1975,23(3-4): 351-379.

[34] Turing A. Computing Machinery and Intelligence[J]. Mind,1950,236: 433-460.

[35] Ulam S M. On Some Mathematical Problems Connected with Patterns of Growth of Figures[J]. Mathematical Problems in Biological Sciences,1962,14: 215-224.

[36] Weizenbaum J. ELIZA—A Computer Program for the Study of Natural Language Communication between Man and Machine[J]. Communications of the ACM,1966,9(1): 36-45.

[37] Zadeh L A. Fuzzy Sets[J]. Information and Control,1965,8: 338-353.

[38] Zadeh L A. The Concept of a Linguistic Variable and Its Application to Approximate Reasoning[J]. Information Sciences,1975,8(3): 199-249.